超快锁模光纤激光技术

Ultrafast Mode Locked Fiber Laser Technology

王天枢　马万卓　著

科学出版社
北京

内 容 简 介

本书介绍了超快锁模光纤激光技术及其应用研究的成果。全书共7章，主要涵盖了近年来超快锁模光纤激光技术大部分研究方向的新实验、新现象及新应用，包括采用非线性偏振旋转效应的超快光纤激光器、光纤干涉仪结构的超快光纤激光器、利用二维纳米材料等真实可饱和吸收体锁模的光纤激光器、主动锁模超快光纤激光器，以及超快光纤激光器应用。本书重点突出前沿性，很多内容是作者及其课题组最新的研究成果，是对超快锁模光纤激光技术的深入探索。

本书适合从事光纤激光技术、光纤通信、光纤传感、微波光子学等教学和科研的教师以及相关专业的科技人员、工程技术人员、研究生和高年级本科生阅读和参考。

图书在版编目(CIP)数据

超快锁模光纤激光技术 / 王天枢，马万卓著．—北京：科学出版社，2021.12

ISBN 978-7-03-064954-6

Ⅰ.①超… Ⅱ.①王… ②马… Ⅲ.①光纤器件-激光器-锁模器 Ⅳ.①TN248

中国版本图书馆 CIP 数据核字（2020）第 069231 号

责任编辑：周 涵 郭学雯 / 责任校对：杨 然
责任印制：吴兆东 / 封面设计：无极书装

科学出版社 出版
北京东黄城根北街16号
邮政编码：100717
http://www.sciencep.com
北京九州迅驰传媒文化有限公司印刷
科学出版社发行 各地新华书店经销
*
2021年12月第 一 版 开本：720×1000 1/16
2025年 1 月第三次印刷 印张：14 1/2
字数：293 000

定价：118.00元

（如有印装质量问题，我社负责调换）

序

61年前，西奥多·梅曼博士在美国休斯实验室点亮第一台激光器，从此人类进入了激光时代，激光、原子能、半导体和计算机并列成为20世纪四大发明。60年前，我国第一台激光器在中国科学院长春光学精密机械与物理研究所发明，奠定了中国光学的世界地位。王天枢教授在这一具有特殊历史意义的年份出版专著《超快锁模光纤激光技术》，既是对激光在中国诞生60周年的纪念，也是对激光技术未来的展望。

超快锁模光纤激光器是近年来迅速发展的新兴光纤激光技术，应用范围包括芯片及微机械制造、外科手术、医学成像、通信、测量等许多领域，已经成为最有应用前景的激光技术之一。超快锁模光纤激光器也是我国重要的“卡脖子”技术，在当前面临西方技术封锁的严峻形势下，是我国自主创新的目标之一。

王天枢的团队专注于超快锁模光纤激光技术研究多年，在应用方面也做出了突出的成就，在这一领域有很多研究成果发表。通过对这些成果及国内外相关优秀成果的整理和总结，得以形成这本专著，值得祝贺。虽然近年来越来越多的专家学者关注并投入相关的研究，但关于超快锁模光纤激光技术方面的专著并不多见，这是一项标志性科研成果。

该书以专业的角度，介绍了超快锁模光纤激光器的原理、性能及应用，思路清晰、内容全面。研究成果主要出自于作者课题组近年发表的几十篇论文和十多项发明专利，内容还收集了部分国内外科学家的相关研究来补充，基本涵盖了整个超快锁模光纤激光技术体系。该书对从事超快光纤激光技术及应用研究的科研人员、工程师以及相关专业的研究生和高年级本科生是一本比较有用的参考读物。

与国内外相关研究比较，该书从基础到应用研究，形成了比较完整严密的技术体系，特色鲜明，尤其在应用方面能够为读者提供很有价值的参考。在中国激光技术诞生60年之际，该书也是长春理工大学作为国内唯一光学特色高校的一份献礼。

姜会林

长春理工大学教授，中国工程院院士

2021年9月

前　言

激光器自1960年发明以来，经历了三代技术，光纤激光器已成为激光的主要发展方向，也是超快激光的未来，近年来超快光纤激光随着光纤激光器的不断进步而快速发展起来。与传统超快激光器相比，超快光纤激光器效率更高、脉冲能量更高、光束质量更好、结构更简单紧凑、稳定性更好，主要应用于半导体制造、生物医学成像、检测、计量和激光眼科手术等领域，并逐渐向更广阔的应用方向发展。

超快光纤激光器主要由锁模技术实现，随着光电材料、光纤及光纤器件工艺、半导体激光器技术的进步，超快锁模光纤激光技术迅速发展。本书对超快光纤激光器基本原理、各类超快光纤激光技术及应用研究进行了系统的整理，涵盖了近年来在超快锁模光纤激光器方面的主要研究成果。

本书第1章主要介绍超快光纤激光器的概念、基本分类以及应用领域。第2章介绍超快光纤激光器基本原理，包括光纤激光基本原理、锁模原理与结构、锁模脉冲的瞬态过程、光纤中的色散效应、光纤中的非线性效应等。

第3章至第6章是主体部分，介绍多种锁模超快光纤激光器的新结构、新应用及其实验结果，包含非线性效应锁模、真实可饱和吸收体锁模及主动锁模超快光纤激光器。利用光纤非线性偏振旋转效应、光纤干涉仪结构等非线性效应实现被动锁模，主要利用色散管理实现超快脉冲。真实可饱和吸收体锁模光纤激光器也是一种被动锁模结构，利用了半导体可饱和吸收镜、二维纳米材料等可饱和吸收体结构实现锁模脉冲的产生，可实现飞秒量级超短脉冲。主动锁模超快光纤激光器则采用高速调制结构激发谐波振荡实现高重复率的锁模，但脉宽无法实现飞秒量级。

第7章介绍应用成果，超快锁模光纤激光器目前在半导体材料加工、医学成像、高精度检测等方面具有突出性能，应用前景非常好。主要介绍在高精度测量领域的光学频率梳、用于光学相干断层扫描和频谱检测的多种超连续光源、大气高速激光信息传输等。

作者王天枢和马万卓作为师生，一起从事光纤激光器及其应用技术研究多年。本书引用的研究成果是最近10年报道的，大部分来自于作者课题组，也吸收了国内外一些典型的研究成果。长春理工大学姜会林院士对课题组的研究非常关注，亲自指导并给予了很大的支持。本书内容主要来自于国家自然科学基金项目（61975021，62005024）、吉林省自然科学基金项目（20150101044JC）、吉林省科技计划项目（20170414041GH）等的研究成果。

王天枢编制了写作大纲，收集了专著的素材，将课题组的研究成果和相关研究的优秀成果作为本书原型。年轻教师马万卓主持了书稿的编辑，博士研究生林鹏、隋璐、赵得胜、刘润民、宋广斌，硕士研究生姜子祺、孙志文、袁泉、熊浩、纪海莹、董芳、于策、张莹、李梦梦等参加了书稿的编辑和插图绘制工作，并翻译了书中部分外文文献，王天枢、马万卓对全书进行了修改。

自 1961 年我国第一台激光器在中国科学院长春光学精密机械与物理研究所诞生至今整整 60 年，激光技术在国家各项事业中都发挥了重要作用。我们以本书纪念激光技术在中国发明 60 周年，回顾近年来超快锁模光纤激光器的发展和应用。书稿完成时正值新型冠状病毒肺炎全球大流行，激光技术也积极参与了病毒检测，随着超快锁模光纤激光技术的成熟，必将发挥更广泛和更重要的作用。

感谢所有参与本书出版的专家学者和出版工作者，感谢读者对这个领域研究的关注。

王天枢

2021 年 9 月

目　录

第 1 章　绪　　论

1960 年 7 月，世界第一台以红宝石作为增益介质的固体激光器被发明出来[1]，从此打开了人们对激光领域认知的大门。相较于传统光源，激光集单色性好、方向性好、相干性好、亮度高和超短脉冲等优点于一身，成为与原子能、计算机、半导体齐名的 20 世纪四项重大发明之一，在工农业生产、通信、医疗、科研、国防等诸多领域具有极其广泛的应用。

1961 年，Snitzer E 等采用掺钕光纤作为增益介质，构建了第一台光纤激光器[2]。1985 年，南安普顿大学成功制备了低损耗的稀土掺杂光纤[3]，为光纤激光器的快速发展做出了重要贡献。从此，光纤激光器再次得到了广泛关注，光纤工艺、谐振腔结构均得到了很大提升与优化，波分复用器、合束器、耦合器、隔离器等全光纤集成器件工艺快速发展，光纤激光器的全光纤化进一步提升了自身的转换效率、抗环境抖动能力和抗干扰能力，同时多种光纤器件间可通过熔接的方式实现低损耗连接，丰富了光纤激光器的输出特性。全光纤化是近年光纤激光器领域的一项重要突破。

与传统固体激光器相比，全光纤激光器有很多优点。首先，光纤的表面积和体积之比很大，因此，光纤激光器的散热性能很好，无需冷却装置；其次，光纤激光器体积小、质量轻、成本低廉、无需准直、操作简单；再次，光纤激光器输出端是光纤，易与光纤通信、光纤传感等系统兼容。因此，光纤激光器一经问世，就获得了极大的关注，得到了飞速的发展。

1.1　超快光纤激光器

在光纤激光器中实现短脉冲输出，使其在短时间内具有更高的峰值功率，这在实际应用中具有重要的意义。随着调 Q 及增益开关、主动调制[4]、非线性光纤环形镜[5]、非线性偏振旋转效应[6]、半导体可饱和吸收镜[7]等锁模机制在光纤激光器中的应用，光纤激光器输出的脉冲宽度由纳秒（ns）量级被大幅度压缩至皮秒（ps）量级。在此基础上，色散管理技术的采用极大地解决了由光纤色散造成的脉冲展宽问题，锁模光纤激光器的脉冲宽度甚至达到飞秒（fs）量级[8-11]。以锁模技术为基础，脉冲宽度在皮秒量级以下的超快光纤激光器得到了快速发展。而随着稀土掺杂光纤工艺的提升和锁模机制的不断优化，分别以掺镱（Yb）光纤、掺铒（Er）光纤、掺铥（Tm）光纤、掺钬（Ho）光纤作为增益介质的超快光纤激光技术及其应用已日趋成熟，并逐渐进入了实用化时代，在工业、通信、医疗、科研等领域中发挥着不可替代的作用。

一般来讲，激光器的主要参考指标包括重复频率、脉冲宽度、峰值功率以及平均功率。而超快（或超短脉冲）光纤激光器，是指脉冲宽度在皮秒甚至飞秒量级的激光器，锁模是产生超短脉冲的主要手段。锁模光纤激光器与普通激光器结构一样，由泵浦源、增益物质和谐振腔构成，其激光产生的过程就是泵浦光与增益介质发生相互作用产生受激辐射的物理过程。光纤激光器的泵浦源一般为激光二极管（LD）或激光二极管阵列，增益介质为掺杂各种不同稀土离子（如Nd^{3+}、Er^{3+}、Yb^{3+}、Tm^{3+}等）的光纤，一种有源组件（光调制器）或者无源非线性器件（饱和吸收器）使光能够在谐振腔中循环往复形成超短脉冲，在稳态情况下，影响循环脉冲的各种效应达到平衡，脉冲每循环一周后参数不会发生变化，或者几乎不发生变化。每个脉冲长度非常短，通常在皮秒或飞秒量级。因此，锁模光纤激光器的峰值功率会比其平均功率高几个数量级。

利用锁模原理实现超短脉冲激光有两个重要条件：一是多纵模振荡，即要求增益介质的增益带宽大，这样增益介质所能支持的纵模数就更多；二是各模式之间的稳定相位差，即通过锁模器件使纵模之间的相位差稳定[12]。最常见的谐振腔是法布里-珀罗（Fabry-Perot，F-P）腔，它是由增益介质和锁模器件置于两片高反射率的腔镜之间构成的，如图 1.1 所示。

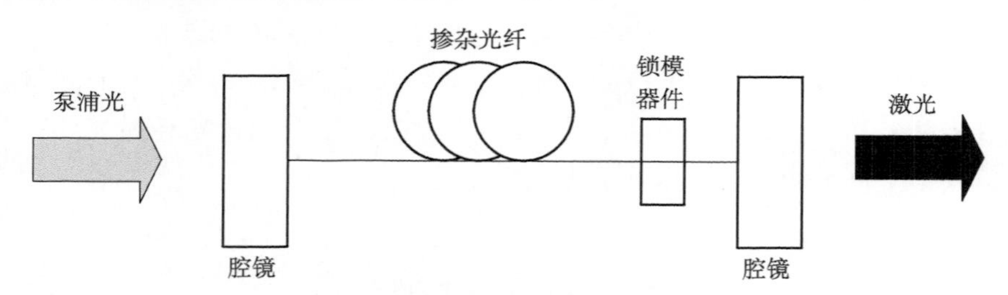

图 1.1　锁模光纤激光器基本结构

在光纤激光器结构中，通常从定向耦合器的泵浦波长输入端导入泵浦光，如图 1.2 所示，这种耦合泵浦光的器件称为波分复用（wavelength division multiplexing，WDM）泵浦耦合器，通过锁模器件输出超快激光。

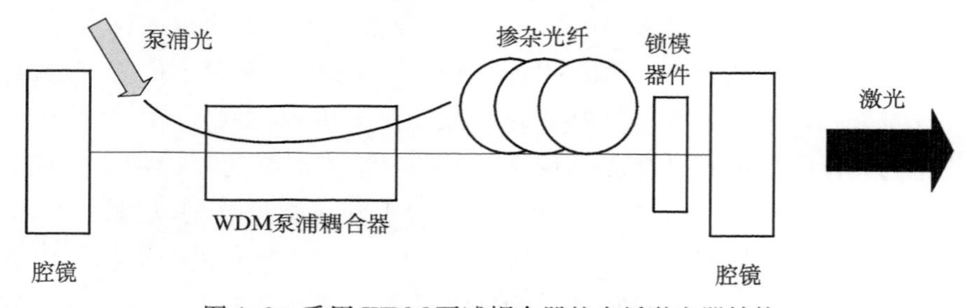

图 1.2　采用 WDM 泵浦耦合器的光纤激光器结构

环形腔光纤激光器也是通过 WDM 泵浦耦合器导入泵浦光的，如图 1.3 所示，在光纤环路中插入锁模器件调制腔内脉冲，光纤隔离器使环形腔内激光单向运转。

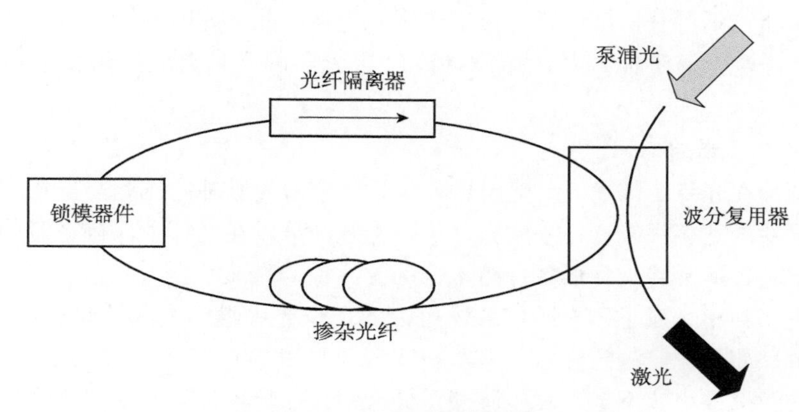

图 1.3 环形腔光纤激光器

对于那些无法采用增益光纤获得的超快激光波长，孤子自频移是行之有效的选择。1928 年，印度物理学家拉曼（Raman）首次发现泵浦光入射到非线性介质中，会散射（即受激拉曼散射，stimulated Raman scattering，SRS）出不同于泵浦光的两种新频率分量的光，即斯托克斯光和反斯托克斯光。1986 年，常规光纤中的孤子自频移在实验中被观察到，并由 Gordon 解释了这个理论[13]。此后，孤子自频移被广泛应用到不同类型的光纤，微结构光纤和高阶模光纤通常用来将孤子自频移的可行性波长扩展到近红外波段（小于 1.3μm）和可见光波段，Chestnut 和 Talor 成功在石英单模光纤中将孤子自频移的波长扩展到 1.72μm[14]，氟化物和硫化物光纤中孤子自频移已经实现了 2.0～4.3μm 波段超短脉冲中红外激光[15-18]。

伴随着光纤通信对光纤器件需求的快速增长，相关光纤器件工艺制作水平不断提高，出现了很多更高性能、更低成本的新型光纤器件，使光纤激光器的应用也从工业和光纤通信领域延伸到特殊材料加工、生物医疗以及国防等领域。

1.2 超快光纤激光器的应用领域

由于光纤在通信领域的大量应用，使光纤及其相关器件成本大幅度降低，可以很容易购买到组成光纤激光器的部件，通过熔接技术将光纤及其他部分组合起来，再经过光路准直就可以构建出光纤激光器。另外，随着保偏光纤的普及，可以构建出极其稳定的环境不敏感全光纤结构激光器，增加了光纤激光器的商用价值。近几年，随着掺铥光纤以及一些新型光纤的研制成功，使超快光纤激光器的研究逐渐在中红外波长附近开展起来。目前，超短脉冲光纤激光器的应用几乎随处可见，从激光加工、光通信，到生物成像、医用仪器[19-26]，光纤激光器已经与人们的生活密不可分，可以说，没有光纤激光器如此飞速的发展，也不会有现在如此便利的生活。下面，对超短脉冲光纤激光器的几种典型应用场景进行重点阐述。

1. 光孤子通信

光脉冲在光纤中传输时，光纤中非线性效应对光脉冲的压缩与群速度色散引起的光脉冲展宽相平衡，在一定条件下，光脉冲可以在光纤中保持稳定的形状永久传输下去，通常将这种形状保持不变的脉冲称为光孤子。

首先，利用光孤子作为通信载体可以实现全光中继，大大简化了中继设备，具有高效、简便、经济的优点。其次，光孤子脉冲宽度窄至皮秒甚至飞秒量级，相邻脉冲间隔很小，不至于发生脉冲重叠，使其在传输过程中误码率很低，与现有光纤通信相比，其误码率可以低于 10^{-12}，基本实现了 100%的光纤通信传输。最后，光孤子摆脱了光纤色散对传输速率和通信容量的限制，可以携带大量信息，传输码率最高可以达到 100Gbit/s 以上，使得孤子通信在未来光纤通信领域拥有巨大的应用潜力[27]。

如图 1.4 所示为光孤子通信系统的基本示意图。日本 NTT 研究所利用东京都市光纤网进行了 20Gbit/s 光孤子通信实验，首次实现了室外光孤子无误码传输，传输距离达到 10000km 以上，为孤子通信的实际应用奠定了基础[28]。

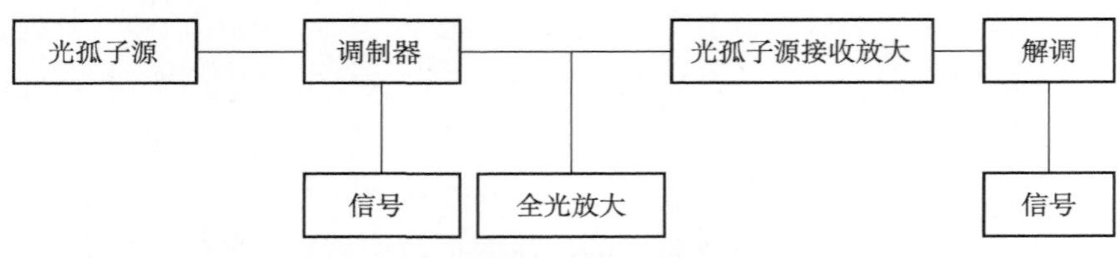

图 1.4　光孤子通信系统的基本示意图

2. 空间光通信

空间光通信是一种通过激光在大气信道中实现点对点、点对多点或多点对多点间语音、数据、图像信息传输的通信技术。激光器用于产生激光信号，并形成光束射向空间。激光器的性能直接影响通信质量及通信距离，对系统整体性能影响很大，因而对它的选择十分重要。

高功率的激光光源对空间光通信的实现具有重要意义，若要实现空间通信就必须采取合适的激光光源。可高速调制的大功率激光器是制约激光通信的两个关键因素，为解决这两个关键因素，对激光发射源提出了很高的要求。选取适合空间光通信的光源应该具备工作频率高、光束质量好、线宽窄的特点。超快锁模光纤激光器具有峰值功率高、可靠性好和体积小的优势，选择输出功率足够高的超快锁模光纤激光器可以满足空间通信的要求。图 1.5 为基于光纤耦合结构的空间光通信系统。

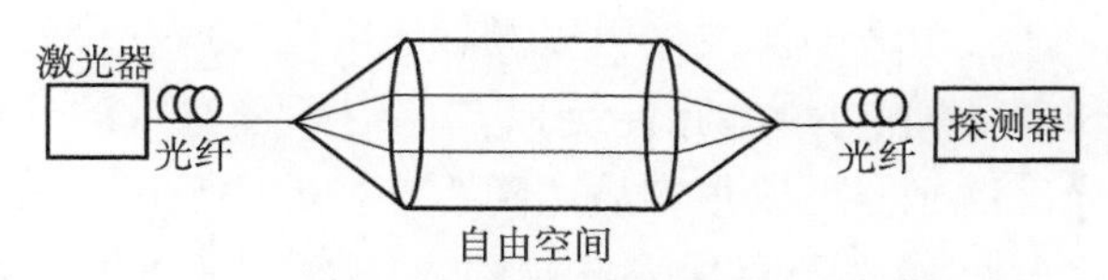

图 1.5 基于光纤耦合结构的空间光通信系统

3. 工业加工

材料进行精确机械加工，要求光纤激光器具有高峰值功率和高脉冲能量（机械切割一般需要毫焦量级的脉冲能量），大模场半径光纤（25～50μm）的研制成功使光纤激光器并不完全依赖于脉冲啁啾放大技术，就能够使输出脉冲能量满足精密机械加工等重要领域的应用。除了需要较高的脉冲能量，脉冲宽度对精密加工也有十分重要的影响，图 1.6 为纳秒激光器和飞秒激光器对材料切割的结果，通过对比发现，飞秒量级激光切割后的材料，其切开表面光滑程度要明显好于纳秒量级激光切割[30]，因此在设计脉冲光纤激光器时，除了获取高能量，如何压缩脉冲宽度也是研究的重点。被动锁模技术是产生飞秒级脉冲的主要技术手段之一，被动锁模光纤激光器中的可饱和吸收体可以使激光器实现自启动，并实现小于 100fs 的脉冲宽度输出[29]，因此被动锁模光纤激光器可以广泛应用在精密机械加工等领域。

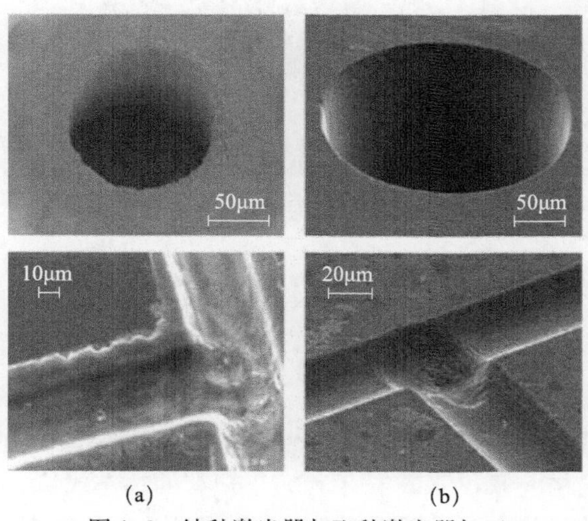

图 1.6 纳秒激光器与飞秒激光器加工

(a) 纳秒激光器；(b) 飞秒激光器

4. 生物光子学

传统的荧光显微镜通常是利用连续激光器来完成的，光源选择需要覆盖荧光吸收波段（即蓝光至绿光的光谱范围）。近年来，随着超连续光谱光纤激光器的研制成功，已经逐渐开始取代原有的光源。对于荧光显微镜，超连续光谱的时间相干性并不重要，通过可调谐滤波器可以准确激发荧光所在位置，利用脉冲宽度在 10ps～1ns，10kW 峰值功率的脉冲足以产生倍频程宽度的连续谱。基于掺镱光纤的被动锁模光纤激光器可以很容易达到要求，脉冲经过放大后耦合进入具有高非线性效应的光纤（如光子晶体光纤）中，从而实现 350～2200nm 的超宽光谱输出[31,32]。如果采用氟化光纤或其他特殊材料光纤构成的光纤激光器，可以将超连续光谱的范围拓宽到 4000nm 甚至更宽。另外，光纤激光器在太赫兹成像以及多光子成像方面同样也取得了重要进展，如二次谐波、三次谐波、反斯托克斯拉曼散射显微镜等。图 1.7 为利用超短脉冲光纤激光器与非线性显微镜相结合，通过二次谐波与三次谐波技术观察到的活体组织的多光子显微镜图像[33]。

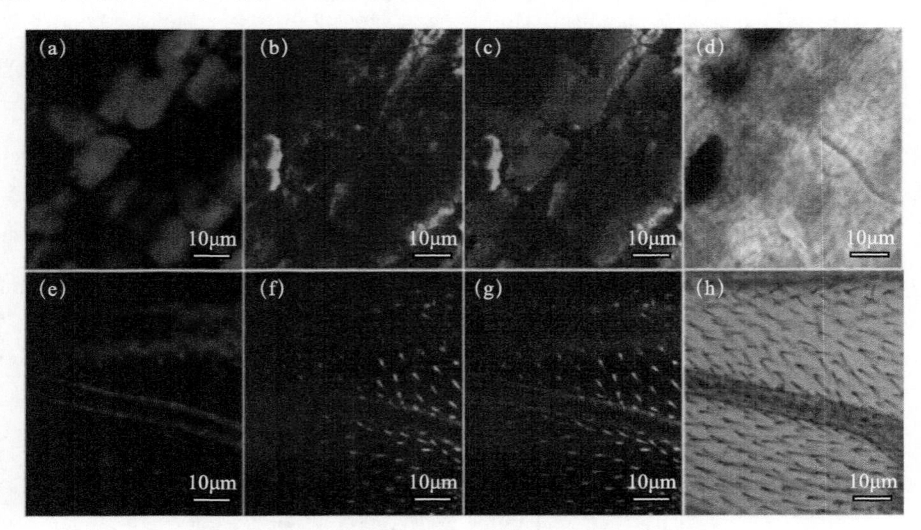

图 1.7　活体组织的多光子显微镜图像

(a) ～ (d) 孔雀鱼尾部图像；(e) ～ (h) 果蝇翅膀图像

1991 年，Huang 等在 *Science* 上发表了第一篇关于光学相干断层成像（optical coherence tomography，OCT）的文章[34]，提出了 OCT 技术的概念。这一集高分辨率、非侵入式、无损伤、速度快、体积小、低成本等优点于一身的成像技术迅速引起了重视，借助于低相干的宽谱光源，通过对组织反射光的探测实现对在体组织的深层结构成像，OCT 技术相较于现有的超声成像、X 射线计算层析、核磁共振等技术亦不落下风。图 1.8 为 OCT 系统对皮肤的成像，其成像深度可达到 1～2mm，远高于共聚焦激光扫描显微镜 250μm 的成像深度，轴向分辨率

10μm量级也胜过核磁共振的100μm分辨率，系统成本还远低于上述两者。超快光纤激光器可作为合适的脉冲光源推动成像技术的发展，使非线性显微镜与医学内窥镜结合，有助于临床应用。随着应用需求的增加，超快激光器在医疗成像领域前景一片光明。

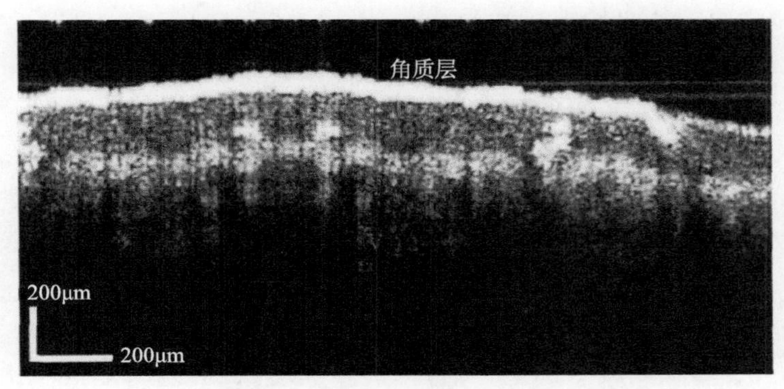

图 1.8 皮肤组织的OCT层析图

5. 其他新兴领域

矢量光场是指场强具有中空环形分布，偏振在空间上非均匀分布的柱矢量光束，包括径向偏振光束、角向偏振光束、涡旋光束等。而具有特殊强度、相位和偏振分布的超快矢量光场，相比于传统的超快高斯光场，在与物质相互作用时可以产生新的物理效应，为研究光场与物质作用提供了新的思路。目前超快矢量光场的产生主要基于对固体激光器输出的光束进行空间相位调制来产生涡旋光场，基于光纤激光器的矢量光场的研究刚刚兴起。

2014年，香港城市大学的Dong等利用光纤错位熔接法和光纤布拉格光栅(fiber Bragg grating，FBG)搭建了非线性偏振旋转锁模光纤激光器，实现了皮秒量级的柱矢量光束输出[35]。如图1.9所示，2019年，上海大学王腾等采用相位匹配技术和激光锁模技术，实现了全光纤激光系统产生飞秒高阶矢量脉冲[36]。

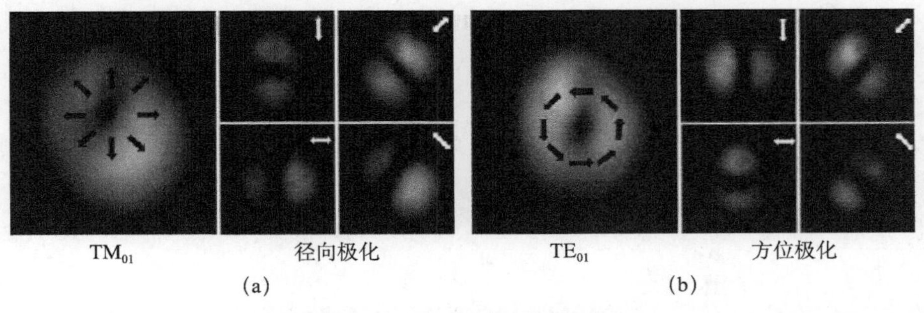

图 1.9 飞秒矢量光束模场图

(a) TM_{01}模场图；(b) TE_{01}模场图

在光学频率梳方面，控制锁模光纤激光器的重复频率和相位，即可产生频率梳。频率梳的频率间隔与锁模激光器的重复频率相等，但实际上会存在一个频率偏移量。在频率梳中，频率偏移量可以通过基于相干倍频呈超连续谱的 f-$2f$ 干涉仪以自相干方式检测和稳定。为了防止相干超连续谱产生调制不稳定性[37]，需要超快激光源的脉冲宽度小于 300fs。

光纤频率梳通常使用掺铒、掺镱和掺铥光纤激光器。使用最广的是掺铒光纤激光器，产生超连续谱，获得的频率梳范围可覆盖掺镱到掺铥的增益带宽[38]。相干超连续谱的产生可延伸至二氧化硅整个传输光波段范围（350～2400nm）。当需要放大到高功率时，掺铒光纤激光器就存在一定的限制，在此情况下，掺镱光纤频率梳就有一定的优势。2010 年，Ruehl 等研制出了 80W，脉冲宽度 120fs 的掺镱光纤频率梳[39]。锁模光纤激光器需要工作在腔内总色散几乎为零的状态，此时可以实现对频率梳的精确控制，此外，还需要精确控制腔长。2013 年，Wilken 等设计了全保偏结构、振动不敏感的光纤频率梳[40]，该结构具有很好的工业应用前景。

1.3　超快光纤激光器的分类

1. 按增益介质分类

光纤激光器根据不同的增益介质，有掺杂稀土激光器和受激散射激光器两种，其激光发生机制分别为受激辐射光放大和非线性效应。目前，绝大部分光纤激光器是掺杂稀土离子有源光纤产生激光，通过掺杂不同的稀土元素得到不同波段的激光：掺 Yb^{3+} 光纤的激发带为 975～1200nm 波段，可用于生成 1.0～1.2μm 的光波；掺 Er^{3+} 光纤激光器是光纤激光器的研究热点，可产生 1550nm 附近波长的光，是第三代和第四代通信系统的工作波长，在光纤内的损耗最小、色散极小；掺 Tm^{3+} 光纤激光器覆盖的波长为 1.6～2μm，包括 1940nm 附近的水分子中红外吸收峰，对生物组织有较低的热损伤，在外科手术时可造成较浅的创面，同时还具有良好的止血性能；与掺 Tm^{3+} 光纤类似，掺 Ho^{3+} 光纤激光器同样可产生 2μm 附近波长的激光，此波段人眼安全，得到了广泛的应用。

随着对光纤激光器需求的不断增长，作为直接影响有源光纤增益效果的稀土掺杂浓度也在不断上升，例如，华南理工大学研制的高掺杂磷酸盐玻璃极大地提高了稀土掺杂浓度和光纤激光器的输出功率。但掺杂浓度并非越高越好，任何光纤激光器都存在一个最优的浓度，太高或者太低都会影响受激辐射光放大的形成。过高的掺杂浓度会减少上能级粒子数，还会在光纤中产生结晶效应；而过低的浓度导致光放大不足，限制了激光的产生。因此对于掺杂浓度的选择要适应光纤激光器本身的要求。

表1.1列举了最常见的激光稀土掺杂离子和宿主介质，还有常见的稀土掺杂光纤的辐射波长，这些离子吸收泵浦光（除上转换激光器外，泵浦光波长比激射波长短），然后将离子激发到亚稳态能级，通过受激辐射实现光放大。

表1.1 最常见的激光稀土掺杂离子和宿主介质及重要的辐射波长

掺杂离子	宿主介质	常见辐射波长
钕离子（Nd^{3+}）	硅基玻璃	1.03～1.1μm 0.9～0.95μm 1.32～1.35μm
镱离子（Yb^{3+}）	硅基玻璃	1.0～1.1μm
铒离子（Er^{3+}）	硅基玻璃	1.5～1.6μm 2.7μm，0.55μm
铥离子（Tm^{3+}）	硅基玻璃	1.7～2.1μm 1.45～1.53μm 0.48μm，0.8μm
钬离子（Ho^{3+}）	硅基玻璃	2.1μm，2.9μm

有源光纤的长度也是影响激光输出的重要因素之一。过短的掺杂光纤会导致泵浦光吸收不足，输出激光功率低，未被吸收的泵浦光导致稳定性变差。而掺杂光纤在超过一定长度之后，将对激光产生吸收，导致输出功率降低。所以，在设计光纤激光器时，掺杂光纤长度要适当优化，根据实际情况选择最合适的长度。

2. 按锁模方式分类

根据锁模方法的不同，锁模光纤激光器大致分为三种：主动锁模光纤激光器、被动锁模光纤激光器、主被动混合锁模光纤激光器。主被动混合锁模光纤激光器是将主动锁模和被动锁模的各自优点结合起来，得到的窄脉宽高重复频率的稳定孤子锁模脉冲，本书主要介绍前两种。

主动锁模光纤激光器的优点在于其锁模脉冲形状对称，脉冲具有较低的时间抖动和较高的重复频率，同时中心波长可以调谐，高阶谐波锁模容易实现，并且可以直接产生无频率啁啾近似变换极限的光脉冲。由于其高重复频率的特性，相比于被动锁模光纤激光器，更适合用于光通信系统中作为光源。然而，主动锁模方式产生激光对外界环境的要求比较高，脉冲波形受谐振腔长浮动、环境温度、机械振动和偏振态的影响比较大，导致产生的脉冲波形不稳定、超模噪声难以克服。主动锁模光纤激光器得到的脉冲由于受到调制器、调制带宽的限制，输出的脉冲宽度通常是皮秒量级的长脉冲激光，如图1.10所示。稳定的主动谐波锁模光纤激光器的光脉冲宽度范围在几到几十皮秒，得到的光脉冲还可以通过非线性效应进一步压窄，如自相位调制、交叉相位调制和色散效应结合等。目前，主动谐波锁模光纤激光器通过绝热孤子压缩手段压缩脉宽可达634fs，重复频率为5GHz[41]，但主动谐波锁模光纤激光器具有较高的超模噪声。

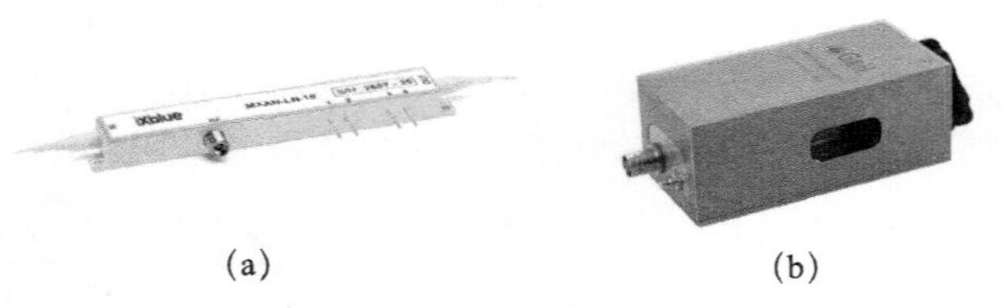

(a)　　(b)

图 1.10　(a) 电光调制器和 (b) 声光调制器

与主动锁模光纤激光器不同的是，被动锁模光纤激光器是一种基于非线性光学的全光纤结构激光器。它是利用锁模脉冲自身的光场强度来形成锁模振荡的。被动锁模光纤激光器整体上分为以下四类：第一种是利用快速可饱和吸收体进行锁模，典型的就是应用克尔效应进行锁模，克尔效应（Kerr effect）在高功率光束通过时孔径的变化会使得光束面积减小。可饱和吸收体锁模的原理是，当脉冲通过可饱和吸收体时，强脉冲的透过率比弱脉冲大得多，峰值部分的损耗比边缘部分要低，脉冲通过可饱和吸收体时被压窄。第二种是利用缓慢可饱和吸收体进行模式锁定，典型例子就是染料激光器和半导体激光器。至于快速和缓慢可饱和吸收体是指吸收体恢复时间是否远低于脉冲持续时间，远低于则为快速可饱和吸收体。第三种是孤子锁模脉冲，通过孤子效应中自相位调制（self-phase modulation，SPM）和群速度色散（group velocity dispersion，GVD）等非线性效应与色散的平衡来形成孤子脉冲。第四种是基于稳定自相似脉冲在正色散光纤中传播形成自相似锁模光纤激光器。其原理是有限的自相似增益信号经过特定的啁啾补偿和滤波压缩后，形成稳定的高功率超短脉冲光纤激光器。

图 1.11 为常见的可饱和反射镜结构，通过可饱和吸收体的损耗机制，连续激光器中杂乱的多脉冲可以被调制成有规律的超短脉冲串。可饱和吸收体在强光下被漂白，使大部分腔内能量通过可饱和吸收体达到反射镜，并再次反射回激光腔中。在弱光下，表现为吸收未饱和的特性，吸收掉所有入射光，将这部分弱光从激光腔中有效去除，具有调 Q 锁模的抑制作用。由于脉冲前沿部分被吸收，脉冲宽度在反射过程中会逐渐变窄。

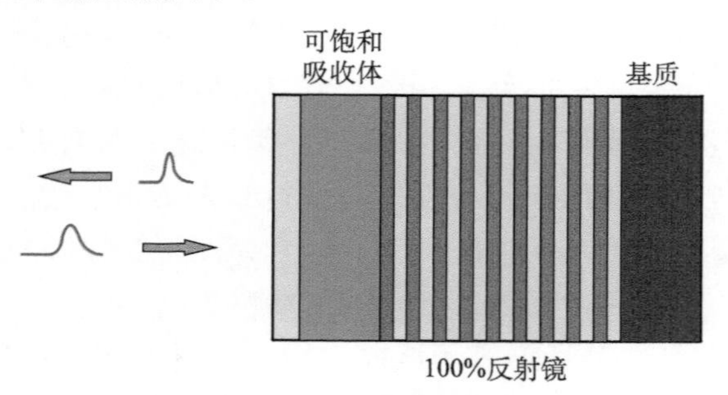

图 1.11　可饱和反射镜结构

3. 按输出方式分类

按照输出脉冲，超快光纤激光器可以分为常规孤子、色散管理孤子、自相似孤子、耗散孤子和类噪声脉冲光纤激光器。

最初的锁模光纤激光器都是工作在孤子状态，所使用的光纤都是在反常色散区。当色散与脉冲的自相位调制达到平衡时，脉冲可以形成准孤子在谐振腔中传输。在克尔效应锁模结构或饱和吸收效应结构中实现传统孤子脉冲输出。孤子脉冲所能容纳的能量较低，一般在皮焦（pJ）量级，而且脉宽较宽，有凯利（Kelly）边带。图 1.12 为常规孤子光谱图及其相应的自相关迹[42]。

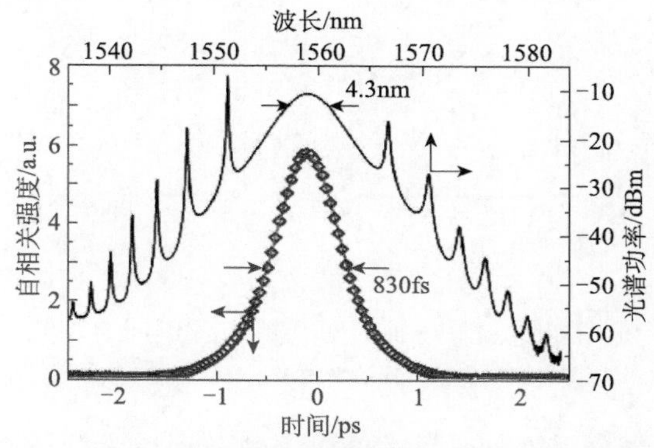

图 1.12　常规孤子光谱图及其相应的自相关迹曲线

为了得到更高功率、更短的脉冲，在激光器的谐振腔中引入正负色散两种光纤进行色散管理，使谐振腔中的脉冲来回振荡时被周期性地展宽压缩，减少了一个周期内的非线性相移。这样的激光器可以输出纳焦量级的色散管理孤子，由于是腔内色散的变化引起脉冲展宽，所以不会产生 Kelly 边带。当腔内色散达到理论最佳值 0 时，光谱会展宽，这种由腔内色散引起的变化得到的孤子是色散管理孤子。图 1.13 展示了 1.55μm 范围的色散管理孤子光谱图和其相应的自相关迹曲线[43]。

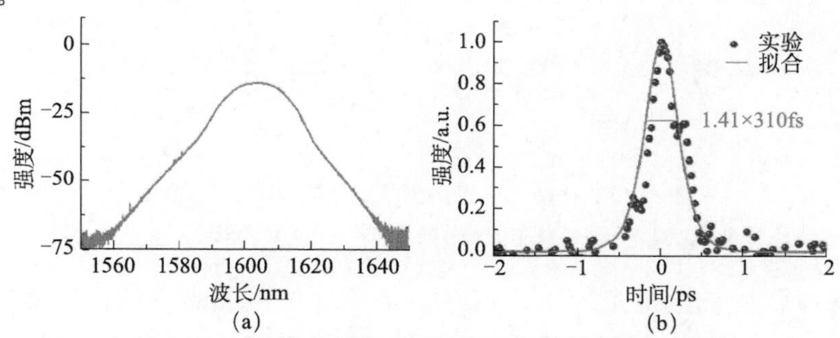

图 1.13　色散管理孤子光谱图及其相应的自相关迹曲线

（a）色散管理孤子光谱图；（b）自相关迹曲线

自相似孤子是一种在光纤正常色散区产生的特殊脉冲，具有抛物线型的光谱和时域脉冲形状，且脉冲呈线性正啁啾，在腔外压缩过程中能被压缩至转换极限。自相似脉冲在传输和放大过程中能保持形状不变，宽度和幅度随着功率增加呈指数增长。因此，自相似脉冲在激光腔内传输过程中能有效地降低脉冲峰值功率，减小非线性相移，避免了脉冲分裂，从而获得高质量高能量的超短脉冲。图1.14为波长在1μm范围的自相似孤子脉冲的光谱和自相关迹曲线[44]。

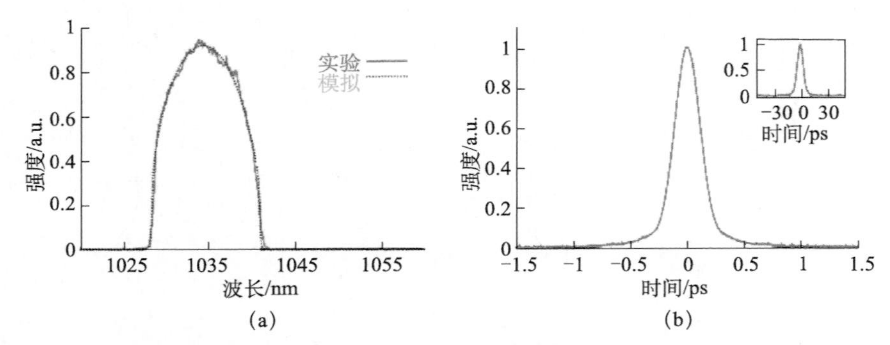

图 1.14　自相似孤子脉冲的光谱图及其相应的自相关迹曲线

(a) 自相似孤子脉冲的光谱图；(b) 自相关迹曲线

耗散孤子产生于全正色散或者大的净正色散锁模光纤激光器，如图1.15所示[45]。耗散孤子在腔内具有较大啁啾，脉冲时域很宽，降低了脉冲的峰值功率，理论上可避免多脉冲的产生，相较于孤子和展宽脉冲光纤激光器，耗散孤子光纤激光器的能量有1～2个数量级的提升。

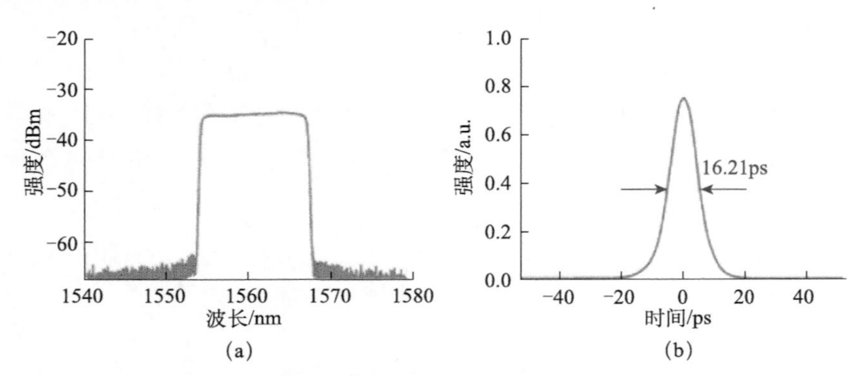

图 1.15　耗散孤子光谱图及其相应自相关迹曲线

(a) 耗散孤子光谱图；(b) 自相关迹曲线

类噪声脉冲是锁模光纤激光器在一定条件下生成的一种特殊脉冲，如图1.16所示[46]，本质上是由许多随机演化的超短脉冲聚集在一起形成的脉冲波包。这些随机演化的超短脉冲的数量主要与激光器的泵浦功率有关，增加泵浦功率，小脉冲的数量会增加，类噪声的持续时间会变长。脉冲不会随着泵浦能量的增加而发生分裂，因而，类噪声脉冲能够轻松获得较大脉冲能量，能够与在正色散区形成的强啁啾超短脉冲相比。

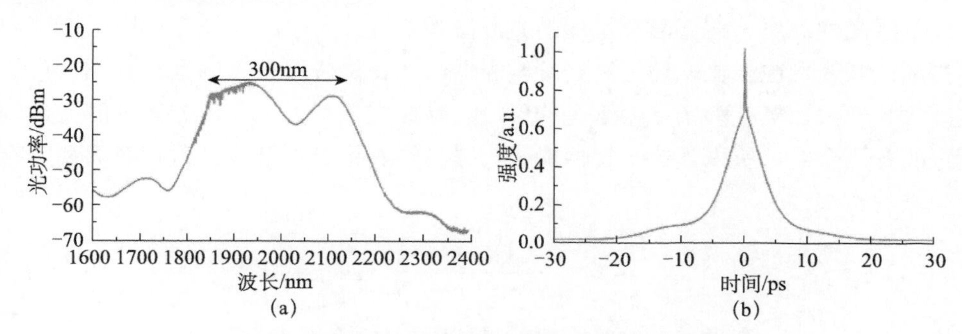

图 1.16　类噪声脉冲光谱图及其相应的自相关迹曲线

(a) 类噪声脉冲光谱图；(b) 自相关迹曲线

4. 按谐振腔分类

根据不同的谐振腔腔型，超快光纤激光器主要分为两大类：线形谐振腔和环形谐振腔。其中线形谐振腔也称驻波腔，而环形谐振腔也称行波腔。二者还可以分别构成各自的复合腔结构，用于选择纵模，使激光器在单纵模状态运行。

1）线形腔

线形腔结构光纤激光器是由一对反射镜（也称介质镜）构成的谐振腔，相当于一个法布里-珀罗腔型结构，光以驻波的形式在谐振腔内传播。在全光纤结构中通常利用光纤布拉格光栅作为反射镜，腔内熔接掺杂增益光纤作为工作物质，泵浦光通过波分复用器耦合进腔内。要实现超短脉冲输出，腔内不可或缺的器件之一就是周期性的调制器件，类似于电光调制器、声光调制器或可饱和吸收体向腔内引入周期性变化的损耗调制来实现模式锁定。图 1.17 展示了线形腔主动锁模激光器的结构以及在谐振腔中传输的脉冲演化过程[47]。

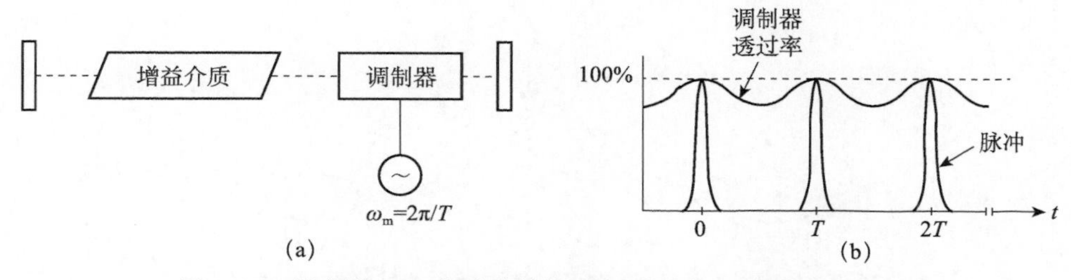

图 1.17　激光器 (a) 线形腔结构示意图及 (b) 脉冲演化过程

2）环形腔

图 1.18 为环形腔结构的掺铒光纤激光器，最大的优点是不需要光纤布拉格

光栅等器件作为谐振腔两端的反射镜，核心部分为光纤耦合器，使光在腔内能够循环传输。因为环形光纤激光器通常有较长的谐振腔，可以采用较长的掺杂光纤，提高了输出功率的上限，且在一定程度上使输出光的线宽变窄，满足单纵模窄线宽激光的需要。在环形腔结构的光纤激光器内，光是以行波形式在谐振腔内传播的。与线形腔相比，环形腔光纤激光器内的光始终保持单向运行，不会产生空间烧孔现象，更有利于单模激光的形成。除此之外，由于环形腔光纤激光器的谐振腔是闭合的，所以其抗干扰性能强，并且足够稳定，搭建过程相对简单，有着很高的实用性。

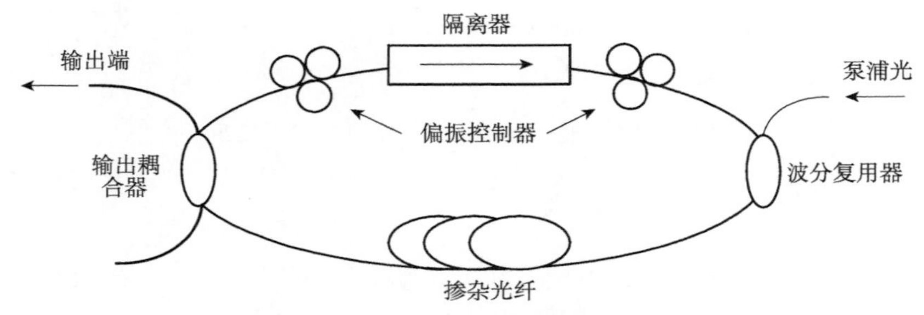

图 1.18　环形腔光纤激光器

3）其他谐振腔结构

“8”字形腔结构类似于环形复合腔，从外观上看是由两个光纤环构成的，结构主要用于搭建锁模激光器，如图 1.19 所示，该结构采用非线性锁模机制，由于光束在耦合器 1 中能够发生相干干涉，从而产生了相加脉冲锁模。在这种结构中，可以用于生成超短的光脉冲输出。

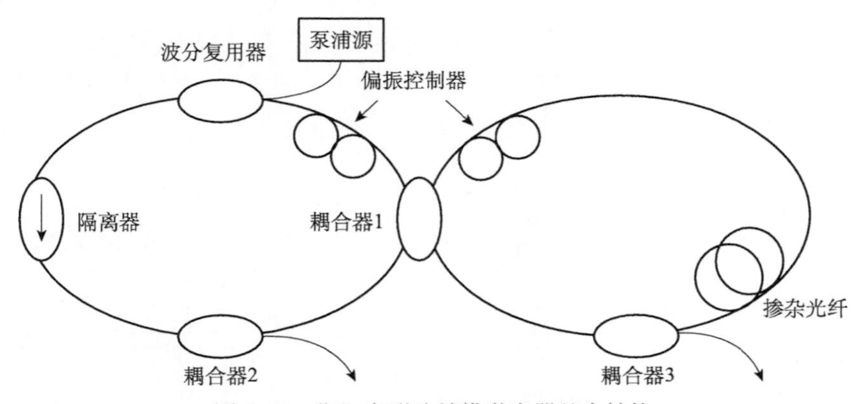

图 1.19　“8”字形腔锁模激光器基本结构

如图 1.20 所示，基于“9”字形腔的被动锁模激光器，是一种新型的非线性环形腔结构，该激光器在“9”字形腔激光器的基础上极大地缩短了激光器的腔长，有利于产生更高重复频率的激光。目前主流的“9”字形腔锁模光纤激光器普遍含有自由空间结构，这些自由空间的部分使激光器易于受到温度、振动等外界因素的干扰，不利于激光器的稳定性和抗干扰能力。

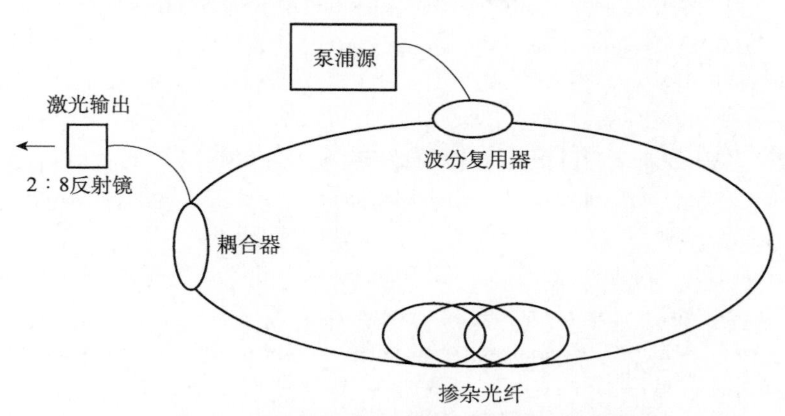

图 1.20　“9”字形腔被动锁模激光器基本结构

除了上述四种腔型之外，光纤激光器还有由反射镜和角度可调光栅构成的输出可调谐腔型、由反射镜和光纤环形镜构成的输出可调谐腔型等，都具有各自不同的功能和特性。

参 考 文 献

[1] Maiman T H. Stimulated optical radiation in ruby [J]. Nature，1960，187：493，494.

[2] Snitzer E. Optical maser action of Nd^{3+} in a barium crown glass [J]. Physical Review Letters，1961，7 (12)：444 - 446.

[3] Poole S B，Payne D N，Fermann M E. Fabrication of low-loss optical fibres containing rare-earth ions [J]. Electronics Letters，1985，21 (17)：737，738.

[4] Alcock I P，Ferguson A I，Hanna D C，et al. Mode-locking of a neodymium-doped monomode fibre laser [J]. Electronics Letters，1986，22 (5)：268，269.

[5] Duling I N. All-fiber ring soliton laser mode locked with a nonlinear mirror [J]. Optics Letters，1991，16 (8)：539 - 541.

[6] Matsas V J，Newson T P，Richardson D J，et al. Self-starting passively mode-locked fiber ring soliton laser exploring nonlinear polarizztion rotation [J]. Electronics Letters，1992，28 (15)：1391 - 1393.

[7] Gomes L A，Orsila L，Jouhti T，et al. Picosecond SESAM-based ytterbium mode-locked fiber lasers [J]. IEEE Journal of Selected Topics in Quantum Electronics，2004，10 (1)：129 - 136.

[8] Tamura K，Doerr C R，Nelson L E. 77-fs pulse generation from a stretched-pulse mode-

locked all-fiber ring laser [J]. Optics Letters, 1993, 18 (13): 1080 - 1082.

[9] Cautaerts V, Richardson D J, Paschotta R, et al. Stretched pulse Yb^{3+} silica fiber laser [J]. Optics Letters, 1997, 22 (5): 316 - 318.

[10] Ilday F O, Buckley J R, Lim H, et al. Generation of 50-fs, 5-nJ pulses at 1.03mm from a wave-breaking-free fiber laser [J]. Optics Letters, 2003, 28 (15): 1365 - 1367.

[11] Nelson L E, Fleischer S B, Lenz G, et al. Efficient frequency doubling of a femtosecond fiber laser [J]. Optics Letters, 1996, 21 (21): 1759 - 1761.

[12] 彭俊松. 超快光纤激光器及其动力学特性研究 [D]. 上海: 上海交通大学, 2013.

[13] Gordon J P. Theory of the soliton self-frequency shift [J]. Optics Letters, 1986, 11 (10): 662 - 664.

[14] Chestnut D A, Taylor J R. Soliton self-frequency shift in highly nonlinear fiber with extension by external Raman pumping [J]. Optics Letters, 2003, 28 (24): 2512 - 2514.

[15] Tang Y, Wright L G, Charan K, et al. Generation of intense 100fs solitons tunable from 2 to 4.3μm in fluoride fiber [J]. Optica, 2016, 3 (9): 948 - 951.

[16] Cheng T, Usaki R, Duan Z, et al. Soliton self-frequency shift and third-harmonic generation in a four-hole As_2S_5 microstructured optical fiber [J]. Optics Express, 2014, 22 (4): 3740 - 3746.

[17] Zhang L, Cheng T, Deng D, et al. Tunable soliton generation in a birefringent tellurite microstructured optical fiber [J]. IEEE Photonics Technology Letters, 2015, 27 (14): 1547 - 1549.

[18] Zhang M, Kelleher E J R, Runcorn T H, et al. Mid-infrared Raman-soliton continuum pumped by a nanotube-mode-locked sub-picosecond Tm-doped MOPFA [J]. Optics Express, 2013, 21 (20): 23261 - 23271.

[19] Xu C, Wise F W. Recent advances in fibre lasers for nonlinear microscopy [J]. Nature Photonics, 2013, 7 (11): 875.

[20] Sugioka K, Cheng Y. Ultrafast lasers—reliable tools for advanced materials processing [J]. Light: Science & Applications, 2014, 3 (4): e149.

[21] Clowes J. Next generation light sources for biomedical applications: fibre lasers—compact, cost-effective, turnkey solutions [J]. Optik & Photonik, 2008, 3 (1): 36 - 38.

[22] Zheng S, Ghandehari M, Ou J. Photonic crystal fiber long-period grating absorption gas sensor based on a tunable erbium-doped fiber ring laser [J]. Sensors and Actuators B: Chemical, 2016, 223: 324 - 332.

[23] Nishizawa N. Ultrashort pulse fiber lasers and their applications [J]. Japanese Journal of Applied Physics, 2014, 53 (9): 090101.

[24] Gattass R R, Mazur E. Femtosecond laser micromachining in transparent materials [J]. Nature Photonics, 2008, 2 (4): 219.

[25] Swann W C, Newbury N R. Frequency-resolved coherent lidar using a femtosecond fiber laser [J]. Optics Letters, 2006, 31 (6): 826 - 828.

[26] Liang C, Lee K F, Levin T, et al. Ultra stable all-fiber telecom-band entangled photon-pair source for turnkey quantum communication applications [J]. Optics Express, 2006, 14 (15): 6936 - 6941.

[27] 马春阳. 基于被动锁模光纤激光器的超短脉冲理论与实验研究 [D]. 长春: 吉林大学, 2019.

[28] 吴辉. 浅析光孤子通信技术 [J]. 信息通信, 2013 (10): 31, 32.

[29] Harti I, Imeshev G, Dong L, et al. Ultra-compact dispersion compensated femtosecond fiber oscillators and amplifiers [C]. Conference on Lasers and Electro-Optics, IEEE, 2005, 3: 1641 - 1643.

[30] Lucas L, Zhang J. Femtosecond laser micromachining: a back-to-basics primer [J]. Applied Energetics, 2012, 27 (4): 29.

[31] Onishi M, Okuno T, Kashiwada T, et al. Highly nonlinear dispersion-shifted fibers and their application to broadband wavelength converter [J]. Optical Fiber Technology, 1998, 4 (2): 204 - 214.

[32] Travers J C. Blue extension of optical fibre supercontinuum generation [J]. Journal of Optics, 2010, 12 (11): 113001.

[33] Nie B, Saytashev I, Chong A, et al. Multimodal microscopy with sub-30fs Yb fiber laser oscillator [J]. Biomedical Optics Express, 2012, 3 (7): 1750 - 1756.

[34] Huang D, Swanson E A, Lin C P, et al. Optical coherence tomography [J]. Science, 1991, 254 (5035): 1178 - 1181.

[35] Dong J, Chiang K S. Mode-locked fiber laser with transverse-mode selection based on a two-mode FBG [J]. IEEE Photonics Technology Letters, 2014, 26 (17): 1766 - 1769.

[36] 王腾, 陆佳峰, 黄译平, 等. 全光纤超快矢量光场的产生与研究进展 [J]. 中国激光, 2019, 46 (5): 119 - 133.

[37] Dudley J M, Genty G, Coen S. Supercontinuum generation in photonic crystal fiber [J]. Reviews of Modern Physics, 2006, 78 (4): 1135.

[38] Kumkar S, Krauss G, Wunram M, et al. Femtosecond coherent seeding of a broadband Tm: fiber amplifier by an Er: fiber system [J]. Optics Letters, 2012, 37 (4): 554 - 556.

[39] Ruehl A, Marcinkevicius A, Fermann M E, et al. 80W, 120fs Yb-fiber frequency comb [J]. Optics Letters, 2010, 35 (18): 3015 - 3017.

[40] Wilken T, Lezius M, Hänsch T W, et al. A frequency comb and precision spectroscopy experiment in space [C]. CLEO: Applications and Technology. Optical Society of America, 2013: AF2H. 5.

[41] Jones D J, Haus H A, Ippen E P. Subpicosecond solitons in an actively mode-locked fiber laser [J]. Optics Letters, 1996, 21 (22): 1818 - 1820.

[42] Pang M, Jiang X, He W, et al. Stable subpicosecond soliton fiber laser passively mode-locked by gigahertz acoustic resonance in photonic crystal fiber core [J]. Optica, 2015, 2

(4)：339 - 342.

[43] Zhao F，Wang Y，Wang H，et al. Ultrafast soliton and stretched-pulse switchable mode-locked fiber laser with hybrid structure of multimode fiber based saturable absorber [J]. Scientific Reports，2018，8 (1)：16369.

[44] Nielsen C K，Ortac B，Schreiber T，et al. Self-starting self-similar all-polarization maintaining Yb-doped fiber laser [J]. Optics Express，2005，13 (23)：9346 - 9351.

[45] Chen H J，Liu M，Yao J，et al. Buildup dynamics of dissipative soliton in an ultrafast fiber laser with net-normal dispersion [J]. Optics Express，2018，26 (3)：2972 - 2982.

[46] Sobon G，Sotor J，Martynkien T，et al. Ultra-broadband dissipative soliton and noise-like pulse generation from a normal dispersion mode-locked Tm-doped all-fiber laser [J]. Optics Express，2016，24 (6)：6156 - 6161.

[47] 胡忠棋. 掺镱超快光纤激光器研究 [D]. 西安：西安电子科技大学，2018.

第 2 章　超快光纤激光器基本原理

2.1　光纤激光基本原理

众所周知，要产生激光，必须具备三个条件：①外界泵浦源，使激光上下能级之间产生粒子数反转；②工作物质，提供放大的激光增益介质；③光学谐振腔，使受激辐射产生的光能够在谐振腔内形成稳定的振荡。通过泵浦源泵浦增益介质，使其上下能级产生粒子数反转，然后，光在谐振腔内形成稳定的振荡，产生激光。下面详细介绍增益光纤（工作物质）的能级结构和相应的泵浦，以及常见的谐振腔结构。

2.1.1　增益光纤能级结构和泵浦选择

在光纤激光器中，增益介质一般都是将稀土离子以一定浓度和分布掺杂于纤芯之中的掺杂光纤，增益光纤的这种结构使光纤激光器具有很高的斜率效率，这也是光纤激光器一个非常重要的特征。常用的稀土元素有镱、铒、铥和钬等。

1. 掺镱光纤

图 2.1 是镱离子（Yb^{3+}）的能级结构图，Yb^{3+} 中与激光波长相关的能级结构十分简单，主要有两个能带。基态为 $^2F_{7/2}$，激发态为 $^2F_{5/2}$。因此，Yb^{3+} 的激光波长和泵浦波长不存在激发态吸收。同时，由于 $^2F_{7/2}$ 与 $^2F_{5/2}$ 能带之间存在较大的能带宽度，排除了通过多声子发射所产生的无辐射交叉弛豫的可能性，甚至在具有高声子能量的二氧化硅宿主中也不会发生，因此也排除了发生浓度淬灭现象的可能性。这些特点使 Yb^{3+} 逐渐取代 Nd^{3+}，用于产生 1μm 波段的激光。

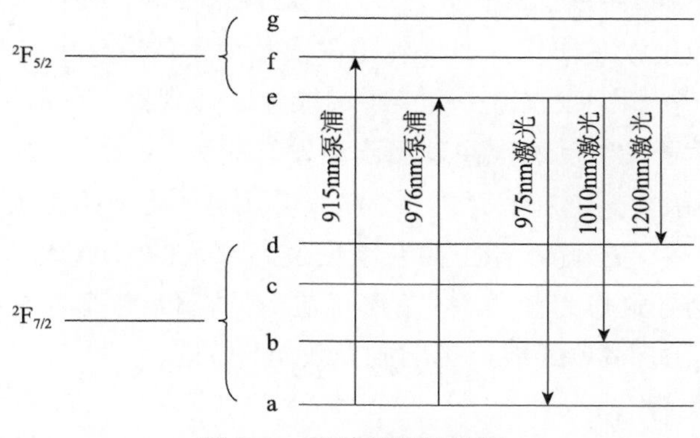

图 2.1　Yb^{3+} 能级结构图

当 Yb^{3+} 掺入二氧化硅宿主基质后，由于斯塔克（Stark）效应，之前所提到的两个能级 $^2F_{5/2}$ 和 $^2F_{7/2}$ 会发生分裂，激发态 $^2F_{5/2}$ 会分裂成 3 个子能级，而基态 $^2F_{7/2}$ 会分裂成 4 个子能级。其中，激发态 $^2F_{5/2}$ 上的子能级 e 和 f 分别对应于 976nm 和 915nm 吸收峰。对于 915nm 的泵浦波长 a-f-e（泵浦到 f 能级上的粒子会快速无辐射跃迁到 e 能级上）会被用到包层泵浦的高功率光纤激光器上，但是其吸收系数略低。另外，915nm 的泵浦波长也会通过 a-f-e-a 的跃迁方式产生激光，但是此时为三能级系统。对于 976nm 的泵浦波长，a-e 主要是应用在包层泵浦的高功率光纤激光器上，主要因为其超高的泵浦吸收系数，且发射激光为长波长区域 a-e-d（c），激光波长范围为 1010～1200nm，此时为准四能级系统。一般情况下，需要通过泵浦波长和激光波长等共同判断掺镱光纤激光器为三能级系统或四能级系统。

2. 掺铒光纤

图 2.2 是铒离子（Er^{3+}）的能级结构图，Er^{3+} 可以吸收 800nm、980nm 和 1480nm 波段的激光，受激辐射出 1.5μm 波段的光子，其分别对应的能级跃迁是 $^4I_{15/2}\rightarrow{}^4I_{9/2}$、$^4I_{15/2}\rightarrow{}^4I_{11/2}$ 和 $^4I_{15/2}\rightarrow{}^4I_{13/2}$。

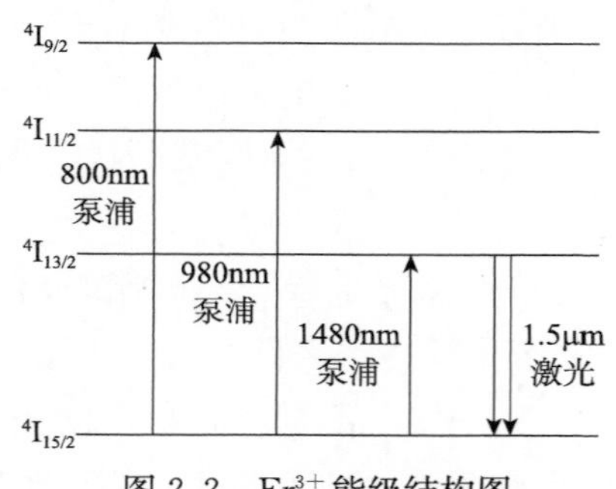

图 2.2　Er^{3+} 能级结构图

980nm 泵浦源工艺很成熟，掺铒光纤在 980nm 泵浦下以三能级结构运转。所以，一般情况掺铒光纤激光器是由 980nm 激光二极管泵浦，基态 Er^{3+} 吸收泵浦光后，跃迁至高能级 $^4I_{11/2}$，然后由高能级 $^4I_{11/2}$ 无辐射跃迁和自发辐射到亚稳态 $^4I_{13/2}$，随着泵浦功率增加，粒子数实现反转分布，Er^{3+} 产生受激辐射光放大。

为了获得高增益、大功率的掺铒光纤激光器输出，通常对掺铒光纤进行高浓度的掺杂，但随着掺杂浓度的提高，Er^{3+} 间距逐渐变短，处在激发态能级 $^4I_{13/2}$ 的两个相邻 Er^{3+} 产生相互作用，即发生了激发态离子的合作上转换，并伴随着能量转换。其中一个 Er^{3+} 吸收另一个离子的能量跃迁到更高的能级 $^4I_{9/2}$，处于 $^4I_{9/2}$ 上的 Er^{3+} 通过声子发射迅速弛豫返回到激发态能级 $^4I_{13/2}$ 上，而提供能量的 Er^{3+} 则返回到基态能级 $^4I_{15/2}$，这就导致一个激发态 $^4I_{13/2}$ 所得到的能量转化为热能，降低了量子转化效率。这就是 Er^{3+} 掺杂浓度过高导致的浓度淬灭效应。此外，高掺杂的 Er^{3+} 还会导致作为掺杂宿主的纤芯玻璃（SiO_2）基质中发生晶化，在荧光谱中出现某些附加的窄谱线，影响放大激光的性能。

3. 铒镱共掺光纤

显然，采用加大 Er^{3+} 的离子浓度来提高能量有一定的局限性。为了提高

Er^{3+}的有效掺杂浓度，采用Er^{3+}同Yb^{3+}共掺杂的方法，铒镱共掺光纤能级结构如图 2.3 所示。其中Er^{3+}作为放大介质的发光离子，Yb^{3+}起敏化剂的作用。在作为掺杂宿主基质的硅晶体中，Yb^{3+}和Er^{3+}有相似的溶解度，并且其离子半径具有相同的数量级，聚集发生在一个Er^{3+}和多个Yb^{3+}之间，这样就可以形成Er^{3+}-Yb^{3+}形式的离子簇。Yb^{3+}和Er^{3+}的相互交替，加大了Er^{3+}间的间距，可以降低积聚的Er^{3+}间因相互作用而发生离子上转换的概率，能够抑制Er^{3+}间量子转化发生，而产生较高的离子转化效率。

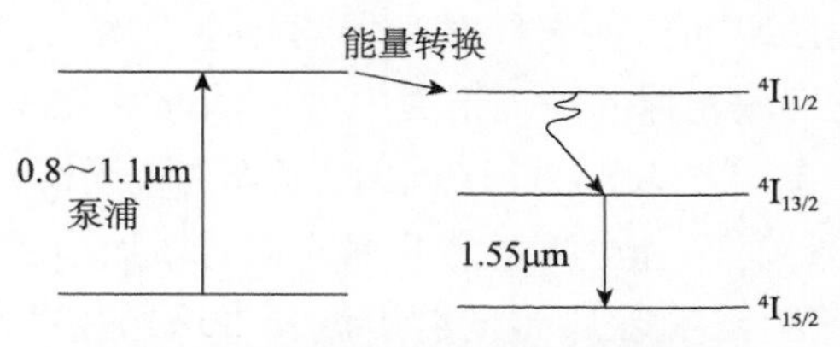

图 2.3　铒镱共掺光纤能级结构图

4. 掺铥光纤

图 2.4 是铥离子（Tm^{3+}）的能级结构图，图中$^3F_4 \rightarrow {}^3H_6$的能级跃迁对应了 2μm 波段的光辐射，其自发辐射的光谱范围覆盖 300nm 以上。掺Tm^{3+}光纤激光器能获得高效率主要是由于Tm^{3+}间存在着的交叉弛豫过程，交叉弛豫率随着Tm^{3+}的掺杂浓度增加迅速增长，随着增益光纤的掺杂浓度越高，交叉弛豫现象增强，随之对$^3H_6$、$^3F_4$和$^3H_4$能级的光谱产生较大的影响。

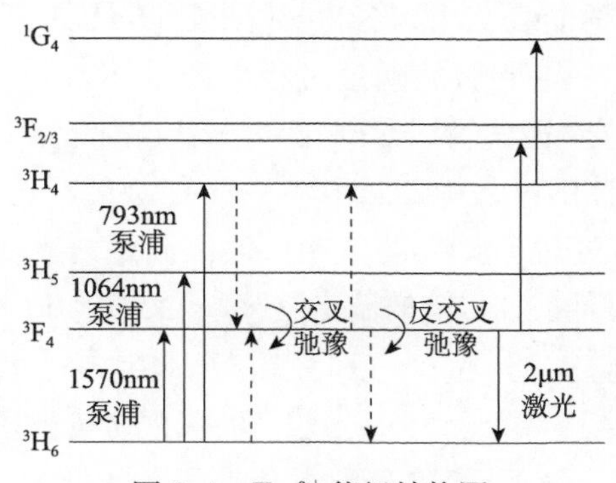

图 2.4　Tm^{3+}能级结构图

Tm^{3+}可以吸收 1.6μm、1.21μm 和 790nm 波段的激光，受激辐射出 2μm 波段的光子，分别对应的能级跃迁是$^3H_6 \rightarrow {}^3F_4$、$^3H_6 \rightarrow {}^3H_5$和$^3H_6 \rightarrow {}^3H_4$，三种泵浦方式各有特点。

第一种泵浦方式常采用 793nm 半导体激光器，高掺杂浓度条件下Tm^{3+}跃迁过程中交叉弛豫的作用，使$^3H_6 \rightarrow {}^3H_4$的泵浦方式具有较高的转换效率，且

793nm 半导体激光器多为多模输出，因此 2μm 高功率光纤激光器或放大器中，通常将 793nm 激光作为泵浦源。

第二种$^3H_6 \to ^3H_5$ 泵浦方式常选取 1064nm 激光作为泵浦源，处在$^3F_4$ 能级的部分 Tm^{3+} 会吸收泵浦光并跃迁至$^3F_{2/3}$能级，之后粒子无辐射跃迁至$^3H_4$ 能级上，还有部分处于$^3H_4$ 能级的 Tm^{3+} 跃迁到基态发射出近红外光，另一部分 Tm^{3+} 会再次吸收泵浦光并跃迁至$^1G_4$ 能级，随后从$^1G_4$ 能级跃迁至$^3F_4$ 能级和$^3H_6$ 能级，分别产生红蓝光。这种泵浦方式，因为 Tm^{3+} 复杂的能级跃迁过程，很大程度地限制了泵浦光的吸收效率和掺铥光纤激光器的斜率效率，1064nm 激光泵浦的结构只在早年的掺铥光纤激光器的相关报道中可见，近年已鲜有报道。

第三种$^3H_6 \to ^3F_4$ 泵浦方式选取 1570nm 激光作为泵浦源，能级$^3H_6$ 上的 Tm^{3+} 吸收泵浦光被激发到能级$^3F_4$ 上，并随着泵浦光强的增加形成粒子数反转分布，处在$^3F_4$ 能级的 Tm^{3+} 跃迁至基态从而发射出波长 2μm 的波段光。因此，$^3H_6 \to ^3F_4$ 的泵浦方式实际上是一个二能级系统，二能级系统实现粒子数反转的难度大于三能级系统和四能级系统，使该泵浦形式下的掺铥光纤激光器具有更高的阈值。然而由于$^3F_4$ 能级包含了 9 个 Stark 能级，在能级跃迁时产生的 2μm 激光增益带宽可达 500nm 以上，所以在 2μm 可调谐光纤激光器中，1570nm 激光泵浦具有很好的应用前景。另外，1570nm 波段的掺铒光纤激光器和掺铒光纤放大器十分成熟，对实现 2μm 激光器的全光纤结构十分有益。

5. 掺钬光纤

钬离子（Ho^{3+}）的能级结构如图 2.5 所示，Ho^{3+} 具有 1.1μm 和 1.9μm 两个吸收波段。Ho^{3+} 在$^5I_7 \to ^5I_8$ 能级的跃迁过程中产生 2.1μm 波段的光辐射。Ho^{3+} 的$^5I_7$ 能级与$^5I_8$ 能级均存在强烈的 Stark 能级分裂，在常温下将分裂成若干个子能级。在 1.1μm 波段泵浦的过程中，除了$^5I_7 \to ^5I_8$ 能级的跃迁产生的 2.1μm 光辐射外，Ho^{3+} 的$^5I_6 \to ^5I_7$ 跃迁过程会产生 2.9μm 波段附近的光辐射，中红外波段对石英光纤来说，已远超过低损耗传输的截止波长，无法实际得到相应波段的增益。通过在声子能量较小且对中红外波段透过率较高的氟化物玻璃光纤和硫系光纤中引入其他离子，降低 Ho^{3+} 的$^5I_7$ 能级寿命，可以有效地产生 2.9μm 中红外荧光辐射。

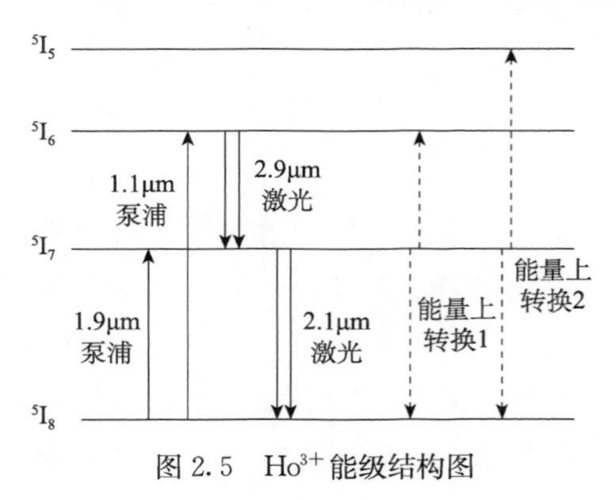

图 2.5　Ho^{3+} 能级结构图

由于 1.1μm 泵浦方式中 2.9μm 荧光的存在，所以这种泵浦方式效率相对较低。而采用 1.9μm 波段的激光泵浦在转换效率上具有明显的优势。另一方面，1.9μm 刚好为大部分掺铥光纤的增益峰值，可采用掺铥光纤激光器作为掺钬光纤激光器的泵浦源，能够实现泵浦及谐振腔全光纤化。需要强调的是，掺铥光纤激光泵浦源的参数对掺钬光纤激光的输出特性至关重要。

6. 铥钬共掺光纤

通过在石英光纤中同时掺杂 Tm^{3+} 和 Ho^{3+} 两种稀土离子，从而构成另一种 2μm 波段的增益光纤，即铥钬共掺光纤。铥钬共掺光纤的吸收波长主要由光纤中的 Tm^{3+} 决定，因此铥钬共掺光纤和掺铥光纤可采用近乎相同的泵浦方式。不同的是，Ho^{3+} 的引入使其在能级跃迁的过程中与 Tm^{3+} 的相应能级间发生了一定的能量交换，并且在不同泵浦波长的条件下，能量交换的过程也有所不同。以 1570nm 的泵浦方式为例，如图 2.6 所示，当 Tm^{3+} 吸收了 1570nm 波段泵浦光后，会从基态 $^3H_6$ 跃迁到 $^3F_4$ 能级。由于 Tm^{3+} 的 $^3F_4$ 能级同 Ho^{3+} 的 $^5I_7$ 能级十分相近，Tm^{3+} 与 Ho^{3+} 间产生能量交换，从而基态 Ho^{3+} 被激发至 $^5I_7$ 能级，形成粒子数反转分布，产生 2μm 波段辐射。同样的泵浦条件下，Ho^{3+} 的引入使铥钬共掺光纤具有比掺铥光纤更高的转换效率，且铥钬共掺光纤和掺铥光纤具有近乎相同的增益带宽，而通过合适地改变 Ho^{3+} 的掺杂浓度及泵浦源参数，相较于掺铥光纤，铥钬共掺光纤可以获得更长波段处的增益峰值。

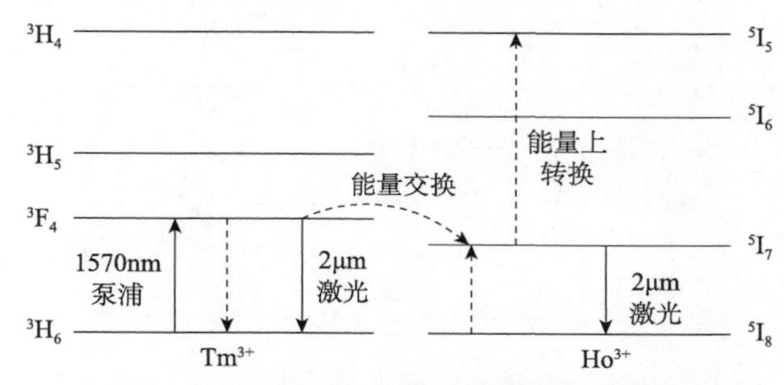

图 2.6　1570nm 泵浦下的铥钬共掺光纤能级结构图

2.1.2　超快光纤激光谐振腔

光纤很细，纤芯只有微米量级且弯曲性很好，节省空间，无源器件体积小、集成度高、容易接入光纤，因此有利于设计多种类型腔结构的光纤激光器，通常分为线形腔和环形腔。

典型的线形腔结构的光纤激光器如图 2.7 所示，也就是法布里-珀罗谐振腔结构。一段掺杂稀土元素的增益光纤置于两个腔镜之间，腔镜可以是镀在光纤端面上的光学薄膜，也可以是光纤光栅。泵浦光是从左侧腔镜耦合进入光纤激光器谐振腔，左侧腔镜对泵浦光全部透射并对腔内的谐振激光全部反射，右侧腔镜对激光部分透射部分反射，只要谐振腔内的增益光纤中光能量大于激光器阈值，就能实现光纤激光器的稳定振荡并在右侧腔镜输出，可以实现激光的反馈和稳定输出，这种结构稳定性好、腔内损耗小，只需要很低的泵浦功率就能达到激光输出阈值，因此广泛用于光纤激光器的设计中。

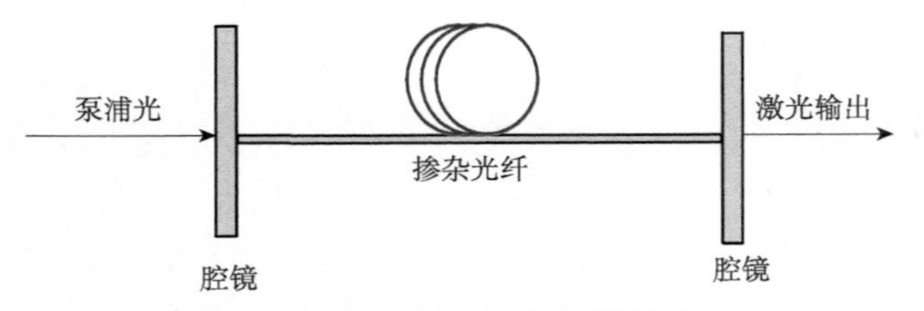

图 2.7　法布里-珀罗谐振腔结构

环形腔光纤激光器的典型结构如图 2.8 所示。相对于线形腔，环形腔没有使用腔镜，因此是全光纤结构的行波腔。典型的环形腔结构是将波分复用耦合器的两端口通过一段掺杂稀土元素的光纤连接在一起，为了保证激光在腔内单向运转还加入了隔离器，并应用偏振控制器（PC）调节光纤中的光强和偏振态，输出耦合器只输出腔内的一部分能量，另一部分回到腔内继续振荡放大，从而实现激光脉冲的连续输出。

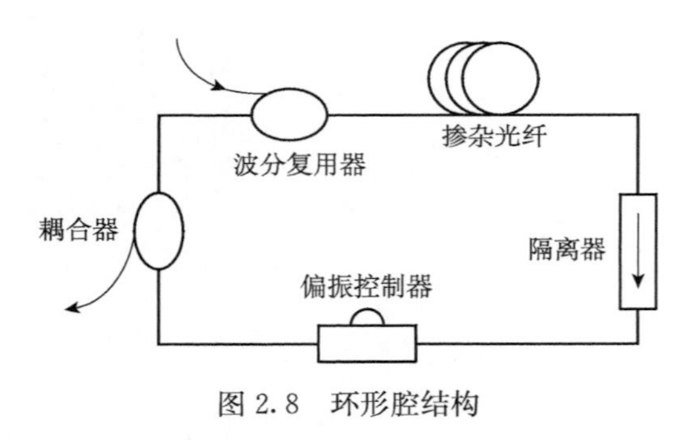

图 2.8　环形腔结构

2.2　锁模原理与结构

2.2.1　多纵模相位锁定原理

对于未锁模的激光器，其输出是多种具有随机相位的纵模相叠加而形成的在某一均值上下随机起伏的连续光，在宏观上表现为一直流动，也即其统计平均为一常数。对于每一个纵模而言，倘若通过某种方式使其与相邻纵模的初相差固定不变，使两相邻纵模之间的频率差为腔基频，那么输出的就是锁模脉冲。激光腔一旦确立，各起振纵模与其相邻的纵模之间的频率差也就确定了，因此，锁模实质上就是锁相。

在光纤激光器中，增益光纤的增益带宽内包含了大量纵模。各纵模之间的频率间隔为 $\Delta\nu=c/nL$（该公式也适用于重复频率），其中，c 为光在真空中的传播速度，n 为谐振腔内介质的折射率，L 为腔长。由于光纤激光器的纵模间隔较宽，所以这也决定了光纤激光器可以多纵模运转。假设激光器存在 $2M+1$ 个纵模振荡，则输出激光的电场为 $2M+1$ 个纵模的电场和，总输出光场为

$$E(t)=\sum_{m=-M}^{M}E_m\exp(\mathrm{i}\omega_m t+\mathrm{i}\varphi_m) \tag{2.1}$$

其中，E_m、ω_m、φ_m 分别为第 m 个纵模的振幅和角频率以及初相位角。整数 m 表示纵模阶数（个数）。纵模间隔和增益带宽决定运转的总模式个数。

对公式（2.1）的各模式取平方则得到关于光强的公式：

$$\bar{I}(t)\propto\bar{E}^2(t)=\frac{1}{t}\int_0^t\sum_{m=-M}^{M}E^2(t)\mathrm{d}t=\frac{1}{2}\sum_{m=-M}^{M}E_m^2 \tag{2.2}$$

若所有模式认为是独立运行，那么两种模式之间的相位没有确定的关系，总的强度 $|E(t)|^2$ 中干涉平均效果为零，这也是多纵模连续激光的特点。当公式（2.2）中的 φ_m 取随机时，公式（2.2）等于零。则此时激光器处于多纵模运转状态，同样处于连续光输出的状态。锁模实现的条件是多个纵模实现相位同步，任意两个纵模之间的相位差锁定在一个固定数值 β，可表达为 $\varphi_m-\varphi_{m-1}=\beta$，即 $\varphi_m=m\beta+\varphi_0$；模式的频率可以写成 $\omega_m=\omega_0-2m\pi\Delta\nu$。利用这些关系式并假设所有的模式振幅相同且等于 E_0，则总的光强 $|E(t)|^2$ 可以求解出，并由以下公式给出：

$$|E(t)|^2=E_0^2\frac{\sin^2\left[(2M+1)\pi\Delta\nu t+\dfrac{\beta}{2}\right]}{\sin^2\left(\pi\Delta\nu t+\dfrac{\beta}{2}\right)} \tag{2.3}$$

很明显，上式是一个周期函数，周期 $\tau_t=1/\Delta\nu$ 刚好等于光在腔内往返一次所需时间，因此光纤激光器输出脉冲序列的相邻间隔为 τ_t，即在谐振腔内循环的单脉冲每次到达输出耦合器就会有一部分能量输出。

由上述公式还可以估算得到脉冲宽度为

$$\tau_\mathrm{p}=\frac{1}{(2M+1)\Delta\nu} \tag{2.4}$$

因为 $(2M+1)\Delta\nu$ 代表了所有相位锁定的纵模总的带宽，所以在通常情况下，脉冲宽度与其同步的不同纵模的频率宽度呈反比关系。增益带宽和脉冲宽度的关系依赖于增益加宽的特性（是均匀加宽还是非均匀加宽），也就是说 $\Delta\nu_0$ 不能超过增益介质的增益宽度。

结合公式（2.3）与公式（2.4），如果一个往返周期内存在 $2M$ 个零点以及 $2M+1$ 个极值点，则在 $t=0$ 或者 $t=(nL)/c$ 时，输出脉冲的光强为最大值［$(2M+$

$1)E_0]^2$，它成为主脉冲，因此锁模后的光强是锁模前光强的 $2M+1$ 倍。也就是说在两个主脉冲之间有 $2M-1$ 个次脉冲，次脉冲强度很小，甚至可忽略不计。

由上述分析可知，锁模过程的实现需要两个必要条件：一是多纵模振荡和纵模之间的相位锁定，增益带宽足够的增益介质是前提，在增益带宽内形成多纵模振荡；二是各模式之间的相位锁定，即各纵模相位同步，强度可以相干叠加获得更高峰值功率的锁模脉冲激光。

2.2.2　非线性偏振旋转效应锁模

图 2.9 展示了常规非线性偏振旋转（NPR）锁模光纤激光器结构。NPR 结构是由在两个偏振控制器之间接入一个偏振相关隔离器（PD-ISO）所构成，谐振腔中的光纤作为非线性传输介质。PD-ISO 可起到起偏器的作用，同时能够保证谐振腔内的光单向运转，使整个结构更为简化。谐振腔内光脉冲经过 PD-ISO 形成线偏振光，再经过偏振控制器 1 演变成椭圆偏振光。光脉冲在谐振腔内的传输过程中，腔内的自相位调制（SPM）和交叉相位调制（XPM）会在椭圆偏振光两个正交方向上引入非线性相移，非线性相移的大小与光强相关，脉冲的中间部分具有较高的强度，上升与下降部分强度较低，偏振旋转幅度的差异导致腔内净增益的强度被调制。通过调节偏振控制器 2，当光脉冲再次进入 PD-ISO 时，脉冲中间部分比两翼具有更高的透过率，从而产生类似于饱和吸收体的锁模效应。

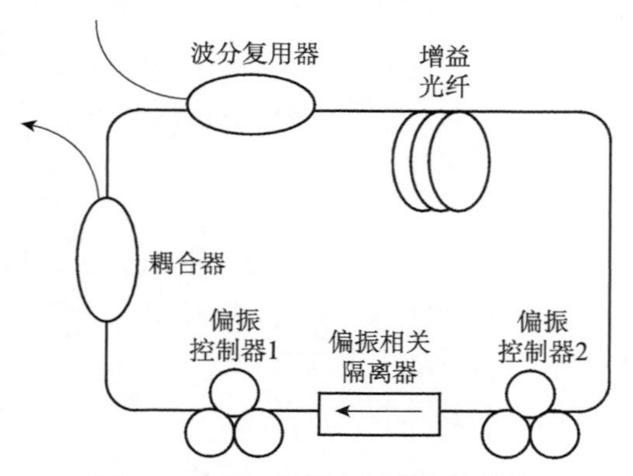

图 2.9　NPR 锁模光纤激光器结构

NPR 结构的透射特性可以通过琼斯矩阵来推导，具体表达式如下：

$$T=\cos^2\alpha_1\cos^2\alpha_2+\sin^2\alpha_1\sin^2\alpha_2+\frac{1}{2}\sin2\alpha_1\sin2\alpha_2\cos(\Delta\Phi_{\mathrm{L}}+\Delta\Phi_{\mathrm{NL}})\quad(2.5)$$

入射光传输至 PD-ISO 或起偏器产生线偏振光，当经过偏振控制器 1 时，线偏振光的偏振方向和尾纤的快轴之间的角度为 α_1。由于克尔效应，当光沿着谐振腔传输至偏振控制器 2 时，它变为 α_2，通过调节偏振控制器 1 与偏振控制器 2 的角度，可以改变 α_1 与 α_2 的数值。$\Delta\Phi_L$ 与 $\Delta\Phi_{NL}$ 分别为偏振分量间的线性与非线性相移，可以表示为

$$\Delta\Phi_L = 2\pi L(n_y - n_x)/\lambda \tag{2.6}$$

$$\Delta\Phi_{NL} = 2\pi n_2 PL\cos(2\alpha_1)/\lambda A_{eff} \tag{2.7}$$

其中，n_x 和 n_y 分别为传输光纤的快慢轴折射率；L 为光纤长度；λ 为激光器的工作波长；n_2 为非线性克尔系数；A_{eff} 为有效纤芯面积。公式中，当 α_1 和 α_2 正交时，NPR 结构的透过率可达 100%。腔内的自相位调制和交叉相位调制会引起两个正交偏振光的相移，相移引起腔内增益的强度调制，在合适条件下，光纤增益带宽内的特定波长下会发生稳定锁模。

2.2.3　光纤干涉仪结构锁模

光纤干涉仪结构锁模是指当激光器包含两个腔时，主腔与副腔中的光束相干涉进而产生锁模。一种典型结构就是“8”字形腔，也称为萨格纳克（Sagnac）干涉结构，其能够锁模主要还是由于“8”字形结构具有类似于可饱和吸收体效果，通常称为类可饱和吸收体。其主要可分为非线性光学环路反射镜（NOLM）结构及非线性放大环形镜（NALM）结构，这两种结构的区别在于非线性环形镜内是否有光放大，主要利用入射光在环形镜中被耦合器分成两路相反方向传播的光，由于两个传播方向的光具有不同的强度分布，当二者再次回到耦合器处时，二者具有不同的强度相关的非线性相位，通过合理控制参数可使光在耦合器中干涉后出现类似可饱和吸收体的功能[1]。

NOLM 利用一个 2×2 耦合器，将两个输出端口相连接，形成一个光学环形镜，构成 Sagnac 环结构，利用环形光纤结构作为非线性反射镜，一般也称为“8”字形腔或者“9”字形腔。图 2.10 即为一个 NOLM 结构示意图。

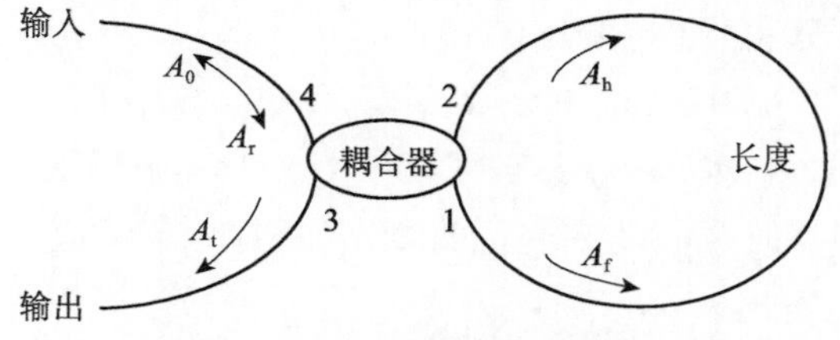

图 2.10　NOLM 结构示意图

对于一束功率为 P_0 的光进入 NOLM 结构，假设其入射光场的振幅为 A_0，经过功率分束比为 ρ 的 2×2 耦合器之后，分别沿顺时针正向和逆时针反向传播，顺时针光场振幅为 A_b，逆时针光场振幅为 A_f，根据琼斯矩阵可知，两个方向的光场分布为

$$A_f = \sqrt{\rho}A_0,\quad A_b = \mathrm{i}\sqrt{1-\rho}A_0,\quad P_0 = |A_0|^2 \tag{2.8}$$

两个方向的光经过长度为 L 的光纤环路之后，由于两个方向的光强不相等，在自相位调制和交叉相位调制的作用下，二者获得的非线性相移也不同。经过一圈后，正向和反向光场分布为

$$A_f' = A_f \exp[i\varphi_0 + i\gamma(|A_f|^2 + 2|A_b|^2)L] \tag{2.9}$$

$$A_b' = A_b \exp[i\varphi_0 + i\gamma(|A_b|^2 + 2|A_f|^2)L] \tag{2.10}$$

其中，$\varphi_0 = 2\pi nL/\lambda$，为沿光学环路传输过程产生的线性相移，后面两项分别为自相位调制和交叉相位调制产生的非线性相移；γ 为光纤的有效非线性参数，可以表示为

$$\gamma(\omega_0) = \frac{n_2(\omega_0)\omega_0}{cA_{\text{eff}}} \tag{2.11}$$

一般石英单模光纤的有效非线性系数约为 $4\text{W}^{-1}\cdot\text{km}^{-1}$，而高非线性光纤通常是通过减小光纤的有效模场面积 A_{eff}来实现的。

正向和反向传输的光场最终又在 2×2 耦合器处会合而发生干涉，一部分反射 A_r，一部分透射 A_t，由琼斯矩阵可知 2×2 耦合器的传输矩阵为

$$\begin{bmatrix} A_t \\ A_r \end{bmatrix} = \begin{bmatrix} \sqrt{\rho} & i\sqrt{1-\rho} \\ i\sqrt{1-\rho} & \sqrt{\rho} \end{bmatrix} \begin{bmatrix} A_f' \\ A_b' \end{bmatrix} \tag{2.12}$$

可知

$$\begin{aligned} A_t = & \rho A_0 \exp[i\varphi_0 + i\gamma A_0^2 L(2-\rho)] \\ & -(1-\rho)A_0 \exp[i\varphi_0 + i\gamma A_0{}^2 L(1+\rho)] \end{aligned} \tag{2.13}$$

则 NOLM 的透过率函数 $T_s = |A_t|^2/|A_0|^2$ 为

$$T_s = 1 - 2\rho(1-\rho)\{1 + \cos[(1-2\rho)\gamma P_0 L]\} \tag{2.14}$$

反射率函数 $R_s = 1 - T_s$，为

$$R_s = 2\rho(1-\rho)\{1 + \cos[(1-2\rho)\gamma P_0 L]\} \tag{2.15}$$

根据上式，对分束比分别为 0.10、0.20、0.30、0.40、0.45 和 0.50（即 10∶90、20∶80、30∶70、40∶60、45∶55 和 50∶50）的 2×2 耦合器，NOLM 光纤环路长度 10m，有效非线性系数 $4\text{W}^{-1}\cdot\text{km}^{-1}$，采用 MATLAB 软件作出该 NOLM 的透过率随瞬时泵浦功率变化曲线，如图 2.11 所示。

由图 2.11 可以看出。

(1) 随着功率的增加，NOLM 的透过率曲线表现出正弦函数的周期性变化，在第一个半周期内，随着光强（瞬时泵浦功率）的增加，环路的透过率也会增加，表现出可饱和吸收特性，透过率上升区间一般称为正饱和吸收区间。

(2) 随着功率的继续增加，透过率曲线呈现下降趋势，表现为随着光强（瞬时泵浦功率）的增加，透过率降低，与正饱和吸收相对应，该性质称为反饱和吸收，对应的区间称为反饱和吸收区间。而反饱和吸收区间的存在，有研究认为与

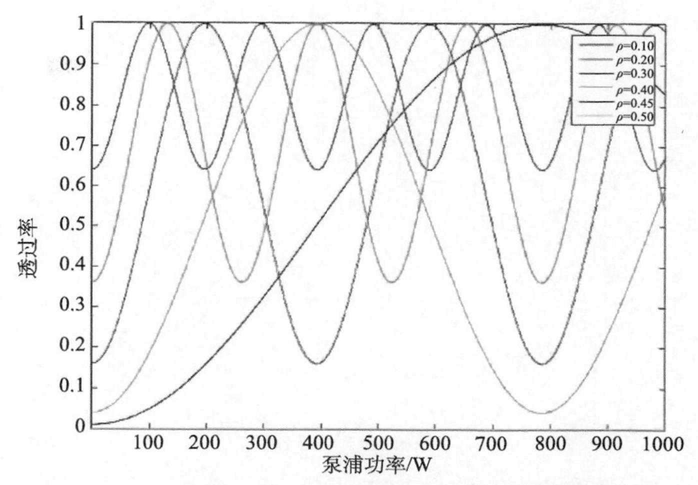

图 2.11　不同分束比下 NOLM 透过率随泵浦功率变化

耗散孤子共振和类噪声脉冲的形成有关[2]。

（3）对于不同分束比的 NOLM，其透过率曲线也不同，分束比 ρ 值越小，其透过率曲线变化周期越快，在功率初始阶段（第一个正饱和吸收区间），表现为透过率曲线的斜率更大，对不同光强变化的响应更加明显，而具有更大斜率的透过率曲线更容易形成脉冲，对于脉冲的自启动具有很大的意义。

（4）对于不同分束比的 NOLM 曲线，其最大透过率（为 100%）和最低透过率（随分束比变化）的变化差值区间大小也不一样，分束比越小，其透过率的变化差值区间也越小，变化差值区间的大小对于可饱和吸收体来说就意味着调制深度的大小。通常认为调制深度对锁模脉冲的脉宽有重要影响，越大的调制深度，脉冲两翼相对于峰值处所受到的损耗越大，对脉冲的窄化作用也就越强，能获得的脉冲也就越窄。此外，调制深度过低，也会造成激光器更加容易工作在多脉冲出现的状态。

对于 NALM 锁模结构，其典型的锁模结构如图 2.12 所示，由一个放大环和一个单向环构成，放大环与单向环通过一个 2×2 的 3dB 耦合器连接，增益光纤位于放大环，单向环内激光的单向运转通过接入偏振无关隔离器实现。假设激光在单向环中顺时针（CW）传输，并由耦合器的 1 端口入射至放大环，再由耦合器被分为强度相同的两束，从端口 3 及端口 4 输出的两束光分别以顺时针及逆时针（CCW）两个方向在放大环中传输，由于两束光放大位置的不对称性，并且产生的非线性相移是强度相关的，这使两束光再次回到耦合器时经历了不同的非线性相移，当两束光再次返回到耦合器时，形成相干叠加，从而形成腔内净增益的强度调制，通过调节谐振腔中的偏振控制器，实现类饱和吸收的锁模效应。

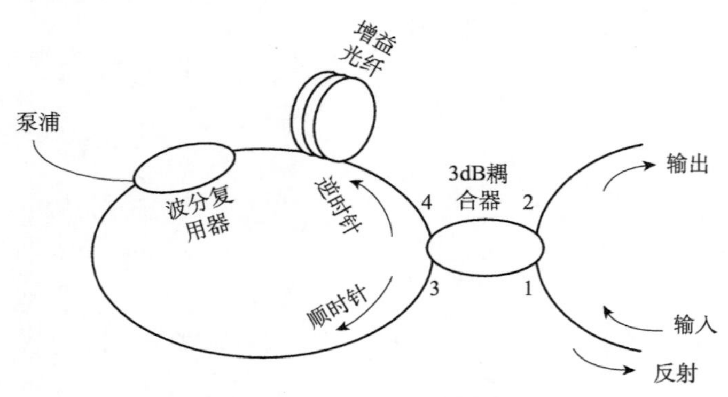

图 2.12　NALM 锁模结构

顺时针和逆时针两个方向的光再次到达耦合器的端口 4 及端口 3 时，所产生的非线性相移 $\delta\varphi_{cw}$和 $\delta\varphi_{ccw}$可分别表示为

$$\delta\varphi_{cw}=\frac{\pi}{\lambda}n_2 g I_{s0} L \tag{2.16}$$

$$\delta\varphi_{ccw}=\frac{\pi}{\lambda}n_2 I_{s0} L \tag{2.17}$$

其中，λ 为激光波长；n_2 为非线性折射率；I_{s0}为单向环中由端口 1 入射至放大环的激光光强；L 为放大环的总长度；g 为由泵浦和增益光纤构成的放大器增益系数。由公式（2.16）、公式（2.17）可知，两个传输方向非线性相移的差异在于，当激光以顺时针方向传输时，所产生的非线性相移主要取决于放大器的增益系数，其具体数值可近似为逆时针方向传输激光的 g 倍。NALM 的反射和透射特性同样可通过琼斯矩阵法来推导，具体可表示如下：

$$R=\frac{1}{2}[1+\cos(\delta\varphi_{cw}-\delta\varphi_{ccw})] \tag{2.18}$$

$$T=\frac{1}{2}[1-\cos(\delta\varphi_{ccw}-\delta\varphi_{cw})] \tag{2.19}$$

结合公式（2.16）、公式（2.17），反射与透射方程可进一步表示为

$$R=\frac{1}{2}\left[1+\cos\left(\frac{\pi}{\lambda}n_2(g-1)I_{s0}L\right)\right] \tag{2.20}$$

$$T=\frac{1}{2}\left[1-\cos\left(\frac{\pi}{\lambda}n_2(g-1)I_{s0}L\right)\right] \tag{2.21}$$

从公式（2.21）可以看出，如果要使 NALM 具有最高的透过率，由端口 1 入射的光强需要满足下述关系：

$$I_{s0}=\frac{\lambda}{n_2 L(g-1)} \tag{2.22}$$

2.2.4　真实可饱和吸收体材料锁模

真实可饱和吸收体（SA）是利用材料的可饱和吸收特性实现锁模的。可饱和吸收体表现出对不同强度的光具有不同的损耗，如图 2.13 所示，在光强很微弱时，可饱和吸收体表现出较高的损耗，对光的透过率或反射率很低，随着光强的不断增大，损耗逐渐降低，表现出对光的“漂白性”。简而言之，光强低时损耗高，光强高时损耗低[3]。

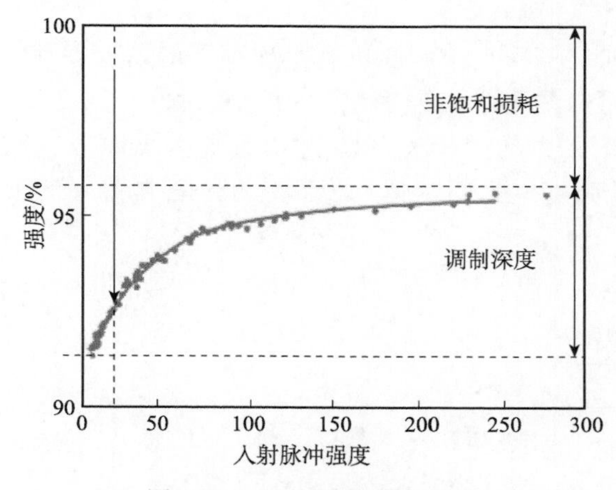

图 2.13　SA 可饱和吸收曲线

对于一个噪声脉冲来说，强度较大的脉冲经历的损耗更低一些，那些强度较低的脉冲损耗较高，在经历可饱和吸收的过程中，可能就不能“存活”，只剩下强度较高的脉冲存在，相当于对激光器腔内脉冲进行一次选择。

如图 2.14 所示，对于已经被选出来的脉冲，前沿和后沿的光强较弱，而中心部分光强较高，经历一次可饱和吸收过程的时候，其脉冲前沿和后沿经历的损耗较高，而中心部分经历的损耗较低，使脉冲序列在激光器腔内更容易建立起来，这样，脉冲在激光器腔内每经过一次循环，都会经历一次可饱和吸收作用。

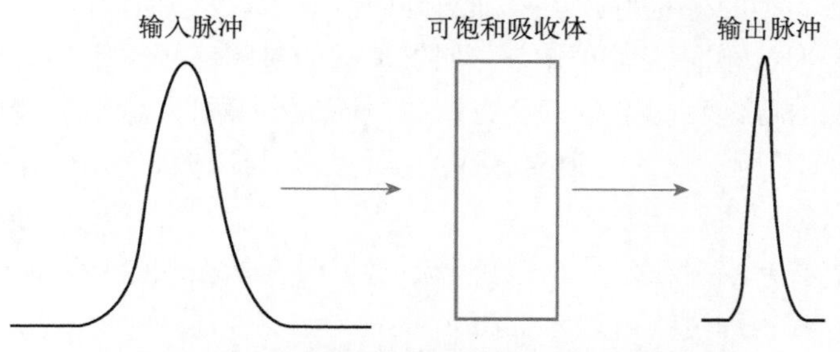

图 2.14　可饱和吸收体对脉冲的吸收原理

常见的真实可饱和吸收体有：染料（dye）、半导体可饱和吸收体（SESAM）、碳纳米管（CNT）、石墨烯（graphene）、氧化石墨烯（graphene oxide）、黑磷（black phosphorous）、二硫化钼（MoS_2）、二硫化钨（WS_2）、拓扑绝缘体（topological insulator）等，利用这些可饱和吸收体用于锁模的成果报道很多。

为实现被动锁模光纤激光器的启动，首先需要在基本噪声中建立起初始脉冲，在这个过程中可饱和吸收体扮演着重要的角色。

2.2.5　主动锁模

主动锁模是通过采用主动调制机制实现锁模的，大多数情况下强度调制器或相位调制器都可以作为主动锁模结构的锁模元件。图 2.15 为常规主动锁模光纤激光器结构图，主动锁模光纤激光器通常由泵浦源、增益光纤、铌酸锂（$LiNbO_3$）相位或强度电光调制器（EOM）、光隔离器（ISO）、光滤波器等部分组成。

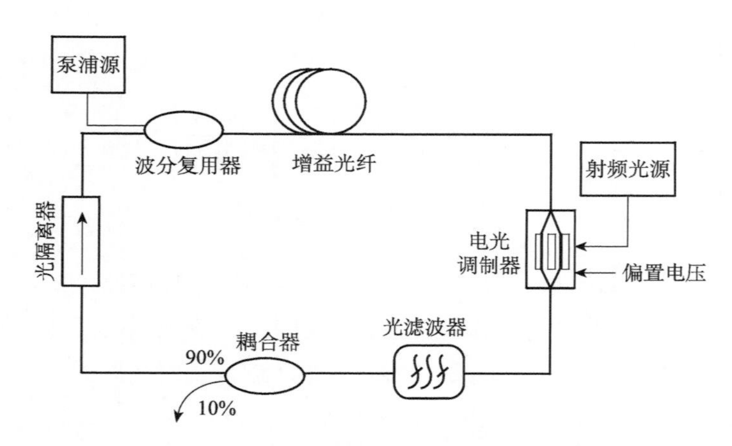

图 2.15　常规主动锁模光纤激光器结构

光调制器一般选取电光或声光调制器，工作类型有强度调制或相位调制，二者在实现锁模的效果上是一致的，调制过程有所差别。以强度调制为例，强度调制器采用合适功率的外置射频信号加载到调制器上，从而谐振腔内的光场被调制成与射频信号形状相同的强度分布，如果加载的射频信号频率与谐振腔纵模间隔保持一致，腔内可饱和的增益只会在调制损耗最小值附近产生净增益，实现锁模过程。如图 2.16 所示，此时锁模脉冲的重复频率与谐振腔的纵模间隔保持一致，即基频锁模状态。

从频域上看，当射频信号加载到调制器上时，谐振腔内频率为 ω_n 的纵模同步被强度调制，其物理过程可表示如下：

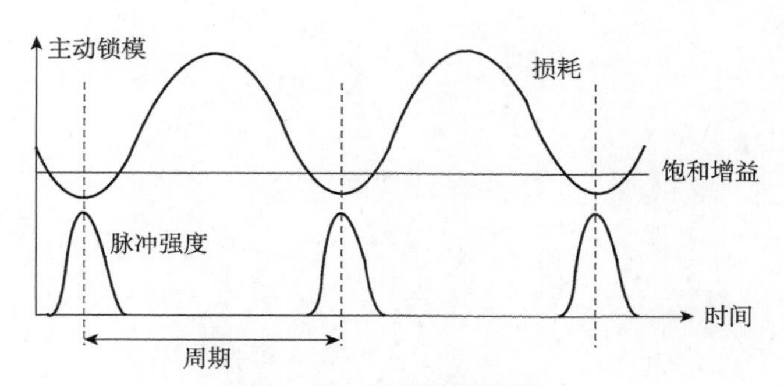

图 2.16　主动锁模原理图

$$
\begin{aligned}
& M[1-\cos(\omega_{\mathrm{M}}t)]\exp(\mathrm{j}\omega_n t) \\
&= M\left[\exp(\mathrm{j}\omega_n t)-\frac{1}{2}\exp[\mathrm{j}(\omega_n t-\omega_{\mathrm{M}}t)]-\frac{1}{2}\exp[\mathrm{j}(\omega_t+\omega_{\mathrm{M}}t)]\right] \\
&= -M\left[-\exp(\mathrm{j}\omega_n t)+\frac{1}{2}\exp(\mathrm{j}\omega_{n-1}t)+\frac{1}{2}\exp(\mathrm{j}\omega_{n+1}t)\right]
\end{aligned} \tag{2.23}
$$

式（2.23）中，M 为调制深度；ω_{M} 为调制频率。当调制频率与谐振腔内的纵模间隔相同时，各模式所产生的边带会与相邻模式重合，从而实现相邻模式间的同步与锁定。在谐振腔内的增益强度足够的条件下，增益带宽内的大量模式均可被激发，各模式之间具有稳定的相位条件，从而形成相干叠加，实现基频锁模脉冲输出。

相较于被动锁模结构，主动锁模的结构较为复杂，其最主要优势在于当锁模激光器工作在谐波锁模状态且谐波阶数较高时，可具有明显更好的稳定性。调制器上加载的射频信号频率需严格对应谐振腔内纵模间隔的整数倍，谐波主动锁模光纤激光器的另一个优势在于其重复频率甚至波形精确可控，产生的超短脉冲通常具有较小的频率啁啾，这在被动锁模谐波锁模激光器中通常是难以实现的。高重复频率谐波主动锁模脉冲是光学频率梳产生的主要方式之一，且外部时钟同步比较容易实现，这在光通信及精密测量等领域具有重要的应用。值得注意的是，当谐波阶数较高时，主动锁模脉冲的超模噪声也随之增加，因此对主锁模脉冲超模噪声的抑制在实际应用中至关重要。

2.3　锁模脉冲的瞬态过程

2.3.1　非线性薛定谔方程

1. 理论推导

麦克斯韦（Maxwell）方程组可以描述光纤中光场的传导情况，基本形式如下[3,4]：

$$\nabla\times \boldsymbol{H} = \boldsymbol{J} + \frac{\partial \boldsymbol{D}}{\partial t} \tag{2.24}$$

$$\nabla\times \boldsymbol{E} = -\frac{\partial \boldsymbol{B}}{\partial t} \tag{2.25}$$

$$\nabla\cdot \boldsymbol{D} = \rho_f \tag{2.26}$$

$$\nabla\cdot \boldsymbol{B} = 0 \tag{2.27}$$

从麦克斯韦方程组出发，通过一系列简化运算，可推导出光纤中的波动方程：

$$\nabla^2 \boldsymbol{E} - \frac{1}{c^2}\frac{\partial^2 \boldsymbol{E}}{\partial t^2} = \mu_0 \frac{\partial^2 \boldsymbol{P}_{\mathrm{L}}}{\partial t^2} + \mu_0 \frac{\partial^2 \boldsymbol{P}_{\mathrm{NL}}}{\partial t^2} \tag{2.28}$$

式中，$\boldsymbol{P}$ 是感应极化强度。通过求解方程（2.28），可以得到皮秒光脉冲在单模光纤中的传导方程：

$$\frac{\partial A}{\partial Z} + \beta_1 \frac{\partial A}{\partial t} + \frac{\mathrm{i}\beta_2}{2}\frac{\partial^2 A}{\partial t^2} + \frac{\alpha}{2}A = \mathrm{i}\gamma(\omega_0)|A|^2 A \tag{2.29}$$

虽然传输方程（2.29）可以解释许多的非线性效应，但仍存在许多不足，需要根据实验条件来修正，例如，对于脉宽小于 1ps 或包含受激拉曼散射（SRS）和受激布里渊散射（SBS）等受激非弹性散射效应等，通过修正后的方程为

$$\begin{aligned} &\frac{\partial A}{\partial Z} + \frac{\alpha}{2}A + \frac{\mathrm{i}\beta_2}{2}\frac{\partial^2 A}{\partial T^2} - \frac{\beta_3}{6}\frac{\partial^3 A}{\partial T^3} \\ &= \mathrm{i}\gamma\left(|A|^2 A + \frac{\mathrm{i}}{\omega_0}\frac{\partial}{\partial T}(|A|^2 A) T_{\mathrm{R}} A \frac{\partial |A|^2}{\partial T}\right) \end{aligned} \tag{2.30}$$

式中，β_3 为三阶色散系数；T_{R} 为非线性响应函数。方程（2.30）称为广义非线性薛定谔方程。若脉冲宽度大于 5ps，则方程后两项可以忽略，三阶色散项的贡献也很小，方程可简化为

$$\mathrm{i}\frac{\partial A}{\partial Z} + \frac{\mathrm{i}\alpha}{2}A - \frac{\beta_2}{2}\frac{\partial^2 A}{\partial T^2} + \gamma|A|^2 A = 0 \tag{2.31}$$

在 $\alpha=0$ 的情况下：

$$\mathrm{i}\frac{\partial A}{\partial z} - \frac{\beta_2}{2}\frac{\partial^2 A}{\partial T^2} + \gamma|A|^2 A = 0 \tag{2.32}$$

此方程即为非线性薛定谔方程（NLS），其是研究光纤中脉冲传输的基本方程，在脉冲特性和光通信中有着重要的研究价值。式中，T 是群速度（v_{g}）参考系中的时间量度；$\beta_2(\mathrm{ps}^2/\mathrm{km})$ 和 $\gamma(\mathrm{W}^{-1}\cdot\mathrm{km}^{-1})$ 分别是光纤中的色散效应和非线性效应。

研究表明，在负色散区（$\beta_2<0$），光孤子能在光纤中传输时维持不变；在正色散区，暗孤子能在光纤中传输时保持不变。脉冲在光纤中传输时，光纤中初始脉冲 T_0 和峰值功率 P_0 的大小决定了非线性效应和色散谁的影响力更大。在分析

时引入两个长度，色散长度 L_D 和非线性长度 L_N：

$$L_D = \frac{T_0^2}{|\beta_2|}, \quad L_N = \frac{1}{\gamma P_0} \tag{2.33}$$

当光纤长度 $L \ll L_D$ 且 $L \ll L_N$ 时，色散和非线性效应的影响都不是很大；当光纤长度 $L \ll L_D$ 且 $L \approx L_N$ 时，色散影响力较小，非线性效应占主导地位；当光纤长度 $L \approx L_D$ 且 $L \ll L_N$ 时，非线性效应的影响力较小，色散效应占主导地位；当光纤长度 $L \gg L_D$ 且 $L \gg L_N$ 时，色散和非线性效应都对脉冲有很大的影响。

对于任意一个脉宽为 T_0 的初始脉冲归一化，可以得到以下变量：

$$\tau = \frac{T}{T_0} = \frac{t - z/v_g}{T_0}, \quad \varepsilon = \frac{z}{L_p}, \quad u = \sqrt{\gamma L_D} A \tag{2.34}$$

代入方程（2.32）可以得到非线性薛定谔方程的常用形式：

$$\mathrm{i}\frac{\partial U}{\partial \varepsilon} + \frac{1}{2}\frac{\partial^2 u}{\partial \tau^2} + |u|^2 u = 0 \tag{2.35}$$

该方程适合在负色散区中应用，在正色散区需要将二阶导数项的符号改为负号。对于脉宽为飞秒量级的脉冲，需要考虑更高阶的色散效应和自频移等高阶非线性效应。

2. 分布傅里叶法

非线性薛定谔方程是一个复杂的非线性偏微分方程，除非在某些特殊情况下可以采用逆散射法进行求解，一般情况都不适合于解析法求解。因此，数值分析法是解决脉冲在光纤中传输问题时比较常用的方法。为此，构造了大量数值分析法用以解决光脉冲在光纤中的传输问题，本书不对每种方法进行详述，其中大部分方法可以归结为两类：有限差分法和伪谱法。一般来说，在同样精度下，伪谱法的速度要比有限差分法快一个数量级[5]。其中，分步傅里叶法是目前广泛应用于解决脉冲在非线性色散介质中传播问题的数值分析算法，因此本节将分析分步傅里叶法对脉冲在光纤中的传输数值求解方式。非线性薛定谔方程的应用非常广泛，其基本形式为

$$\mathrm{i}u_t = u_{xx} + 2|u|^2 u \tag{2.36}$$

一般情况下，光脉冲在光纤中传输时，将受到非线性效应和光纤色散的同时影响。当光纤长度足够小的时候，二者对脉冲的影响是独立的，利用这种特点，可以建立分步傅里叶解法的初步模型。非线性薛定谔方程可以写成如下形式：

$$\frac{\partial U}{\partial z} = (\hat{D} + \hat{N})U \tag{2.37}$$

其中，$\hat{D}$ 是线性算符，表示光纤的色散和损耗对脉冲的影响；$\hat{N}$ 是非线性算符，表示光纤的非线性效应对传输中脉冲的影响。

当光脉冲在光纤中传输时，光纤中传输的脉冲是同时受非线性效应和色散作用的，研究二者同时对脉冲进行作用较为复杂。因此，用分步傅里叶法将光纤等分成多个小段，每小段光纤内色散和非线性效应是独立作用的，多段计算之后再迭代，即可完成计算，这样简单明了。如图 2.17 所示，在等号左边，当光通过一段长度为 L 的光纤时，色散和非线性是共同作用的，这个过程可以分成两步运算，如图 2.17 等号右边，第一步，光在这段长度为 L 的光纤中只受非线性效应的作用，第二步，光在这段长度为 L 的光纤中只受色散的作用。

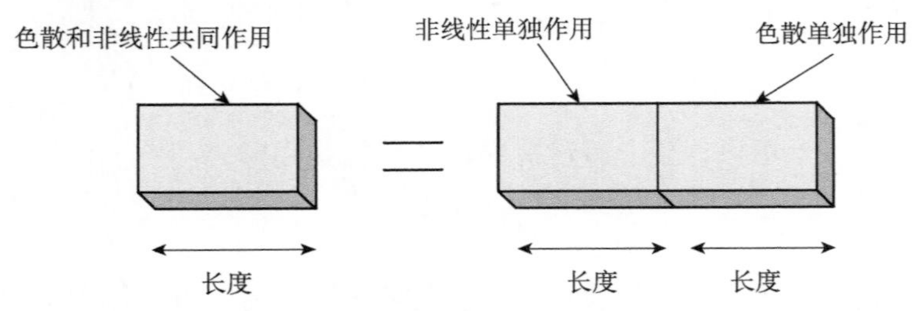

图 2.17　分步傅里叶算法原理图

依照上面的解释，假设每当光通过一小段长度为 L 的光纤时，色散和非线性是分别作用的，即光从 Z 传到 $Z+L$ 处是分两步进行的，第一步只考虑非线性因素，第二步只考虑色散因素，也就是公式（2.37）中的 $\hat{D}$ 和 $\hat{N}$ 分别等于 0。这样方程可以简化为

$$\frac{\partial U}{\partial z}=\hat{D}\cdot U \tag{2.38}$$

$$\frac{\partial U}{\partial z}=\hat{N}\cdot U \tag{2.39}$$

由此，可以分别求解非线性作用和色散线性作用的方程，然后运用分步傅里叶数值算法。由于公式（2.38）和（2.39）是偏微分方程，需要将其变为代数方程进行运算，因此需要傅里叶变换，分步傅里叶变换定义如下：

$$\begin{cases} F[U(z,T)]=\widetilde{U}(z,\omega)=\int_{-\infty}^{\infty}U(z,T)\exp(\mathrm{i}\omega T)\mathrm{d}T \\ F^{-1}[\widetilde{U}(z,\omega)]=U(z,T)=\dfrac{1}{2\pi}\int_{-\infty}^{\infty}\widetilde{U}(z,\omega)\exp(\mathrm{i}\omega T)\mathrm{d}T \end{cases} \tag{2.40}$$

在计算时，一般采用快速傅里叶变换（FFT），为了保证精度，还需要一直调整脉冲取样点数（T）和传输步长（L）来保证计算的精度。

2.3.2　时间拉伸色散傅里叶变换

为了能够更好地研究锁模光纤激光器中脉冲动力学过程的物理机制，直接记录激光器的各种动态演化过程非常必要，而测试手段需要满足如下要求：①具有足够高的时间或光谱分辨率；②具有实时性，即可逐帧对耗散结构进行连续记录；③测试时间窗口长，一次可记录几百到几千个脉冲演化周期[6]。

传统的测试手段如自相关仪和光谱仪，虽然具有足够高的分辨率，但是扫描速度远低于锁模光纤激光器的腔重复频率，无法得到每个腔周期中单帧时域或光谱的变化。时间拉伸色散傅里叶变换（time stretch-dispersive Fourier transformation，TS-DFT）提供了一种克服电子设备采样速度和带宽限制，实现连续、超快、逐帧采集数据的方法，为测量非线性动力学中的瞬态现象提供了条件。早在 1997 年，Tong 等[7]提出利用单模光纤的色散特性，将超短脉冲光谱映射到时域上，再用示波器测试光谱。TS-DFT 中色散元件除了光纤还可以采用啁啾光纤光栅[8]、多模波导[9]等，利用这些色散元件拉伸局域化的耗散结构，使光谱信息映射到时域上，相当于进行了一次远场成像。TS-DFT 提供一种简洁的实时测试超短脉冲光谱的方法。近年来，随着宽带光电探测器和高速实时示波器的发展，TS-DFT 技术被广泛应用于光谱分析和高速成像等应用中[10,11]，并极大地推动了锁模光纤激光器中的脉冲动力学研究。在对锁模光纤激光器的研究中，TS-DFT 首先被应用于记录类噪声脉冲等混沌现象。2013 年，Runge 等[12]首先利用该技术分析了类噪声脉冲的光谱演化，接着将其应用于激光器中怪波（rogue wave）现象的研究[13-15]，TS-DFT 所具有的高通量的数据采集，为研究光怪波这类稀有事件提供了有效方法。接着，TS-DFT 技术被应用于锁模激光器中混沌现象的稳定态和过渡态的研究。利用 TS-DFT 技术，2015 年，Runge 等首次在光纤激光器中观察了孤子爆炸现象[16]，2016 年，Wang 等[17]研究了准连续（QCW）状态和类噪声状态之间的类调 Q 状态，通过研究各种过渡状态下的光谱演化，揭示这些状态产生的物理机制。最近，基于 TS-DFT 的耗散孤子产生和相互作用的研究成为热点。2017 年，Herink 等[18]利用 TS-DFT 对克尔透镜锁模的钛宝石激光器中孤子分子的演化进行了研究，通过对 TS-DFT 获得的光谱数据进行离散傅里叶变换，获得了孤子分子的单帧自相关迹。2018 年，Ryczkowski 等[19]将 TS-DFT 技术与时间透镜技术相结合，同时获得了孤子的时域和相位信息。这些研究工作为进一步揭示光纤激光器中孤子动力学过程提供了条件，2017 年，Krupa 等[20]观察了孤子分子的内部运动，2018 年，Wang 等[21]观察到大量孤子腔内的自组织和脉动过程，Liu 等研究了孤子分子的产生过程等[22]。

典型 TS-DFT 技术的实现方法如图 2.18 所示。首先将具有宽带光谱信息的耗散结构输入色散元件中，实现耗散结构的拉伸和光谱信息在时域上的映射，再利用高速光电探测器和高速实时示波器记录时间序列。最后再将示波器记录的时间序列输入计算机中进行数据处理，获得单帧的光谱和自相关信息。下面对色散傅里叶变换的基本原理进行阐述。

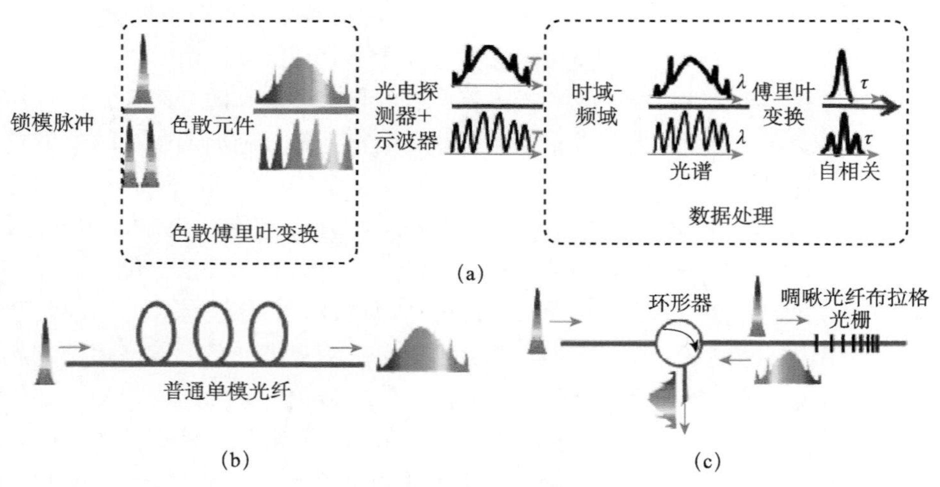

图 2.18　TS-DFT 技术

(a) 原理示意图；(b) 基于单模光纤的时域拉伸方法；(c) 基于啁啾光纤布拉格光栅的时域拉伸方法

大多数锁模光纤激光器是单模光纤结构，因此用单模光纤作色散元件无疑是最方便的选择。如图 2.18（b）所示，对于工作在 1.55μm 波段的激光器，通常采用数千米的色散补偿光纤或更长的普通单模光纤作为色散元件，为了避免光纤中的非线性效应造成光谱失真，需要对入射光进行适当的衰减。

下面以光纤作为色散元件为例，讨论色散傅里叶变换的基本原理。设 β 为光纤的传播常数，ω 和 ω_0 分别是角频率和锁模脉冲的中心频率，定义 β 的 m 阶导数 $\beta_m=\left.\frac{\mathrm{d}^m\beta}{\mathrm{d}\omega^m}\right|_{\omega=\omega_0}$，$L$ 和 t 为光纤长度和时间，定义参考帧内的时间 $T=t-\beta_1 L$，在只考虑一阶色散、不考虑光纤中的非线性效应和损耗时，其冲击响应函数可以表示为

$$H(\omega-\omega_0)=\exp\left[\frac{\mathrm{i}(\omega-\omega_0)^2}{2}\beta_2 L\right] \tag{2.41}$$

式中，$\beta_2 L$ 对应于光纤的群速度色散。根据傅里叶变换的性质，其时域响应函数为

$$h(T)=\exp\left(\mathrm{i}\,\frac{T^2}{2\beta_2 L}\right) \tag{2.42}$$

则对于输入的脉冲 $A(0,T)$，输出为

$$A(L,T)=A(0,T)*h(T)=\int_{-\infty}^{\infty}A(0,T')\exp\left[\mathrm{i}\,\frac{(T-T')^2}{2\beta_2 L}\right]\mathrm{d}T' \tag{2.43}$$

式中，$*$ 代表卷积；T' 为时间。如果被测信号分布在 ΔT_0 的时间宽度内，并有 $\frac{\Delta T_0^2}{2\beta_2 L}\ll 1$，则式（2.43）可以近似为[23]

$$A(L,T)=\exp\left(\mathrm{i}\,\frac{T^2}{2\beta_2 L}\right)\int_{-\infty}^{\infty}A(0,T')\exp\left(\mathrm{i}\,\frac{TT'}{\beta_2 L}\right)\mathrm{d}T' \tag{2.44}$$

根据傅里叶变换的定义，可得

$$A(L,T)=\exp\left(\mathrm{i}\,\frac{T^2}{2\beta_2 L}\right)\widetilde{A}(0,\omega)\big|_{\omega=\frac{T}{\beta_2 L}} \tag{2.45}$$

式中，$\widetilde{A}(0,\omega)$ 代表函数 $A(0,T)$ 的傅里叶变换。从式（2.45）可以看出，经过拉伸后，光谱信息被映射到时域上。

对于工作波长在 2μm 波段的掺铥光纤激光器而言，由于一般光纤的传输损耗较高，可以采用啁啾光纤布拉格光栅作为色散元件，如图 2.17（c）所示[24]。

2.4　光纤中的色散效应

光信号在光纤中传输，由波长的不同导致传播过程中出现时间延迟的现象，称为光纤的色散。如果光纤中光脉冲受到色散的影响，则脉冲的宽度会展宽。光纤的色散效应一般是通过在脉冲频谱的中心频率附近将模传输常数 ω_0 展开成泰勒（Taylor）级数[3]：

$$\beta(\omega)=n(\omega)\,\frac{\omega}{c}=\beta_0+\beta_1(\omega-\omega_0)+\frac{1}{2}\beta_2\omega-\omega_0+\cdots \tag{2.46}$$

式中，

$$\beta_m=\left(\frac{\mathrm{d}^m n}{\mathrm{d}\omega^m}\right)_{\omega=\omega_0}\qquad(m=0,1,2,\cdots) \tag{2.47}$$

参量 β_1 和 β_2 都与折射率 $n(\omega)$ 有关，它们的关系可由以下公式表示

$$\beta_1=\frac{1}{v_g}=\frac{n_g}{c}=\frac{1}{c}\left(n+\omega\,\frac{\mathrm{d}n}{\mathrm{d}\omega}\right) \tag{2.48}$$

$$\beta_2=\frac{1}{c}\left(2\,\frac{\mathrm{d}n}{\mathrm{d}\omega}+\omega\,\frac{\mathrm{d}^2 n}{\mathrm{d}\omega^2}\right) \tag{2.49}$$

式中，n_g 是群折射率；v_g 是群速度。从上式可看出，一阶色散系数 β_1 的倒数代表群速度，二阶色散系数 β_2 表示群速度的色散，所以参量 β_2 是造成脉冲展宽的原因。在实际情况中，还用到一个重要参数：色散参量 $D=\mathrm{d}\beta/\mathrm{d}\lambda$，$D$ 和 β_2 的关系可由下式表示

$$D=\frac{\mathrm{d}\beta_1}{\mathrm{d}\lambda}=-\frac{2\pi c}{\lambda^2}\beta_2\approx-\frac{\lambda}{c}\,\frac{\mathrm{d}^2 n}{\mathrm{d}\lambda^2} \tag{2.50}$$

对于普通熔融石英光纤，β_2 和 D 随波长变化的主要特征是在 1.27μm 附近趋于零，在更长的波长处则改变符号，这一波长称为零色散波长（zero dispersion wavelength），记为 λ_D。在 $\lambda=\lambda_D$ 的情况下，依然存在色散效应，只是波长在 $\lambda=\lambda_D$ 附近，此时应该更多地考虑高阶色散项的影响，比如三阶色散系数 β_3，它可

以造成超短脉冲波形畸变。一般情况下，由参量 β_2 导致的脉冲展宽，可以通过色散介质进行色散补偿恢复脉宽，对于高阶色散需严格补偿。

上面提到的色散一般是材料色散，在有些情况下，还要在材料色散的基础上考虑波导色散，二者加起来是总色散。波导色散的主要作用是能够将 λ_D 稍微移向长波长方向。利用这个特性，可以将零色散波长 λ_D 移动至 1.55μm 处，使其在零色散波长处具有最小的传输损耗，在光通信系统中，这种色散位移光纤已有广泛应用[25]。

2.5 光纤中的非线性效应

光场在介质中传输时，介质对电磁场会产生一定的响应。如果光场的强度不太大，则介质对光场的响应是线性的。如果电磁场的强度足够强，则介质对电磁场的响应不再是线性的，被电磁场激励的介质会发射出新频率的光场。此时即进入了非线性光学领域[26]。介质对在其中传输的光场响应可以用下式表示

$$P=\varepsilon_0\chi(E)\cdot E \tag{2.51}$$

其中，P 表示介质被光场激励的极化强度；$\chi(E)$ 表示介质的极化特性的极化张量。在线性光学范围内，$\chi(E)$ 是与光场 E 无关的常量；而在非线性光学范围内，也即光场强度很强时，$\chi(E)$ 依赖于光场强度 E。介质的极化强度与入射光场强度的关系可以用以下形式表述：

$$\begin{aligned}P&=\varepsilon_0\chi^{(1)}\cdot E++\varepsilon_0\chi^{(2)}:EE+\varepsilon_0\chi^{(3)}\vdots EEE+\cdots\\&=P^{(1)}+P^{(2)}+P^{(3)}+\cdots\end{aligned} \tag{2.52}$$

式中，$\chi^{(1)}$ 是一阶极化率，为二阶张量；$\chi^{(2)}$ 是二阶极化率，为三阶张量；$\chi^{(3)}$ 是三阶极化率，为四阶张量，以此类推。$P^{(1)}$、$P^{(2)}$、$P^{(3)}$ 分别是一阶、二阶、三阶极化强度，而且它们之间存在以下关系：

$$\left|\frac{P^{n+1}}{P^{n}}\right|\sim\left|\frac{E}{E_{原子}}\right| \tag{2.53}$$

其中，$E_{原子}$ 表示原子内部电场强度，典型值为 3×10^{10} V/m。一般的光源电场强度远小于 $E_{原子}$，难以激发起介质的非线性效应；而当激光出现，特别是高峰值功率的调 Q 和锁模激光器出现后，非线性光学现象才相对容易被激发。目前，非线性光学逐渐受到关注而获得广泛研究。

正如公式（2.52）所示，介质对光场的响应可以分解为级数形式。依据极化率阶数的不同可以将非线性光学分为二阶、三阶、……非线性效应。非线性的阶数越高，其响应强度越低，通常研究的非线性是基于二阶和三阶非线性极化率的

非线性效应。二阶非线性极化率 $\chi^{(2)}$ 是实数，具有完全对称性和时间反演对称性，只有无中心对称的介质中才存在二阶非线性效应。一般对二阶非线性效应的研究都是在各种不具有对称中心的晶体材料中进行的。主要的二阶非线性效应包括：二次谐波、和频效应、差频效应、光整流效应等。与二阶非线性极化率 $\chi^{(2)}$ 不同，无论介质具有什么样的对称性，三阶极化率 $\chi^{(3)}$ 总存在一些非零的张量元素。也就是说三阶非线性效应在无论具有什么对称性的介质中都可以发生。典型的三阶非线性效应有克尔效应、受激拉曼散射、受激布里渊散射、四波混频(FWM)、三次谐波等。而在锁模脉冲产生过程中，三阶非线性效应起主要作用，下面分别介绍起主要作用的三阶非线性效应。

2.5.1　自相位调制

自相位调制（SPM）是指脉冲光在光纤中传输时，脉冲本身的因素导致脉冲相位在传输过程中发生了变化。相位变化导致频谱宽度变化，从而导致光谱展宽，在三阶电极化率的影响下，光脉冲在光纤中传播时满足下面的公式[26]：

$$n(\omega, |E|^2) = n_0(\omega) + n_2|E|^2 \tag{2.54}$$

其中，n 为介质折射率；$|E|$ 是光脉冲强度；公式右边的第一项代表线性部分；n_2 代表了光纤的非线性折射率系数，这也是脉冲相位发生变化的根源。n_2 与 $\chi^{(3)}$ 的关系为

$$n_2 = \frac{3}{8n}\mathrm{Re}(\chi^{(3)}) \tag{2.55}$$

从公式（2.54）和公式（2.55）可以看到，脉冲光在光纤中的传输路径上，光纤的折射率会随着光强的变化而变化，光纤折射率变化，相位自然就会变化，这种变化是光脉冲自身导致的，所以这种相位的移动就叫自相位调制，自相位调制的物理过程用公式可以写成

$$\varphi = nk_0L = (n_0 + n_2|E|^2)k_0L \tag{2.56}$$

其中，L 是光纤长度；$k_0 = 2\pi/\lambda$，相位中的线性部分是 n_0k_0L，用字母 φ_1 表示；相位中的非线性部分是 $n_2|E|^2k_0L$，用字母 φ_2 表示，可以看出非线性相位变化和光强成正比。在一般瞬态情况下，自相位调制会产生对称的频率啁啾，使光谱中心的两边产生相同的频率分量，并且光谱的展宽呈对称的特点。然而，在光谱展宽的过程中，非瞬态情况居多。此时，不同频率处的非线性效应是不同的，使光谱产生了不对称的频率啁啾，这样光谱呈现出来的展宽是不对称的。此外，自相位调制产生的相移是光强相关的，但脉冲形状并不会受到影响。

2.5.2　交叉相位调制

大多数情况下，光纤中都会有两个或两个以上的光脉冲同时在光纤中传输，

在光纤的非线性效应的影响下，多个脉冲光相互作用，其中一束光脉冲对另一束光脉冲的相位产生影响，导致光谱展宽，这种非线性现象就是交叉相位调制(XPM)[27]。假设两个线偏振态的光脉冲在单模光纤中传输时，频率分别为 ω_1 和 ω_2，在准单色近似的条件下，电场能够表示为[28]

$$E(r,t) = \frac{1}{2}\hat{x}[E_1 + E_2\exp(-\mathrm{i}\omega_2 t) + \mathrm{c.c}] \tag{2.57}$$

其中，$\hat{x}$ 指光偏振方向单位矢量内的实部作为光场最终表达式；[　] 括号内是两束光波的光场表达式；c. c 表示取上述 [　] 括号内的最终表达式。

将该光场表达式代入介质中的感应电极化强度非线性分量表达式：

$$P_{\mathrm{NL}}(r,t) = \varepsilon_0 x^{(3)} \vdots E(r,t)E(r,t)E(r,t) \tag{2.58}$$

可以得到同偏振、不同频率组分的两束光波在同一光纤内传播时的非线性电极化强度分量表达式：

$$P_{\mathrm{NL}}(r,t) = \frac{1}{2}\hat{x}[P_{\mathrm{NL}}\exp(-\mathrm{i}\omega_1 t) + P_{\mathrm{NL}}\exp(-\mathrm{i}\omega_2 t) + \cdots] + \mathrm{c.c} \tag{2.59}$$

括号内省略部分是两束光波相互作用产生的新频率成分，这些振荡项是由四波混频产生的，不属于交叉相位调制效应。它们只在相位匹配条件下才比较大，在研究单模光纤中的交叉相位调制效应时可认为不满足相位匹配条件，因此忽略这些项。得到前两项分别为

$$P_{\mathrm{NL}}(\omega_1) = X_{\mathrm{eff}}(|E_1|^2 + 2|E_2|^2)E_1 \tag{2.60}$$

$$P_{\mathrm{NL}}(\omega_2) = X_{\mathrm{eff}}(|E_2|^2 + 2|E_1|^2)E_2 \tag{2.61}$$

将此结果直接代入薛定谔方程，得到两束光波光场分布的方程组：

$$\frac{\partial A_x}{\partial z} + \beta_{1x}\frac{\partial A_x}{\partial t} + \frac{\mathrm{i}\beta_2}{2}\frac{\partial^2 A_x}{\partial t^2} + \frac{\alpha}{2}A_x = \mathrm{i}\gamma(|A_x|^2 + B|A_y|^2)A_x \tag{2.62}$$

$$\frac{\partial A_y}{\partial z} + \beta_{1y}\frac{\partial A_y}{\partial t} + \frac{\mathrm{i}\beta_2}{2}\frac{\partial^2 A_y}{\partial t^2} + \frac{\alpha}{2}A_y = \mathrm{i}\gamma(|A_y|^2 + B|A_x|^2)A_y \tag{2.63}$$

由式（2.62）和式（2.63）可以看出，当第二束光波的光强幅度为 0（即不存在）时，上述第一个非线性方程就是求解自相位调制效应的方程，这也表明在方程右边括号内的两项分别表示自相位调制和交叉相位调制。

忽略上述方程组中的时间导数项，得到简化方程：

$$\frac{\mathrm{d}A_x}{\mathrm{d}z} + \frac{\alpha}{2}A_x = \mathrm{i}\gamma(|A_x|^2 + B|A_y|^2)A_x \tag{2.64}$$

$$\frac{\partial A_y}{\partial z} + \frac{\alpha}{2}A_y = \mathrm{i}\gamma(|A_y|^2 + B|A_x|^2)A_y \tag{2.65}$$

上面这两个方程描述了双折射光纤中无色散的交叉相位调制效应。将自相位调制的标量理论延伸到矢量情形[29]，利用

$$A_x = \sqrt{P_x}\,\mathrm{e}^{-\alpha z/2}\mathrm{e}^{\mathrm{i}\varphi_x}, \quad A_y = \sqrt{P_y}\,\mathrm{e}^{-\alpha z/2}\mathrm{e}^{\mathrm{i}\varphi_y} \tag{2.66}$$

可对其求解，其中，P_x 和 P_y，φ_x 和 φ_y 分别是两偏振分量的功率和相位。根据公式（2.66）得出，P_x 和 P_y 随 z 变化，相位 φ_x 和 φ_y 随 z 变化，其演化方程为

$$\frac{\mathrm{d}\varphi_x}{\mathrm{d}z} = \gamma \mathrm{e}^{-\alpha z}(P_x + BP_y), \quad \frac{\mathrm{d}\varphi_y}{\mathrm{d}z} = \gamma \mathrm{e}^{-\alpha z}(P_y + BP_x) \tag{2.67}$$

由 P_x 和 P_x 是常数，可以得到相位方程的解为

$$\varphi_x = \gamma(P_x + BP_y)L_{\mathrm{eff}}, \quad \varphi_y = \gamma(P_y + BP_x)L_{\mathrm{eff}} \tag{2.68}$$

其中，有效光纤长度 $L_{\mathrm{eff}} = [1 - \exp(-\alpha L)]/\alpha$ 与自相位调制情形的定义方式相同。方程（2.75）清晰表明，两个偏振分量都产生了非线性相移，其大小是自相位调制和交叉相位调制贡献之和。为了得到交叉相位调制效应引起的相移大小[30]，将 $P_{\mathrm{NL}}(\omega_j)(j = 1,2)$ 写成下面的形式：

$$P_{\mathrm{NL}}(\omega_j) = \varepsilon_0 \varepsilon_j^{\mathrm{NL}} E_j \tag{2.69}$$

将其与线性部分合在一起，则总的感应极化强度为

$$P(\omega_j) = \varepsilon_0 \varepsilon_j E_j \tag{2.70}$$

其中，

$$\varepsilon_j = \varepsilon_j^{\mathrm{L}} + \varepsilon_j^{\mathrm{NL}} = (n_j^{\mathrm{L}} + \Delta n_j)^2 \tag{2.71}$$

这里，n_j^{L} 是折射率的线性部分；Δn_j 是二阶非线性效应引起的折射率改变量。利用 $\Delta n_j \ll n_j^{\mathrm{L}}$，则折射率的非线性部分为

$$\Delta n_j \approx \varepsilon_j^{\mathrm{NL}}/2n_j \approx n_2(|E_j|^2 + 2|E_{3-j}|^2) \tag{2.72}$$

方程（2.72）说明，光波的折射率不仅与自身强度有关，而且还与共同传输的其他波的强度有关。当光波在光纤中传输时，会获得一个与强度有关的非线性相位。

假设不满足相位匹配条件，可以得到与强度有关的非线性相移，表示为

$$\varphi_{\mathrm{NL}} = \frac{2\pi}{\lambda} n_2 L_{\mathrm{eff}}(|E_1|^2 + 2|E_2|^2) \tag{2.73}$$

其中，等式右边第一项表示自相位调制，是由自相位调制引起的非线性相移；第二项表示交叉相位调制，是由交叉相位调制引起的非线性相移。由式（2.73）可知，对于相同的入射光脉冲强度，交叉相位调制的作用是自相位调制的两倍。实际上，当两束或者更多束光同时入射到光纤中时，交叉相位调制总是伴有自相位调制。

2.5.3　四波混频

四波混频（FWM）是指多个光脉冲在光纤介质中传输时发生相互作用而产生的非线性光学效应[31]。由于介质中较易观察到四波混频，而且变换形式多种多样，因此四波混频在实际应用中有很大的研究价值。假设有三个不同频率的光场在光纤介质中同时传输，其频率依次为 ω_1、ω_2 和 ω_3，波矢依次为 k_1、k_2 和 k_3，

由于三阶非线性极化的作用会产生第四个光场，其频率为 ω_4，ω_4 与 ω_1、ω_2 和 ω_3 的关系可表示为

$$\omega_4 = \omega_1 \pm \omega_2 \pm \omega_3 \tag{2.74}$$

为了产生显著的四波混频效应，相位匹配条件必须满足：

$$\Delta k = \Delta k_{\mathrm{M}} + \Delta k_{\mathrm{W}} + \Delta k_{\mathrm{NL}} \tag{2.75}$$

$$\Delta k_{\mathrm{M}} = (\widetilde{n_3}\omega_3 + \widetilde{n_4}\omega_4 - \widetilde{n_1}\omega_1 - \widetilde{n_2}\omega_2)/c \tag{2.76}$$

$$\Delta k_{\mathrm{W}} = (\Delta\widetilde{n_3}\omega_3 + \Delta\widetilde{n_4}\omega_4 - \Delta\widetilde{n_1}\omega_1 - \Delta\widetilde{n_2}\omega_2)/c \tag{2.77}$$

$$\Delta k_{\mathrm{NL}} = \gamma(P_1 + P_2) \tag{2.78}$$

其中，Δk_{M}、Δk_{W}、Δk_{NL}分别是材料色散、波导色散和非线性效应引起的相位失配；$\widetilde{n_j}$是频率为 ω_j 时的有效模折射率；$\Delta\widetilde{n_j}$为波导引起的折射率变化；γ 为非线性系数；P_j 为输入光功率。

有效的四波混频过程对应于两个光子湮灭，同时产生两个新频率的光子，此时相位匹配条件较易满足。能量守恒和相位匹配条件可以表示为

$$\omega_3 + \omega_4 = \omega_1 + \omega_2 \tag{2.79}$$

$$\Delta k = k_3 + k_4 - k_1 - k_2 \tag{2.80}$$

其中，当 $\omega_1 = \omega_2$ 时，满足条件 $\Delta k = 0$ 相对容易一些。

2.5.4　受激拉曼散射

拉曼效应是由印度科学家拉曼于 1928 年发现的一种非线性效应[32]。它是指在物质中分子将光场的一部分能量转移到频率下移的光场的现象[33]，频率变化量由物质的振动模式决定，如图 2.19 所示。

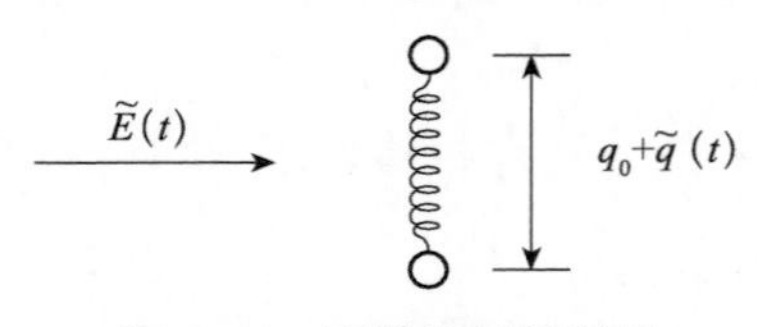

图 2.19　受激拉曼散射的分子模型

用量子原理可解释为：一个能量为 $h\omega_{\mathrm{p}}$ 的入射光子经过一个分子散射，变成另一个能量为 $h\omega_{\mathrm{s}}$ 的低能量光子，即斯托克斯（Stokes）光，同时会产生一个新的具有一定能量和动量的声子，并且满足能量守恒和动量守恒。如果斯托克斯光产生，它将作为种子，泵浦光迅速将能量不断向其转移而产生受激拉曼散射。如果入射光子能吸收一个声子也可能会产生一个频率上移、能量为 $h\omega_{\mathrm{as}}$的光子，即反斯托克斯（anti-Stokes）光。假设入射泵浦激光的频率为 ω_{p}，分子振动频率为 ω_{v}，则散射光频率可以表示为[34]

$$\omega_{\mathrm{s}} = \omega_{\mathrm{p}} - \omega_{\mathrm{v}}, \quad \omega_{\mathrm{as}} = \omega_{\mathrm{p}} + \omega_{\mathrm{v}} \tag{2.81}$$

其中，ω_{s} 表示斯托克斯光频率；ω_{as}表示反斯托克斯光频率。

受激拉曼散射效应不仅导致新的频率成分产生，还能够放大斯托克斯波。当泵浦为连续或者准连续时，斯托克斯波的放大过程可以表示为

$$\frac{\mathrm{d}I_s}{\mathrm{d}z} = g_R(\Omega) I_p I_s \tag{2.82}$$

式中，I_s 表示斯托克斯光强；I_p 表示泵浦光强；$g_R(\Omega)$ 表示拉曼增益系数，它是描述受激拉曼散射的非常重要的参量；$\Omega=\omega_p-\omega_s$ 表示拉曼频移。光纤中 $g_R(\Omega)$ 一般情况下与光纤纤芯的成分构成有关，且随光纤纤芯掺杂的不同而改变，同时受泵浦光与斯托克斯波偏振态的影响。拉曼响应函数 $h_R(\Omega)$ 与拉曼增益系数 $g_R(\Omega)$ 之间有如下关系[35]：

$$g_R(\Omega) = \frac{\omega_0}{cn(\omega_0)} f_R \chi^{(3)} \mathrm{Im}[\widetilde{h_R}(\Omega)] \tag{2.83}$$

其中，$\widetilde{h_R}(\Omega)$ 表示 $h_R(\Omega)$ 的傅里叶变换；f_R 是表示延时拉曼响应对非线性极化贡献的常数。

对于不同材质的光纤，其增益不同。如图 2.20 所示，在石英中，拉曼增益谱很宽，增益峰值在 13.2THz 左右。

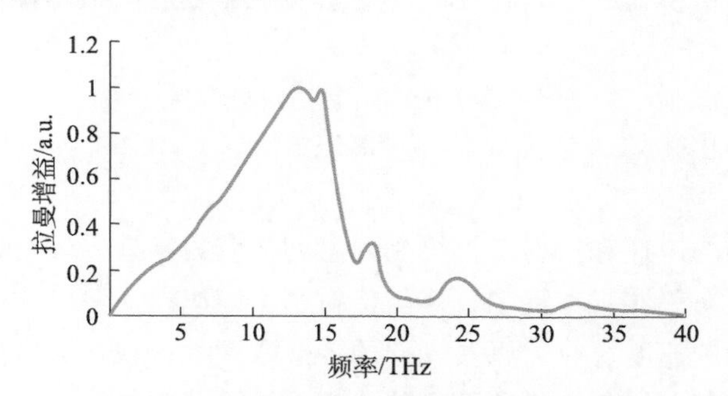

图 2.20　石英中的归一化拉曼增益曲线[36]

2.5.5　受激布里渊散射

受激布里渊散射（SBS）是强感应声波场对入射光作用的结果[37]。当入射光在光纤中传播时，自发布里渊散射沿入射光相反的方向传播，其强度随着入射光强度的增大而增加，当强度达到一定程度时，反向传输的散射光与入射光发生干涉作用，产生较强的干涉条纹，使光纤局部折射率大大增加，在光纤内产生的电致伸缩效应使光纤产生周期性弹性振动，光纤折射率被周期性调制，形成以声速 V_a 运动的折射率光栅。此折射率光栅通过布拉格衍射散射泵浦光，由于多普勒效应，产生受激布里渊散射[38,39]。光纤中的泵浦波、斯托克斯波和声波之间的矢量关系可以用图 2.21 表示。

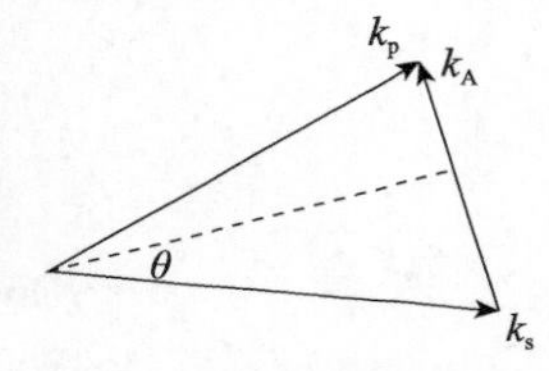

图 2.21　受激布里渊散射波矢守恒关系

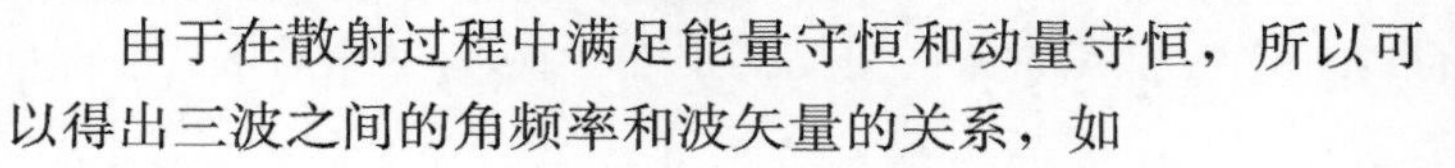

由于在散射过程中满足能量守恒和动量守恒，所以可以得出三波之间的角频率和波矢量的关系，如

$$\omega_B = \omega_P - \omega_s, \quad k_A = k_P - k_s \tag{2.84}$$

其中，ω_B、ω_P 和 ω_s 分别为声波、泵浦光和布里渊-斯托克斯光的角频率；k_A，k_P 和 k_s 分别为声波、泵浦光和布里渊-斯托克斯光的波矢；θ 为泵浦波与斯托克斯波之间的夹角。由于布里渊散射光的频率和入射光的频率都属于光频率，那么波矢可以表示成 $k_s = k_s n_s = \omega_s n_s / c$ 和 $k_P = k_P n_P = \omega_P n_P / c$。由于声波的频率远小于光波频率，那么同光波频率相比，声波的频率可以忽略，所以泵浦光波矢的绝对量（$|k_P|$）等于斯托克斯光波矢的绝对量（$|k_s|$）。声波的角频率 Ω_B 和波矢 k_A 之间满足色散关系：

$$\Omega_B = V_a |k_A| \approx 2V_a |k_P| \sin(\theta/2) \tag{2.85}$$

从公式（2.85）可以看出，布里渊散射的斯托克斯光频移与散射角 θ 有关。

在后向（$\theta=\pi$），布里渊散射光的频移有最大值；而在前向（$\theta=0$），布里渊散射光的频移为零。由于单模光纤的纤芯芯径很小，只有前向和后向两个方向的散射光，所以在单模光纤中只存在后向受激布里渊散射，布里渊频移的大小可以表示为

$$\nu_B = \Omega_B / 2\pi = 2V_a |k_P| / (2\pi) \tag{2.86}$$

利用公式 $|k_P| = 2\pi n / \lambda_P$，公式（2.86）可以改写为

$$\nu_B = \Omega_B / 2\pi = 2V_a n / \lambda_P \tag{2.87}$$

因为光纤中的声速和折射率都会受到温度、应力等外界环境以及光纤掺杂浓度的影响，所以布里渊频移除了直接与折射率、声速以及泵浦波长有关外，还间接地与外界环境的温度、应力以及光纤的掺杂浓度等存在很大的关系，其中任何一个因素的改变都会引起布里渊频移的改变。尽管公式（2.87）中预测光纤中的受激布里渊散射仅发生在后向，但是由于光纤中传播声波的波导特性削弱了波矢的选择原则，结果前向也产生了少量的斯托克斯光，这种现象称为传导声波布里渊散射。严格说，在单模光纤中受激布里渊散射只发生后向散射，而自发布里渊散射在前向和后向都发生散射，这是因为声波的波导特性导致了波矢量弛豫具有选择性。另外，当入射到光纤中的泵浦波功率达到一定值后，会发生受激布里渊散射，在受激布里渊散射的过程中，泵浦波通过声波将功率转移到斯托克斯波上，因此，斯托克斯波的功率不断得到放大，同时泵浦波的功率不断衰减。

参 考 文 献

[1] 石宇航．基于八字腔的保偏掺镱锁模光纤激光器研究［D]．北京：北京工业大学，2018.

[2] Cheng Z，Li H，Wang P. Simulation of generation of dissipative soliton，dissipative soliton resonance and noise-like pulse in Yb-doped mode-locked fiber lasers［J]．Opt. Express，2015，23（5）：5972－5981.

[3] 林启蒙 . 1.5μm 掺铒超短脉冲锁模光纤激光器的研究 [D]. 西安：西北大学，2018.

[4] Way W，Tong F，Willner A. Optical fiber communication [J]. Proceedings of SPIE，1998.

[5] 葛颜绮 . 基于新型二维材料的超短脉冲光纤激光器研究 [D]. 深圳：深圳大学，2018.

[6] 王志，贺瑞敬，刘艳格 . 时间拉伸色散傅里叶变换在被动锁模光纤激光器研究中的应用 [J]. 中国激光，2019，46 (05)：21 - 31.

[7] Tong Y C，Chan L Y，Tsang H. Fibre dispersion or pulse spectrum measurement using a sampling oscilloscope [J]. Electron Lett.，1997，33：983 - 985.

[8] Muriel M，Azana J，Carballar A. Real-time Fourier transformer based on fiber gratings [J]. Optics Letters，1999，24：1 - 3.

[9] Diebold E，Hon N，Tan Z，et al. Giant tunable optical dispersion using chromo-modal excitation of a multimode waveguide [J]. Opt. Express，2011，19：23809 - 23817.

[10] Goda K，Jalali B. Dispersive Fourier transformation for fast continuous single-shot measurements [J]. Nature Photonics，2013，7：102 - 112.

[11] Mahjoubfar A，Churkin D，Barland S，et al. Time stretch and its applications [J]. Nature Photonics，2017，11：341 - 351.

[12] Runge A，Aguergaray C，Broderick N，et al. Coherence and shot-to-shot spectral fluctuations in noise-like ultrafast fiber lasers [J]. Optics Letters，2013，38：4327 - 4330.

[13] Lecaplain C，Grelu P. Rogue waves among noiselike-pulse laser emission：an experimental investigation [J]. Physical Review A，2014，90 (13805)：4616 - 4627.

[14] Runge A，Aguergaray C，Broderick N，et al. Raman rogue waves in a partially mode-locked fiber laser [J]. Optics Letters，2014，39：319 - 322.

[15] Liu Z，Zhang S，Wisf F. Rogue waves in a normal-dispersion fiber Laser [J]. Optics Letters，2015，40 (7)：1366 - 1369.

[16] Runge A，Broderick N，Erkintalo M. Observation of soliton explosions in a passively mode-locked fiber laser [J]. Optica，2015，2：36 - 39.

[17] Wang Z，Wang Z，Liu Y G，et al. *Q*-switched-like soliton bunches and noise-like pulses generation in a partially mode-locked fiber laser [J]. Opt Express，2016，24：14709.

[18] Herink G，Kurtz F，Jalali B，et al. Real-time spectral interferometry probes the internal dynamics of femtosecond soliton molecules [J]. Science，2017，356 (6333)：50 - 54.

[19] Ryczkowski P，Närhi M，Billet C，et al. Real-time full-field characterization of transient dissipative soliton dynamics in a mode-locked laser [J]. Nature Photonics，2018，12：221 - 227.

[20] Krupa K，Kanagaraj N，Andral U，et al. Real-time observation of internal motion within ultrafast dissipative optical soliton molecules [J]. Physical Review Letters，2017，118 (24)：243901.

[21] Wang Z，Wang Z，Liu Y，et al. Self-organized compound pattern and pulsation of dissipative solitons in a passively mode-locked fiber laser [J]. Optics Letters，2017，43：478 - 481.

[22] Liu X，Yao X，Cui Y. Real-time observation of the buildup of soliton molecules [J].

Physical Review Letters，2018，121 (2)：023905.
[23] Wang C. Dispersive Fourier transformation for versatile microwave photonics applications [J]. Canterbury Photonics，2014，1 (4)：586 - 612.
[24] Hamdi S，Coillet A，Grelu P. Real-time characterization of optical soliton molecule dynamics in an ultrafast thulium fiber laser [J]. Optics Letters，2018，43 (20)：4965 - 4968.
[25] 李辉辉．被动锁模光纤激光器中非线性脉冲动力学的研究 [D]. 北京：北京工业大学，2015.
[26] 罗兴．基于光子晶体光纤非线性效应的波长变换及其应用研究 [D]. 武汉：华中科技大学，2017.
[27] 黄绣江，刘永智，隋展，等．超短脉冲光纤激光器新进展及其应用 [J]. 应用光学，2004，(06)：16 - 21.
[28] 庄盼．基于光纤中非线性效应的全光逻辑门研究 [D]. 杭州：浙江工业大学，2011.
[29] Taylor J A. Single-mode fiber optics. Principles and applications [J]. 2nd ed. Journal of Modern Optics，1990，37 (10)：1686.
[30] Kravtsov K. Nonlinear fiber applications for ultrafast all-optical signal processing [D]. Moscow：Russian Academy of Sciences，2009.
[31] 周玉清．自相位调制和调制不稳定性对 BOTDA 系统的影响研究 [D]. 长沙：国防科技大学，2016.
[32] 高鹏飞．基于高非线性光纤中红外超连续谱产生的数值研究 [D]. 西安：陕西师范大学，2017.
[33] Raymer M G，Mostowski J. Stimulated Raman scattering：unified treatment of spontaneous initiation and spatial propagation [J]. Physical Review A，1981，24 (4)：1980 - 1993.
[34] Agrawal G P. Nonlinear Fiber Optics [M]. Berlin，Heidelberg：Springer，2000：195 - 211.
[35] Stolen R H，Gordon J P，Tomlinson W J，et al. Raman response function of silica-core fibers [J]. J. Opt. Soc. Am. B，1989，6 (6)：1159 - 1166.
[36] White T P，McPhedran R C，de Sterke C M，et al. Resonance and scattering in microstructured optical fibers [J]. Optics Letters，2002，27 (22)：1977 - 1979.
[37] 王如刚．光纤中布里渊散射的机理及其应用研究 [D]. 南京：南京大学，2012.
[38] Sharma D K，Tripathi S M. Optical performance of tellurite glass microstructured optical fiber for slow-light generation assisted by stimulated brillouin scattering [J]. Optical Materials，2019，94：196 - 205.
[39] 王明明．新型双波长布里渊与掺铒光纤激光器及其纵模选择研究 [D]. 保定：河北大学，2019.

第 3 章　基于非线性偏振旋转效应的超快光纤激光器

3.1　孤子脉冲锁模光纤激光器

孤子由于其在传播过程中可以保持形状、幅度和速度不变又叫作孤立波。1834 年，科学家首次观察到孤子现象，当船突然停止时，船头出现的水波在波形和速度几乎不变的情况下迅速向前传播。孤子的概念在流体力学领域首次被提出，后来被引入光学中，出现了光孤子的概念，也叫作常规孤子。在频域上，常规孤子具有对称分布的 Kelly 边带。

3.1.1　负色散区基频孤子锁模脉冲

为产生负色散区的孤子锁模脉冲，实验搭建基于 NPR 效应的被动锁模掺铥光纤激光器，其结构如图 3.1 所示。谐振腔采用全光纤环形腔结构，泵浦源采用商用化 C＋L 波段窄线宽半导体激光器，泵浦源通过铒镱共掺光纤放大器（EYDFA）放大后，最大输出功率可以达到 1W。泵浦光通过波分复用器（WDM）注入一段 4m 长单模掺铥光纤（TDF，Nufern，SM-TSF-9/125），其数值孔径、模场直径、截止波长分别为 0.15μm、10.5μm、(1700±100)nm。两个三环式偏振控制器和一个起偏器（polarizer）构成 NPR 锁模结构。偏振无关光

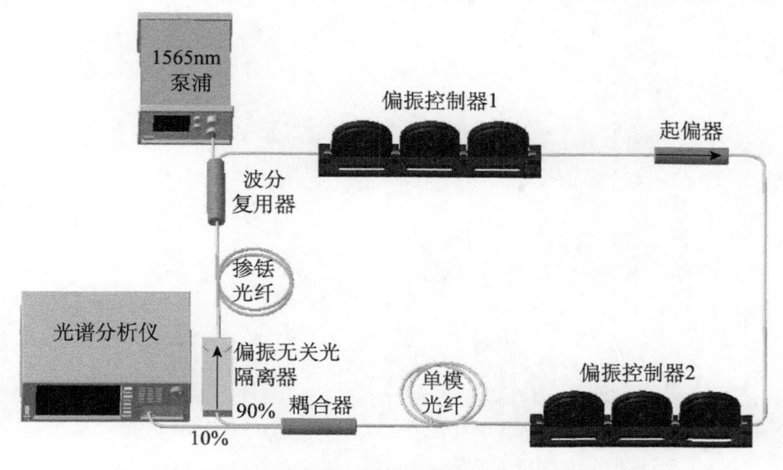

图 3.1　基于 NPR 效应的被动锁模掺铥光纤激光器结构

隔离器用来保证谐振腔内激光单向运转。耦合器（coupler）的 90%端口提供腔内反馈，10%端口用来提供激光输出。此外，谐振腔中接入一段 20m 长的单模光纤用来增强谐振腔内的非线性累积，实验中的单模光纤和各光纤器件尾纤均为常规通信用光纤（SMF-28），激光器总谐振腔长为 38.5m，其中单模光纤和掺铥光纤在 1.9μm 处的色散值分别为 35.4ps/(nm · km) 和 36.9ps/(nm · km)，经计算谐振腔净色散为 -2.626ps^2。

输出激光光谱采用光谱分析仪（Yokogawa，AQ6375）观测，其在 2μm 波段的最高分辨率为 0.05nm。输出光脉冲通过一个 InGaAs 光电探测器（PD）进行光电转换，其带宽和上升时间分别为 12GHz 和 28ps。转换后的脉冲序列通过高速示波器（Agilent，DSO-X93204A）观测，其带宽和最大采样率分别为 32GHz 和 80GSa/s。从探测器和示波器的参数可以看出，对于脉冲宽度在 50ps 以上的锁模脉冲，可以直接采用光电探测器探测并通过示波器测试其波形及脉冲宽度。对于更窄的脉冲，光电探测器和示波器的探测极限不足以精确地分辨其宽度，因此采用自相关仪（FR-103XL）测试真实脉宽。射频频谱通过频谱分析仪（Agilent，N9030A）观测，其可测试射频信号的频率范围为 3Hz～44GHz。

掺铥光纤在 L 波段具有较高的吸收系数，综合考虑 EYDFA 的放大效率，将泵浦光波长选取为 1565nm。逐渐增加 EYDFA 的增益，当泵浦功率达到 315mW 时，适当调节偏振控制器，可以很容易实现锁模脉冲的自启动。其光谱如图 3.2 所示，锁模脉冲光谱的中心波长为 1907nm，这是由掺铥光纤的增益峰值决定的，通过选取不同的掺铥光纤长度，可以实现中心波长的改变，通常增加掺铥光纤的长度，中心波长会往长波方向移动。输出光谱呈宽带状，3dB 带宽为 1.8nm，在光谱两侧存在着对称的 Kelly 边带[1]，Kelly 边带的形成是由谐振腔内的孤子脉冲和色散波干涉效应所造成的，这也是通常用来判定负色散区常规孤子锁模脉冲

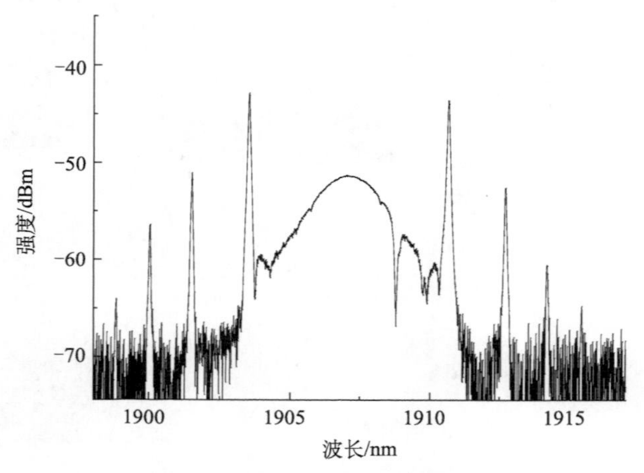

图 3.2　1.9μm 孤子锁模光谱

的重要特征，Kelly边带的位置与谐振腔内的色散相关，因此它的另一个作用是可以用来测量光纤的群速度色散[2]。

孤子脉冲的自相关曲线如图3.3（a）所示，可以发现，采用一个设定的双曲正割（sech）函数可以对其进行完美的非线性拟合，而双曲正割状的自相关曲线是负色散区常规孤子脉冲的另一个重要特征，这个特征可以从非线性薛定谔方程中孤子脉冲的相应特征解验证。通过自相关系数换算，计算出孤子脉冲宽度为5.14ps，对应时间带宽积为0.81，为双曲正割脉冲变换极限值（0.315）的2.57倍。对于负色散区的传统孤子脉冲，其自相位调制造成的正频率啁啾可以和由色散造成的负频率啁啾相互平衡，因此理想状态下传统孤子脉冲的啁啾可近似为零[3,4]。而测量值与理想值存在较大的差异，这是由于自相关仪的2μm光电探测器相应灵敏度较低，对于皮秒量级的2μm光脉冲，其可探测的最小平均光功率在20mW以上，而谐振腔直接输出的孤子脉冲平均功率仅为0.43mW。为方便测量，搭建一个腔外的掺铥光纤放大器，脉冲在放大器的增益光纤及器件尾纤传输过程中引入了一定的啁啾，造成了孤子脉冲的展宽。由示波器观测的孤子脉冲序列如图3.3（b）所示，孤子脉冲在时域上呈等间隔的均匀排列，时域脉冲间隔为186ns，对应脉冲在38.5m长谐振腔内运行一圈的时间。脉冲的频谱如图3.4所示，在0～90MHz频率范围内频谱具有较好的平坦度，脉冲的重复频率为5.37MHz，同样对应38.5m的谐振腔长，基频信号信噪比为52dB，说明孤子锁模脉冲工作在较低的噪声环境中。根据公式$Q=P/f$（其中，Q为单脉冲能量，P为输出的平均功率，f为脉冲的重复频率），计算可得孤子脉冲的单脉冲能量为0.081nJ，根据公式$P_{peak}=Q/\mu$（其中，P_{peak}为脉冲峰值功率，μ为脉宽），计算得到孤子脉冲的峰值功率为15.76W。根据孤子面积理论，传统孤子的单脉冲能量一般不会超过0.1nJ，在众多1.55μm和2μm孤子锁模光纤激光实验中都得到了证实，较低的脉冲能量很大程度地限制了孤子锁模脉冲的应用。

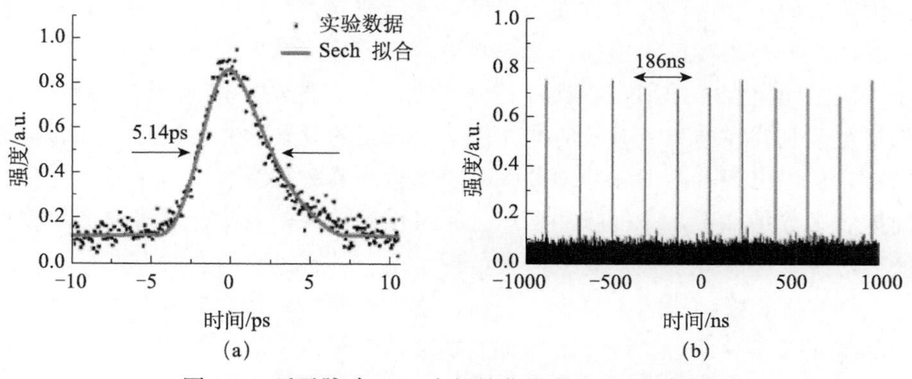

图3.3　孤子脉冲（a）自相关曲线和（b）脉冲序列

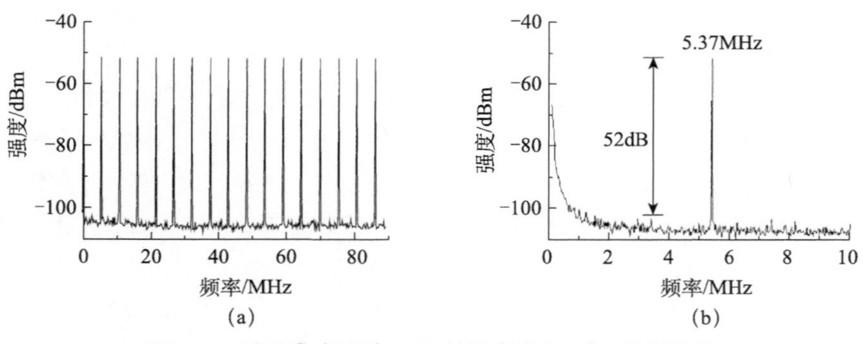

图 3.4 孤子脉冲频谱 (a) 射频序列和 (b) 基频信号

3.1.2 多孤子锁模脉冲

3.1.1 节介绍的锁模孤子脉冲为基频运转的常规孤子脉冲，实际上当泵浦功率达到阈值后，能维持孤子脉冲工作在稳定基频运转状态的泵浦功率范围是比较有限的，换句话说，如果持续地增加泵浦功率，基频孤子锁模状态将被打破，进而出现孤子脉冲分裂，即多孤子脉冲现象。大量实验表明，多孤子现象的产生是与结构无关的，除了 NPR 结构，在以非线性光纤环形镜、石墨烯等新型可饱和吸收体材料为锁模结构的孤子光纤激光器中，多孤子现象仍然存在，多孤子现象的产生是由于光纤谐振腔中孤子脉冲的峰值功率钳制效应[5]。峰值功率钳制效应可以用以下过程解释：当谐振腔中孤子脉冲的峰值功率足够强时，谐振腔的工作状态会从正反馈区转变为负反馈区，在这种情况下，理论上继续增加泵浦功率，孤子脉冲的峰值功率会随之提升，孤子脉冲峰值功率的提升会导致更小的谐振腔透过率。实际上孤子脉冲的峰值功率取决于线形腔相移，当峰值功率增加至一定值时，峰值功率的进一步提升会导致孤子脉冲的实际腔透过率小于线形腔透过率。此时孤子脉冲的峰值功率会被钳制住，继续增加泵浦功率，孤子脉冲将不会被放大，然而主要由色散波组成的背景噪声会被放大，其中一部分背景噪声会以连续光的成分体现在孤子锁模的光谱中，这在孤子脉冲的结构中是比较常见的。由于调制不稳定性的作用，线性波在本质上是不稳定的，然而当它们足够强时，它们会被调制并在饱和吸收效应的作用下，较强的背景脉冲会被放大并转换成孤子脉冲，从而出现多孤子脉冲现象。多孤子脉冲具有复杂的动力学特性，在相同的谐振腔参数条件下，多种脉冲状态之间可相互转化，因此开展多孤子锁模脉冲的研究对深入理解孤子锁模的动力学特性来说，具有重要的意义。

在图 3.1 锁模结构的实验中，当通过增加泵浦功率并调节偏振控制器以实现稳定的基频孤子脉冲后，继续增加泵浦功率，基频孤子的峰值功率逐渐增加并达到饱和，当泵浦功率达到 354mW 时，谐振腔中的连续波成分被充分放大，首次形成新的孤子脉冲即双孤子状态。在此基础上继续增加泵浦功率，孤子数量不断增加。实验发现产生的多孤子之间具有近乎相同的脉冲能量、脉冲宽度及峰值功率，根据孤子能量量化效应，这是多孤子之间相互增益竞争的结果[6]。

实验中通过增加泵浦功率及调节偏振控制器可得到多种多孤子锁模状态，如脉冲束、脉冲簇、孤子簇谐波锁模、混沌多孤子及孤子雨等。其中最容易出现的多孤子脉冲状态为孤子簇和混沌多孤子状态。图 3.5（a）展示了泵浦功率为 440mW 时的孤子簇时域图，在单个谐振腔的 60ns 运转周期范围内，存在一个由多个孤子脉冲构成的孤子簇。研究表明，孤子簇的产生是可饱和吸收效应所造成的孤子间的互相吸引造成的[7]。图 3.5（b）展示了相同泵浦功率下的混沌多孤子锁模状态，此时孤子脉冲在时域上呈随机分布，这是由于谐振腔内存在着不稳定的连续波，造成多孤子之间的相对速度产生差异。从而造成单个孤子在时域上的位置抖动，呈现多孤子脉冲的混沌分布[8]。

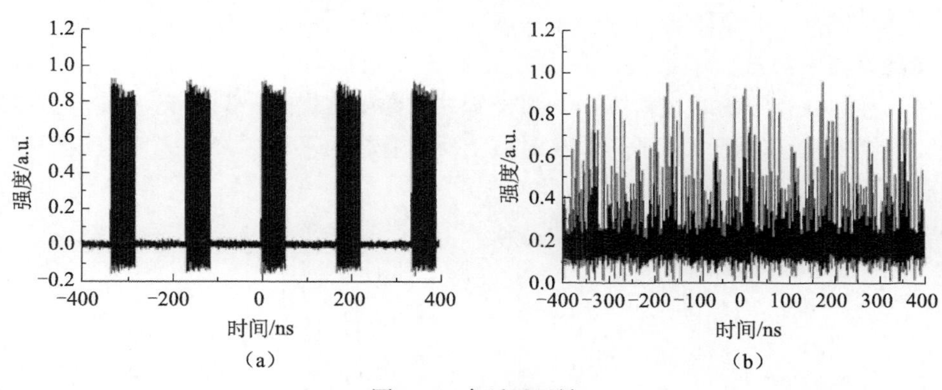

图 3.5　多孤子运转

（a）孤子簇；（b）混沌多孤子

1. 谐波孤子脉冲

从上面的实验结果可以看出，脉冲簇等多种多脉冲运转状态仍以谐振腔的基频为工作周期，而得到的多孤子脉冲仍被束缚在一个特定的时域范围内（脉冲束、脉冲簇、孤子雨）或在单个周期内随机分布（混沌多孤子），而得到的脉冲数量和其时域特性难以精确控制，这很大程度地限制了多孤子脉冲的应用。对于 NPR 被动锁模光纤激光器来说，其基频重复频率往往受限于腔长，难以突破 100MHz。虽然通过缩短腔长可以获得更高的重复频率，但过短的腔长无法实现足够的非线性相移，导致锁模脉冲自启动困难。而对于可饱和吸收材料锁模结构的光纤激光器，由于光纤器件尾纤及熔接需求的限制，其基频重复频率也难以突破 1GHz。在众多脉冲状态中，谐波锁模脉冲具有更稳定和可控的时域特性，并且可以作为在被动锁模结构中实现高重复频率脉冲输出的一种有效方法。多种理论模型可以用来解释谐波锁模的形成机制，如时间依赖的增益饱和效应、折射率声光调制效应[9]、全局孤子的相互作用[10]。从现象上来说，谐波锁模脉冲在时域上呈等间隔分布，通过增加谐波锁模阶数，脉冲的时域间隔会随之呈整数倍减少，从而实现了重复频率为基频整数倍的多脉冲输出。

同样在以图 3.1 锁模结构为基础的实验中，泵浦功率增加至 487mW，仔细调节偏振控制器，实现了 84 阶谐波锁模，对应重复频率为 430MHz，此时的锁模光谱如图 3.6（a）所示，光谱两侧仍存在着明显的 Kelly 边带，证明此时的运转状态仍为传统孤子锁模状态。继续增加泵浦功率，谐波锁模阶数也随之增加，当泵浦功率达到 665mW 和最大输出功率 1W 时，可分别实现 146 阶、747.5MHz 重复频率和 252 阶、1.29GHz 重复频率的谐波锁模脉冲。从图 3.6（a）可以看出，随着谐波锁模阶数的增加，光谱形状并无明显变化，说明输出的锁模脉冲一直保持在孤子锁模状态。而在光谱中心波长的左侧，存在着少量杂乱的连续光成分，并且随着泵浦功率的增加，连续光强度也在随之增加，这是连续光在谐振腔中被放大的结果。从图 3.6（b）中可以看出，随着谐波锁模阶数的增加，导致在有限的时域范围内，孤子脉冲个数随之增加，只要谐波锁模仍能维持孤子锁模状态，谐波孤子脉冲在时域上便具有较为平均的峰值强度与近似相等的脉冲间隔。

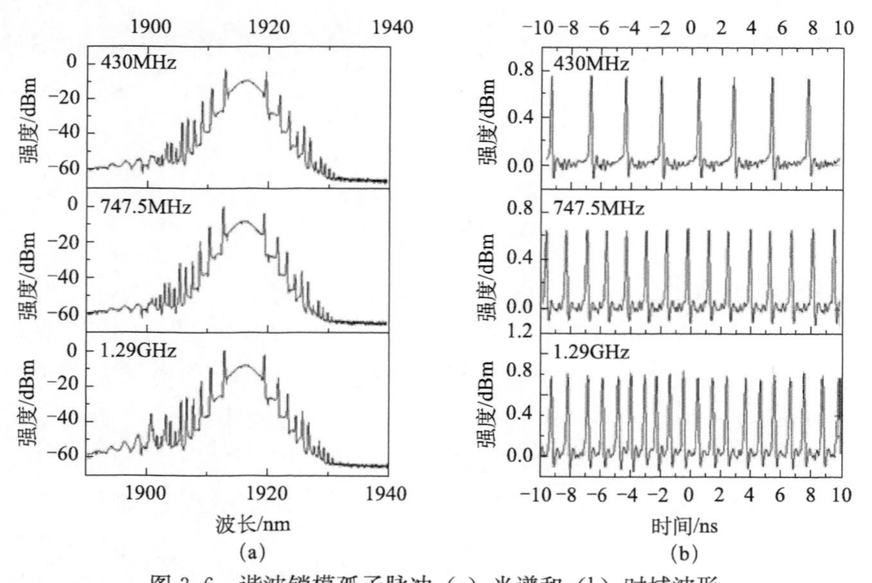

图 3.6 谐波锁模孤子脉冲（a）光谱和（b）时域波形

以上实验结果可以看出，谐波锁模是获得稳定均匀的高重复频率孤子脉冲的有效方法，为了获得更高阶数的谐波锁模，最简单和直接的方式是继续增加泵浦功率。然而对于 NPR 锁模结构来说，过高的泵浦功率会使谐振腔内的 NPR 效应达到饱和，腔内的透过率会随着光强的增加而减小，从而非均匀损耗和模式竞争趋于平衡，即模式竞争可以得到一定程度的抑制。此时 NPR 结构的可饱和吸收效应被大幅度弱化，而起主导作用的是由偏振控制器、起偏器、单模光纤构成的梳状滤波效应（Lyot 滤波器），尽管单模光纤的双折射系数很低，导致 Lyot 滤波器的滤波周期很短，但在强泵浦功率和模式竞争被抑制的条件下，在某些滤波周期内仍可形成连续的激光振荡，呈现连续运转的多波长激光输出。实验中，将泵浦源功率通过 EYDFA 放大，持续增加泵浦功率，发现泵浦功率达到 1.2W 以上时，光谱中连续光成分逐渐增强，在锁模光谱外的其他波长位置出现多个连续激光光谱，时域脉冲抖动及调制现象较为严重。而当泵浦功率达到 2W 时，无论如何调节偏振控制器，孤子脉冲均难以形成，输出激光基本呈多波长激光状态。由此可见，为实现更高重复频率的孤子脉冲输出，在有限的泵浦功率条件下增加谐波锁模的阶数是十分必要的。

为实现更高重复频率的谐波孤子脉冲，需要分析孤子脉冲的光谱带宽、脉冲能量及脉冲宽度的关系。根据孤子面积理论，平均腔孤子特性可用下述公式表示：

$$A_0\tau=\sqrt{\frac{2|D|}{\delta}},\quad D\equiv\frac{1}{2}\beta_{2,\mathrm{ave}}L,\quad \delta=\gamma_{\mathrm{ave}}L \tag{3.1}$$

式中，A_0 为峰值强度；τ 为 1/e 处的脉冲宽度；$\beta_{2,\mathrm{ave}}$ 为平均腔色散；L 为谐振腔长度；γ_{ave} 为平均非线性系数。同时对公式（3.1）两边平方，便可以得到经典的基频孤子条件：

$$P\tau^2=P\left(\frac{T_{\mathrm{FWHM}}}{1.7627}\right)^2\approx\frac{\alpha}{1.7627^2}ET_{\mathrm{FWHM}}=\frac{|\beta_{2,\mathrm{ave}}|}{\gamma_{\mathrm{ave}}} \tag{3.2}$$

式中，P 为峰值功率；α 为峰值功率转换系数（sech 型脉冲为 0.88）；T_{FWHM} 为脉冲的半高全宽。可见，对于孤子这种近变换极限脉冲，其时间带宽积（TBP）是一定的（sech 型为 0.315），如果人为减小光谱带宽，理论上的极限脉宽值将会增大。由公式（3.2）可知，在谐振腔的色散及非线性系数固定的条件下，脉宽的增加会导致脉冲能量的减小，相当于使孤子脉冲具有更低的分裂阈值，从而在相同的泵浦功率下能够实现谐波锁模阶数的增加。报道的部分理论及实验研究中，同样能够发现类似规律，即谐波锁模的光谱宽度会随着谐波锁模阶数的增加而被动地减小[11-13]。

为验证上述分析，采用了图 3.7 的锁模结构，即在谐振腔中接入了由起偏器、偏振控制器、保偏光纤（PMF）构成的 Lyot 滤波器，主动地控制锁模光谱带宽。在之前的实验中，保偏光纤长度为 0.5m，对应 21nm 的滤波带宽，如图 3.8（a）所示。在此基础上继续增加保偏光纤长度，当保偏光纤长度增加至 0.78m 时，滤波带宽减小至 13.5nm，得到的锁模孤子脉冲光谱如图 3.8（b）所示，可以看出，锁模脉冲的光谱出现在单个 Lyot 滤波周期内，而滤波周期外的

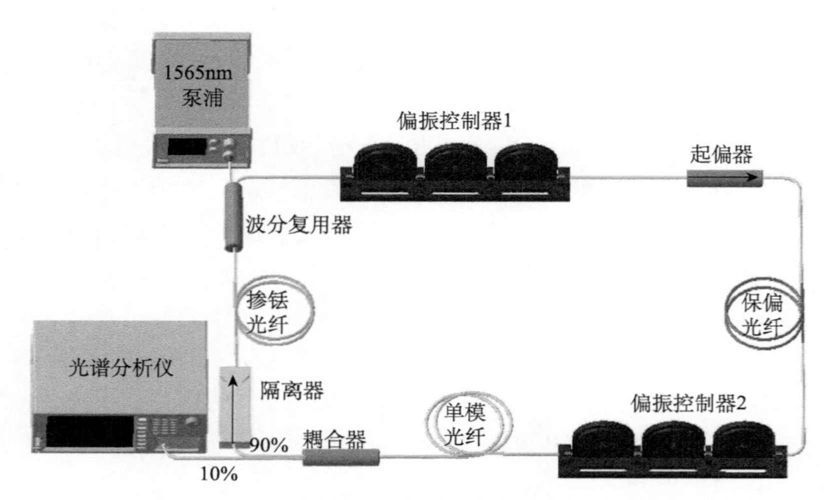

图 3.7　基于 Lyot 滤波器的宽带可调谐锁模掺铥光纤激光器结构

孤子光谱及 Kelly 边带均被抑制，整个光谱的 3dB 带宽也从 1.8nm 减小至 0.86nm。继续增加保偏光纤长度至 1.7m，如图 3.8（c）所示，此时 Lyot 滤波带宽为 6nm，锁模光谱的 3dB 带宽被压缩至 0.305nm，光谱中无 Kelly 边带产生。实验中实际选取了更多种保偏光纤长度来分析这一规律，并将泵浦功率固定为 1W，通过调节偏振控制器，在不同的光谱带宽条件下所能实现的最大谐波锁模脉冲重复频率如图 3.9 中的黑色曲线所示，可以看出，随着光谱带宽的减小，所能得到的谐波孤子脉冲的最大重复频率随之增加，当 3dB 光谱带宽减小至 0.305nm 时，谐波孤子脉冲的最大重复频率可达 5.03GHz，对应 982 阶谐波锁模，如图 3.9（b）所示。然而滤波带宽的减小限制了谐振腔中可以被相位锁定的纵模数量，因此随着光谱带宽的减小，需要更高的泵浦功率来实现锁模脉冲的自启动，当 3dB 光谱带宽为 0.2nm 时，孤子锁模阈值达到 860mW，如图 3.9（a）中的蓝色曲线所示。需要强调的是，过度地限制滤波带宽会导致谐振腔中总增益受限，而大量的锁模脉冲会在谐振腔中互相竞争，导致孤子脉冲难以形成，但由于饱和吸收效应的存在，此时仍可输出相对杂乱的线性脉冲。实验发现，随着 Lyot 滤波带宽的减小，锁模自启动的难度也随之增加，需要更精细地调节偏振控制器，而当滤波带宽小于 2nm 时，基本无法实现锁模脉冲输出，此时梳状滤波效应起主导作用，激光器始终工作在单波长或多波长的连续运转状态。

本节介绍了通过限制光谱带宽增加谐波锁模阶数的方法，然而从公式（3.1）可以看出，对于孤子这种近变换极限脉冲，在光谱带宽确定的情况下，增加平均腔色散，会减小平均孤子能量，这同样促进孤子脉冲分裂，从而实现高阶数的谐波锁模，相关研究在掺镱及掺铒谐波锁模光纤激光器中有所体现[14,15]。

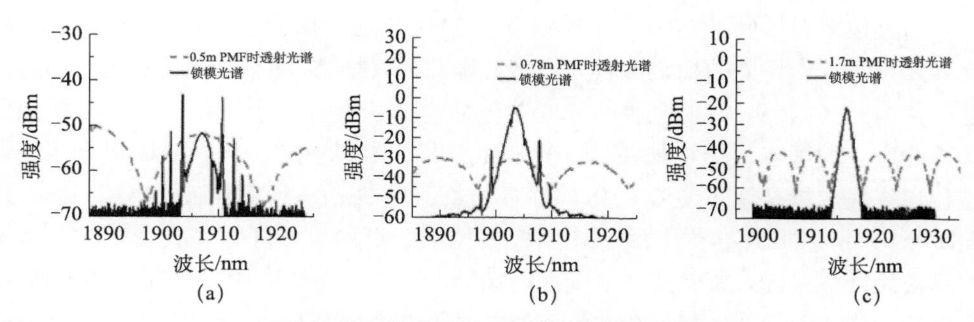

图 3.8 锁模光谱随 Lyot 滤波周期的变化

(a) 0.5m PMF；(b) 0.78m PMF；(c) 1.7m PMF

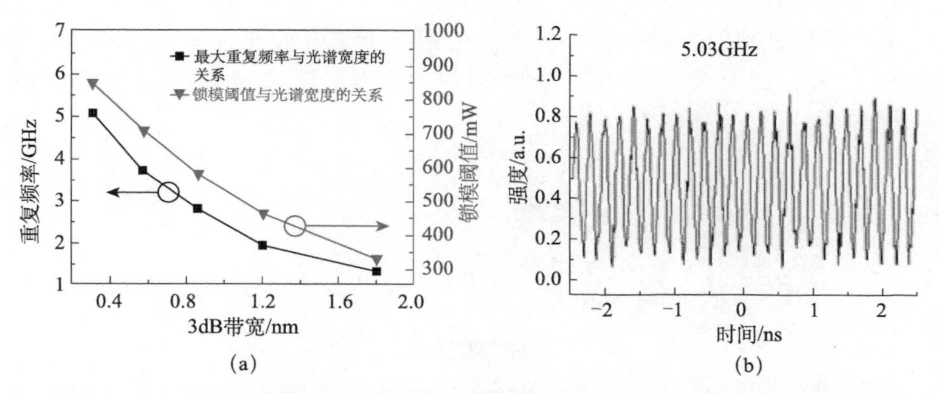

图 3.9 (a) 3dB 光谱带宽与重复频率、阈值的关系以及 (b) 5.03GHz 脉冲序列 (3dB 带宽为 0.305nm)

2. 束缚态孤子脉冲

从本节实验可以看出，通过控制泵浦功率及谐振腔参数，孤子脉冲可呈现多种多脉冲运转方式。对于脉冲簇、谐波锁模等多孤子状态，其孤子脉冲间隔通常为 5 倍脉冲宽度以上，而脉冲之间的相互作用力随着脉冲间距的增加呈指数趋势减小，使多孤子之间的直接相互作用很小，甚至可以忽略不计[16]。当多脉冲之间的时域间距较近时，脉冲在谐振腔内的相互作用是不可忽视的。间距较近时斥力起主导作用，间距较远时引力起主导作用。当引力与斥力相平衡时，多脉冲之间会以固定的间距及相位稳定传输。这种相互束缚的多脉冲状态被称为束缚态脉冲，束缚态脉冲的这种相互作用过程与分子的引力斥力特性相似，因此束缚态脉冲也称为孤子分子。理论仿真与实验结果的对应表明，采用多维复数金兹堡-朗道 (Ginzburg-Landau) 方程可以很好地模拟束缚态脉冲的产生过程[17-20]。然而对于三个以上脉冲构成的多脉冲束缚态，其脉冲之间的相互作用力十分复杂，一些相关的实验现象尚无法用明确的理论进行解释。

与其他多孤子脉冲相似，束缚态孤子的特征随谐振腔及泵浦参数的特征变化，并且对工作环境的稳定性较为敏感。因此为获得稳定的束缚态孤子脉冲，在前面实验的基础上，对谐振腔的长度进行缩减，尽量减弱谐振腔抖动对束缚态孤子脉冲产生的影响，结构如图 3.10 所示。与图 3.1 相比，泵浦结构保持不变，增益光纤换成掺杂浓度更高的单模掺铥光纤（Nufern SM-TSF-5/125），其长度缩减至 18cm。NPR 结构中的三环式偏振控制器更换为旋转挤压式偏振控制器，将单模光纤直接嵌入旋转挤压式偏振控制器即可，不需要缠绕。将起偏器更换为双极偏振相关隔离器，偏振相关隔离器在谐振腔中同时起到起偏器和隔离器的作用，因此谐振腔中不需要多余的隔离器。在此基础上，同时缩减各器件的尾纤长度。多次实验发现，谐振腔长的最小极限值为 1.9m，当腔长小于 1.9m 时，腔内无法累积足够的非线性相移，无法得到孤子锁模脉冲。因此将谐振腔长度固定为 1.9m，此时锁模脉冲的重复频率为 104MHz，谐振腔内总净色散为 $-0.157ps^2$。

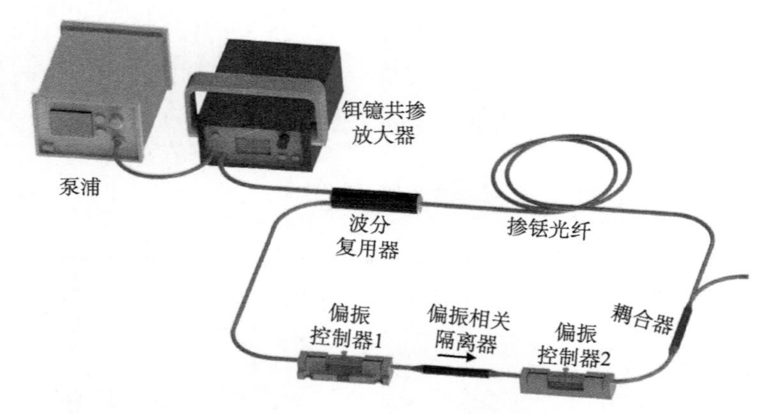

图 3.10　短腔长被动锁模掺铥光纤激光器结构

逐渐增加泵浦功率，发现孤子脉冲的自启动阈值为 275mW，为方便观测与调谐，将泵浦功率增加至 350mW，即基频孤子与多孤子的临界值，孤子脉冲仍可维持基频运转，如图 3.11 所示。理论及实验研究表明，孤子脉冲的光谱带宽会随着腔净色散的减小而增大[21-23]，当谐振总色散由之前的 $-2.626ps^2$ 减小至 $-0.157ps^2$ 时，孤子脉冲的 3dB 光谱带宽由 1.8nm 展宽至 8.3nm，并且一阶 Kelly 边带的间距也随之增大，如图 3.11（a）所示，此时光谱的中心波长为 1975nm，这是由掺铥光纤自身的增益特性决定的。孤子在理论上是无啁啾脉冲，光谱的展宽会导致脉冲宽度的变窄，测试中保持后续放大结构不变，因此，尽管放大结构引入了一定的啁啾，但仍然可以观测到孤子脉冲宽度由之前的 5.14ps 减小至 950fs，如图 3.11（b）所示，对应的时间带宽积为 0.604，说明此时的孤子脉冲仍具有一定的啁啾。图 3.11（c）和（d）分别展示了相应的脉冲序列及频谱图，可以看出激光器工作在稳定的基频锁模状态中。值得一提的是，图 3.11（d）中可以看出基频信号的信噪比可达到 58dB 以上，大于 3.1.1 节中基频孤子的信噪比（52dB），说明腔长的缩短减弱了外界环境对谐振腔抖动的影响，使孤子脉冲工作在更低的噪声环境中。

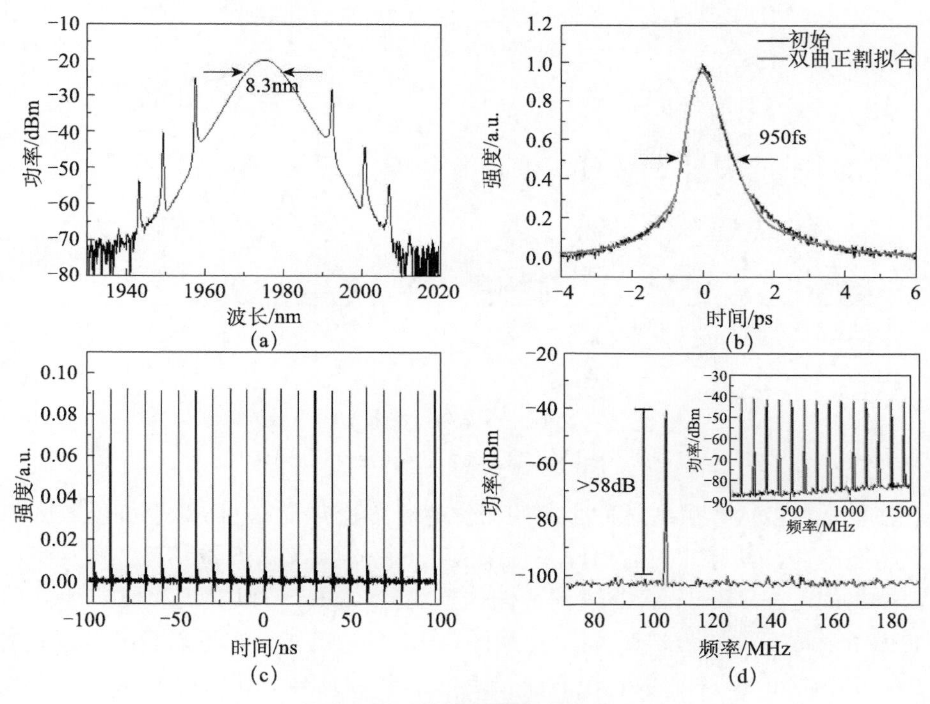

图 3.11 常规基频孤子脉冲

（a）光谱；（b）自相关曲线；（c）脉冲序列；（d）频谱

将泵浦功率固定在 350mW，通过调节偏振控制器，可以得到稳定的双脉冲孤子束缚态，如图 3.12 所示。周期调制的光谱是判定束缚态脉冲的条件之一，从图 3.12（a）可以看出，此时的光谱被周期调制，调制周期为 2.4nm，光谱中总共包含 14 个调制包络，束缚态脉冲的光谱调制周期是由脉冲间距决定的，具体表达式为

$$t=\frac{\lambda_0^2}{c\Delta\lambda_{\mathrm{M}}} \tag{3.3}$$

其中，t 为脉冲间距；λ_0 为工作波长；c 为真空中光速；$\Delta\lambda_{\mathrm{M}}$ 为调制周期。由公式（3.3）可以看出，束缚态脉冲光谱调制周期对应的频域间隔为脉冲时域间隔的倒数。理论研究表明，束缚态脉冲光谱的中心波长强度与脉冲之间相位差的余弦相关[24]，图 3.12（a）光谱的中心波长为 1953.1nm，该波长处的光谱呈凹陷，

因此可以判定此时束缚态孤子的相位差为 π。对应的自相关曲线如图 3.12（b）所示，曲线呈现三个峰值，说明此时为双脉冲孤子束缚态锁模状态，峰值间距为 5.21ps，对应双孤子的时域间隔。通过双曲正割拟合，三个峰值的宽度均为 1.22ps 左右，并且三个峰值的强度比为 1：2：1，说明双孤子之间具有相同的脉宽与强度。

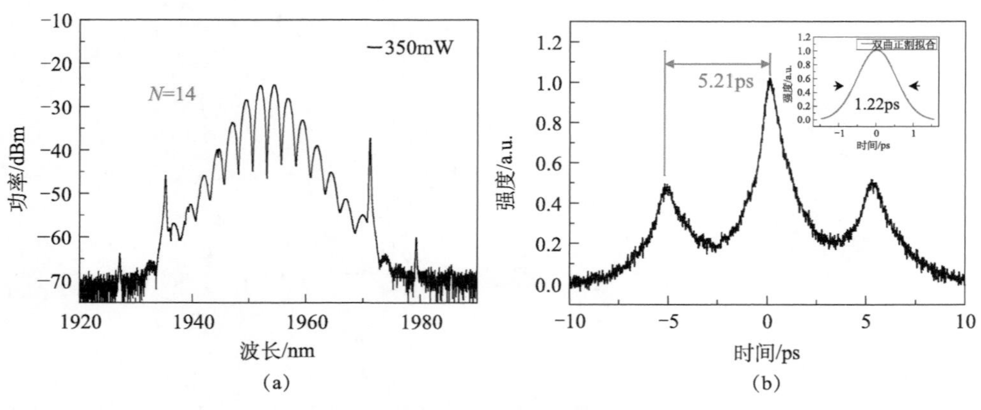

图 3.12　相位差为 π 的双脉冲孤子束缚态

（a）光谱；（b）自相关曲线

在正常色散区，束缚脉冲之间的相位差通常趋向于 π。而对于负色散区的孤子束缚态脉冲，其脉冲间的相位差可以呈现 0、π、±π/2 四种状态。实验中，泵浦功率仍固定在 350mW，通过调节偏振控制器，同样可以实现相位差为 0 的双脉冲孤子束缚态，如图 3.13 所示。从图 3.13（a）的光谱中可以看出光谱的中心波长为 1951.8nm，中心波长位置呈凸起状，并且具有最高的峰值强度，证明此时双孤子的相位差为 0。图 3.13（b）的自相关曲线证明 0 相位差的双脉冲孤子

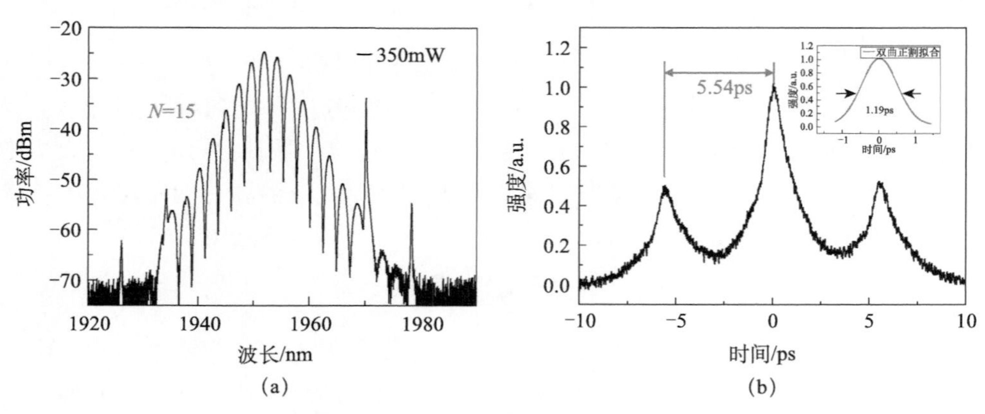

图 3.13　相位差为 0 的双脉冲孤子束缚态

（a）光谱；（b）自相关曲线

束缚态仍然具有相同的强度与脉宽，而时域脉冲间隔变为 5.54ps。研究表明，束缚态脉冲间隔由谐振腔内的能量决定，在同一种束缚态运转条件下，增加泵浦功率，脉冲间隔会随之变大。此外，光谱中调制包络的个数是由光谱的一阶边带位置和脉冲间隔共同决定的，当谐振腔色散值固定时，调制包络个数会随着脉冲间隔的增加近似线性增加。

增加泵浦功率至 365mW，实验得到了三脉冲孤子束缚态，如图 3.14 所示。三脉冲孤子束缚态的光谱仍然呈周期调制状，如图 3.14（a）所示，然而与双脉冲孤子束缚态光谱不同的是，三脉冲孤子束缚态光谱的相邻调制包络之间，存在一个强度较低的“驼峰”结构，这在三脉冲及以上的束缚态光谱中是共有现象[25]，但目前尚无完善的理论来解释这一现象。三脉冲孤子束缚态的自相关曲线如图 3.14（b）所示，峰值强度比为 1：2：3：2：1，脉冲间隔为 4.62ps，证明三脉冲间平均的强度及时域间隔。继续调节偏振控制器，在相同的泵浦功率下实现了四脉冲孤子束缚态，随着脉冲数量的增加，光谱调制包络间的“驼峰”数量增加至 2 个，如图 3.15（a）所示。然而从自相关曲线中，可以观测到一种有趣的现象，脉冲在时域上不再呈等间隔分布，相邻的脉冲间隔分别为 4.71ps，2.28ps，4.34ps。并且，从图 3.15（b）的自相关曲线可以看出，四个脉冲之间也不再具有相同的强度。这种不等间隔的四脉冲孤子束缚态并不是一个短暂的过渡状态，这种状态一旦形成，便会持续工作很长一段时间，直到被外界环境打破。这说明当孤子数量较多时，孤子间的作用力是比较复杂的，只要相互之间的作用力相平衡，束缚态就可以形成。然而当脉冲数量继续增多时，脉冲之间的相互作用过程对外界环境也更加敏感，因此想要实现多脉冲之间作用力及相位的平衡是十分困难的。实验中受益于前一部分对谐振腔的优化，能够在 2μm 全光纤激光器中观测到五脉冲孤子束缚态。图 3.16（a）中，随着脉冲数量的增加，光

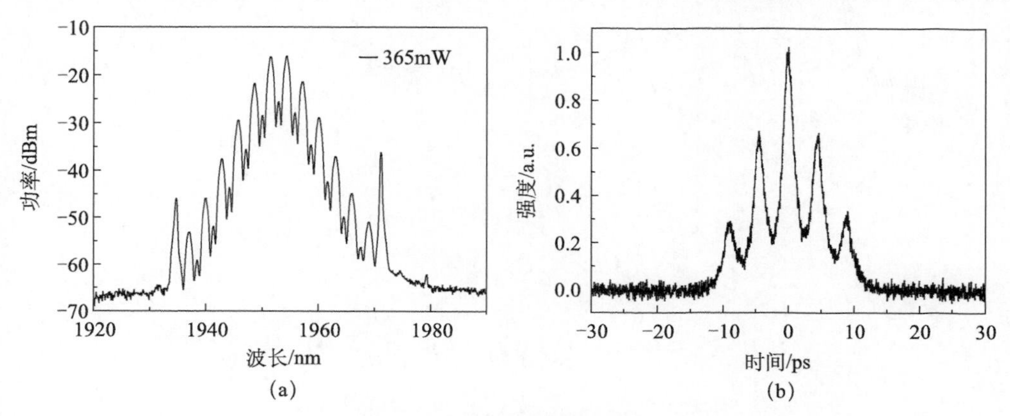

图 3.14　三脉冲孤子束缚态

（a）光谱；（b）自相关曲线

谱成分变得更加复杂，此时光谱分析仪的分辨率已不足以分辨光谱中的精细结构。但自相关曲线中各峰值的强度比仍为均匀的 1∶2∶3∶4∶5∶4∶3∶2∶1，说明 5 个孤子脉冲具有相同的强度，脉冲间隔为 5.11ps。在此实验结构中继续增加泵浦功率，谐振腔中的能量随之增大，峰值功率钳制效应导致谐振腔中脉冲数量随之增多，无法实现更多脉冲数量的孤子束缚态，此时激光器通常呈现脉冲簇、谐波锁模、混沌多脉冲等运转状态。

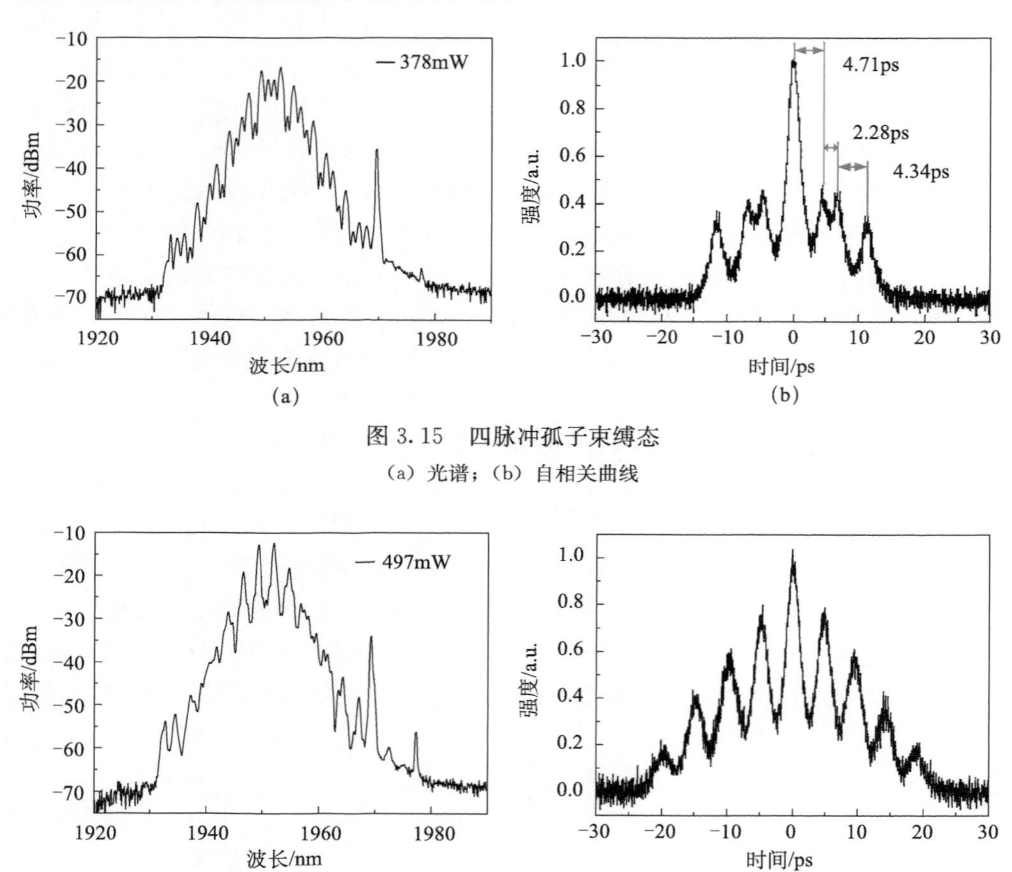

图 3.15　四脉冲孤子束缚态

(a) 光谱；(b) 自相关曲线

图 3.16　五脉冲孤子束缚态

(a) 光谱；(b) 自相关曲线

3.2　高能量飞秒锁模脉冲产生技术

脉冲的演变过程在具有不同色散特性的激光器中会有较大差异，因而可以得到多种不同类型的光脉冲。被动锁模光纤激光器腔内的色散以及非线性效应决定着超短脉冲的形成和特性。在不同色散领域，根据所得脉冲的特征不同，被动锁模光纤激光器大致可产生常规孤子[26-28]、展宽脉冲[29-32]、耗散孤子[33-35]、类噪声脉冲[36-38]等几种类型的锁模脉冲。

如 2.4 节所描述，色散具有与波长相关的特性，以单模光纤为例，随着波长向长波长方向移动，色散会增大，使大部分硅基质单模光纤在 2μm 波段具有强烈的负色散。当谐振腔由普通单模光纤和掺铥光纤组成时，谐振腔为纯负色散结构，因此一般工作在常规孤子锁模区域，如 3.1 节所实现的孤子锁模光纤激光器。尽管孤子的脉冲宽度可达飞秒量级，但根据孤子面积定理，其脉冲能量不会超过 0.1nJ[39]。这种低的脉冲能量增加了后续功率放大结构设计的困难，也限制了 2μm 锁模光纤激光器在工业加工[40]、医疗手术[41]等方面的应用。相比于常规孤子脉冲，展宽脉冲、耗散孤子、类噪声脉冲能够累积更多的非线性相移，因此可具有更高的脉冲能量。然而相比于 1.55μm 波段正负色散光纤的成熟制造工艺，受制于 2μm 波段处的单模光纤具有强烈的负色散，使 2μm 波段处的展宽脉冲、耗散孤子等的实现变得困难。因此，研究 2μm 波段处的高能量飞秒锁模脉冲的产生具有挑战性。

3.2.1　展宽脉冲

为了克服孤子锁模脉冲能量低的缺陷，得到更高能量的脉冲输出，进一步探究发现，向谐振腔引入色散管理机制会使腔内脉冲的峰值功率降低，避免了较高的非线性相移所导致的孤子分裂或脉冲塌陷现象，利用此方法将单脉冲能量提高一个数量级以上，大约为几纳焦[42]。此类型光纤激光器被称为展宽脉冲光纤激光器，也可称为色散管理孤子光纤激光器。其实质是在腔内加入色散量为正的光纤，正色散与负色散的交替出现使腔内净色散量为零或极小的负值，脉冲在腔内的传输状态不断发生变化，使锁模脉冲在腔内不断被周期性地展宽和压缩，从而脉冲能量得到提升。

展宽脉冲的产生是由于谐振腔中存在一种“呼吸”的现象，如图 3.17 所示为一个典型展宽脉冲光纤激光器结构。腔内两个不同位置的耦合器输出不同的脉

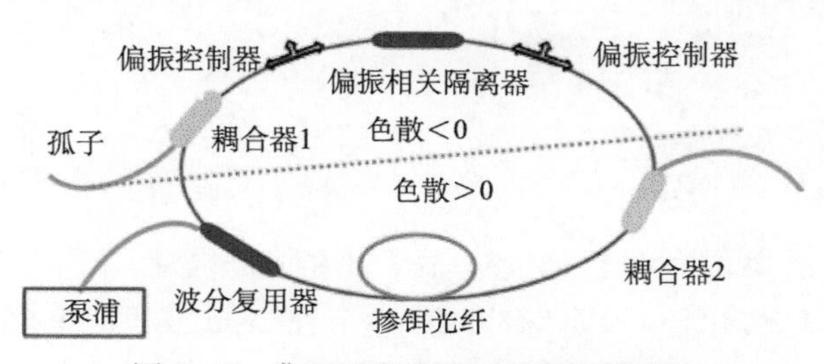

图 3.17　典型展宽脉冲光纤激光器结构

冲，从耦合器 1 处输出的脉冲，经过正色散掺铒光纤的放大，色散量达到近零色散，输出的展宽脉冲具有较大的啁啾。当脉冲从耦合器 2 输出时，经过单模光纤，进行了负色散补偿，色散量变成了负色散，此时能够输出常规孤子脉冲。图 3.18 为脉冲分别经过耦合器 1 与耦合器 2 时被展宽和压缩的具体情况，可以看到，脉宽在脉冲被展宽时变大，峰值功率降低，被压缩后脉宽变窄，峰值功率增加[38]。

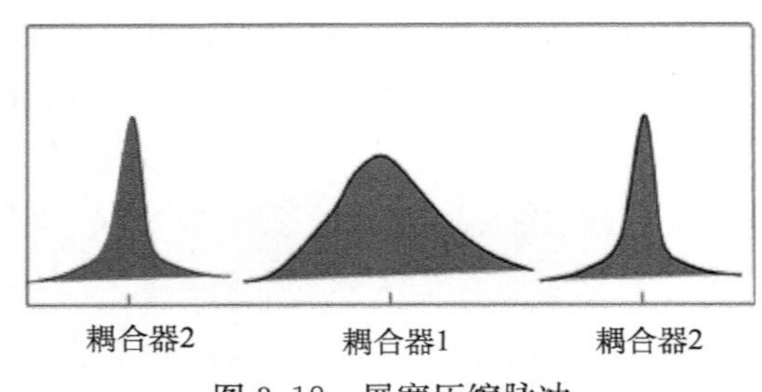

图 3.18　展宽压缩脉冲

1. *展宽脉冲的产生*

根据展宽脉冲的产生原理，选择超高数值孔径光纤 4（UHNA4）作为正色散光纤进行色散管理，为提高负色散区域的孤子脉冲能量，设计了如图 3.19 所示的展宽脉冲光纤激光器实验结构，采用弱色散管理的方法，并利用单模光纤以及 UHNA4 光纤控制谐振腔内的色散。在色散补偿部分，利用 UHNA4 光纤进行压缩[43]。

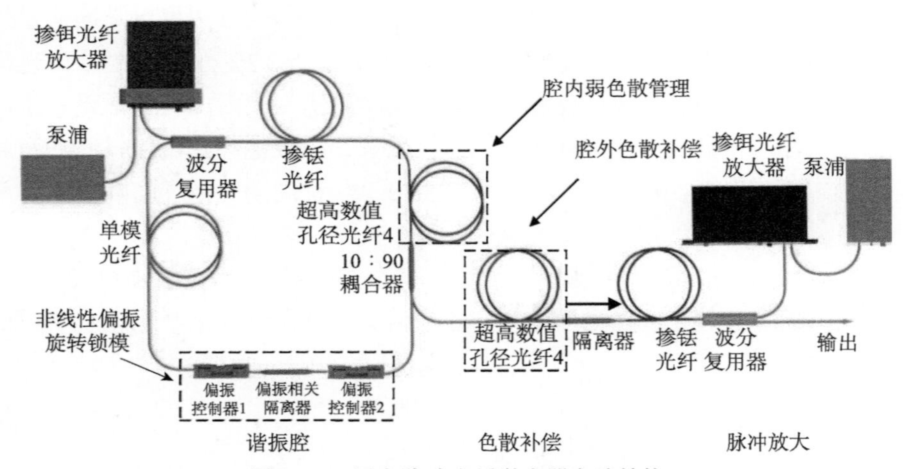

图 3.19　展宽脉冲光纤激光器实验结构

优化谐振腔结构，通过设置泵浦方式、单模光纤以及 UHNA4 光纤的位置，控制腔内色散可以实现高能量展宽脉冲的产生。在 2μm 波段，单模光纤、高掺杂掺铥光纤、UHNA4 的二阶色散分别为 $-0.085\mathrm{ps}^2/\mathrm{m}$、$-0.051\mathrm{ps}^2/\mathrm{m}$、$+0.091\mathrm{ps}^2/\mathrm{m}$。

通过逐渐增加 UHNA4 光纤的长度可以实现有效的色散管理，并获得稳定输出光谱的演化，如图 3.20 所示。最初，不使用 UHNA4 光纤可以获得具有 Kelly 边带的常规孤子，腔内的净色散为 $-0.33\mathrm{ps}^2$。随着 UHNA4 光纤长度的增加，谐振腔的净色散趋于零，Kelly 边带消失，光谱变宽，脉冲宽度变窄。当 UHNA4 光纤长度为 3.4m 时，在 $-0.0067\mathrm{ps}^2$ 的轻微负色散下，获得具有最宽光谱的展宽脉冲，但当继续将 UHNA4 光纤长度增加到 4m 时，无法获得稳定的单脉冲锁模状态。

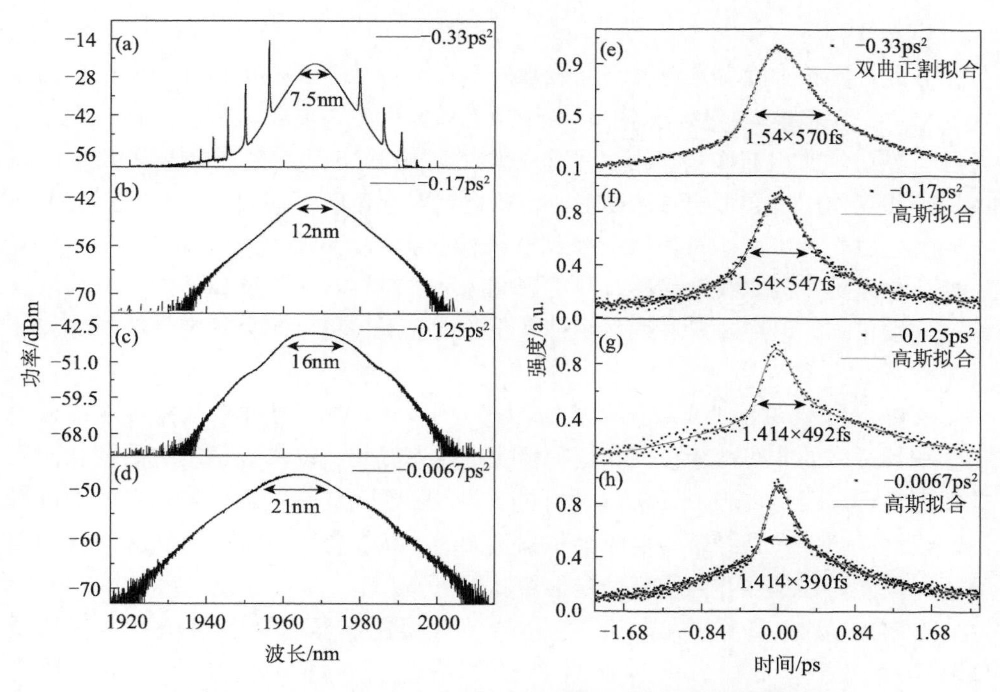

图 3.20 (a) 无和 (b) ～ (d) 有 UHNA4 光纤的输出光谱演化；(e) 无和 (f) ～ (h) 有 UHNA4 光纤的自相关迹演化

首先，UHNA4 光纤是设计在 1100～1600nm 波段范围内的光纤，其具有较大的数值孔径以及较小的纤芯直径。因此，UHNA4 光纤的零色散波长在长波长处，在 2000nm 波段表现出正色散，这也是使用超高数值孔径光纤进行色散管理的原因。然而，正因为 UHNA4 光纤具有较大的数值孔径以及较小的纤芯直径，其具有较大的非线性。根据如下公式可计算非线性参数 γ[44-46]：

$$\gamma = \frac{2\pi}{\lambda A_{\mathrm{eff}}} \tag{3.4}$$

$$n_2 \approx [2.507 + 25.25(\mathrm{NA}/n_{\mathrm{core}})^2 \times 10^{-20}\mathrm{m}^2/\mathrm{W}] \tag{3.5}$$

其中，n_2 是非线性折射系数；λ 是锁模脉冲的中心波长；A_{eff} 是有效模场面积；

NA 和 n_{core} 分别是光纤的数值孔径和纤芯折射率。对于 UHNA4 光纤，它的 NA 和 n_{core} 分别是 1.5 和 0.35，再根据公式（3.5）计算 n_2 为 $3.88\times10^{-20}m^2/W$。从公式（3.4）可以推断出非线性参数 γ 与波长 λ 及有效模场面积 A_{eff} 有关，A_{eff} 在长波长处更长。因此，随着波长 λ 和有效模场面积 A_{eff} 的增加，非线性参数 γ 将会变小[47]。但根据文献 [48]，[49]，非线性参数可由 1.1μm 时的 $35W^{-1}\cdot km^{-1}$ 降低到 1.9μm 波段时的 $5.3W^{-1}\cdot km^{-1}$，其非线性参数仍大于单模光纤在 1.9μm 波段时的 $0.9W^{-1}\cdot km^{-1}$[50]。这表明，在长波长处，UHNA4 光纤的非线性仍大于单模光纤。

因此，实验中随着具有较高非线性的 UHNA4 光纤长度的增加，腔内总的非线性增大。在锁模光纤激光器中，由于激光器的增益、损耗、腔色散和非线性以及腔边界条件的相互作用，形成了激光器的锁模状态[51]。整体平衡和效应之间的局部相互作用也会影响脉冲的形成。因此，对于色散管理腔，脉冲在正色散光纤和负色散光纤中传输时仍然会受到非线性的影响。随着腔中总非线性的增加，脉冲将积累更多的非线性相移。尽管展宽脉冲可以容忍比传统孤子大一个数量级的非线性相移，但在过渡非线性相移累积的情况下，仍可能会发生脉冲破碎和脉冲分裂[52]。

所以，当 UHNA4 光纤长度从 0m 增加到 3.4m 时，脉冲在腔内传输过程中不会积累过多的非线性相移，在这种情况下，谐振腔可以实现稳定的展宽脉冲模式锁定运行。但是，当 UHNA4 光纤的长度增加到 4m 时，由于腔内引入了过多的非线性，脉冲在光纤中传播时会积累过大的非线性相移，从而导致脉冲分裂和波裂。因此，很难在腔内实现稳定的单脉冲工作。

在腔内色散为 $-0.0067ps^2$，通过调节偏振控制器以及泵浦功率实现了展宽脉冲输出[53]。此时，谐振腔腔内的单模光纤、掺铥光纤的长度分别为 3.72m、0.18m，相对应的总腔长为 7.4m。在泵浦功率为 572mW 时，通过调节偏振控制器首先实现了中心波长在 1961nm 处的展宽脉冲。并且，随着泵浦功率的增加，其能够保持单脉冲运行状态至泵浦功率 960mW，在此之后脉冲会由于较高的泵浦功率分裂成多个脉冲。在最大泵浦功率 960mW 时，测得的展宽脉冲特征如图 3.21 所示。

图 3.21（a）为展宽脉冲的光谱，其中心波长为 1961nm，3dB 谱宽为 21.8nm。测量的输出脉冲自相关迹如图 3.21（b）所示，由于没有对激光器进行色散管理，其脉冲发生了变形的现象，大的基底表明该脉冲具有较大的啁啾。初始脉冲的半高全宽为 1.93ps，对应于高斯形状的脉冲宽度为 1.45ps。根据时间带宽积理论，计算得到的时间带宽积为 2.44，表明输出脉冲具有很强的啁啾。如图 3.21（b）红色曲线所示，用 5.2m 的 UHNA4 光纤后置于谐振腔可以对输

出脉冲进行去啁啾，去啁啾脉冲的脉冲持续时间为389fs。去啁啾脉冲的时间带宽积为0.654，接近变换极限值0.441。如图3.21（c）所示，输出脉冲序列可由实时示波器记录以表示单脉冲运行。相邻脉冲的间隔约为36.5ns，对应于7.4m腔长。基本射频频谱如图3.21（d）所示，信噪比大于53dB。结果表明，脉冲串的重复频率为27.35MHz，与腔长一致。图3.21（d）中插图显示了跨度范围600MHz、分辨率1.5kHz的大跨度射频频谱。在宽的射频频谱中没有调制，表明激光器工作在稳定的锁模区域。

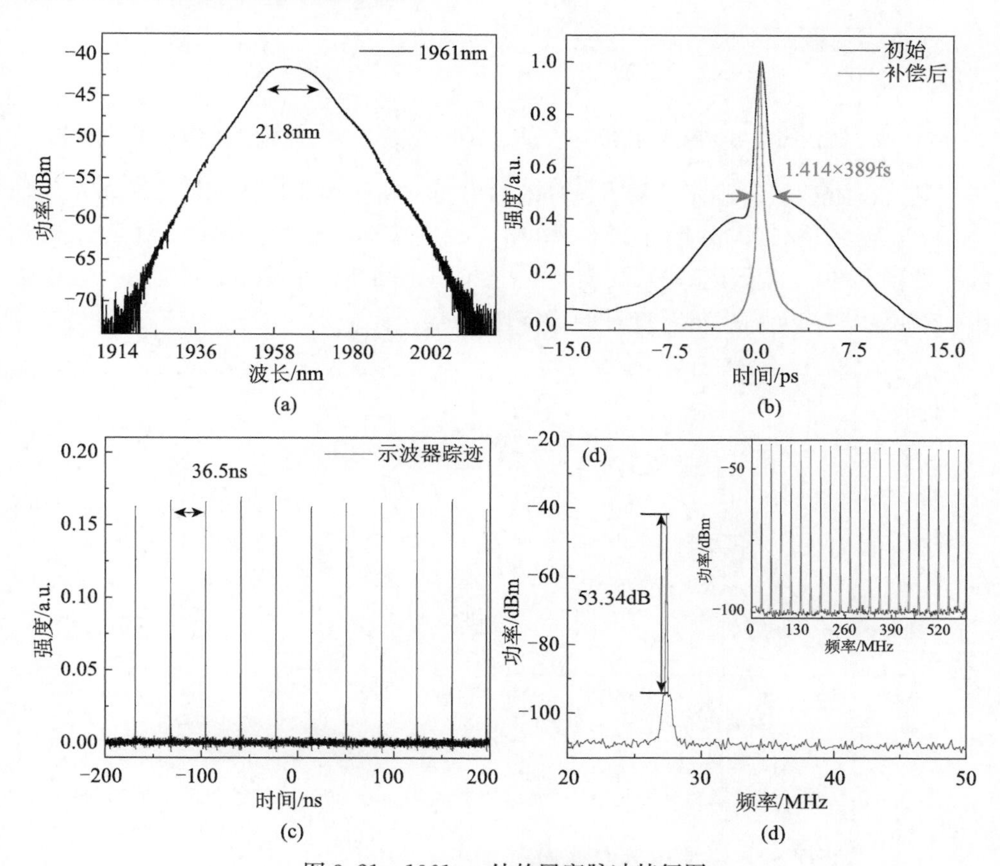

图3.21　1961nm处的展宽脉冲特征图

（a）光谱；（b）初始脉冲（黑色曲线）和压缩后脉冲（红色曲线）的自相关迹；（c）基本示波器轨迹；（d）50MHz范围内的基本射频频谱，150Hz分辨率带宽（插图：600MHz范围，1.5kHz分辨率带宽）

为了更好地研究展宽脉冲锁模光纤激光器的输出脉冲特性，实验记录了其锁模脉冲随泵浦功率变化的关系。首先，光谱随泵浦功率增加的变化如图3.22所示。从图中可以看到，光谱随泵浦功率的增加基本无变化，中心波长和3dB谱宽有微小增加，分别从1961.54nm增加到1961.87nm和从20.67nm增加到21.8nm。

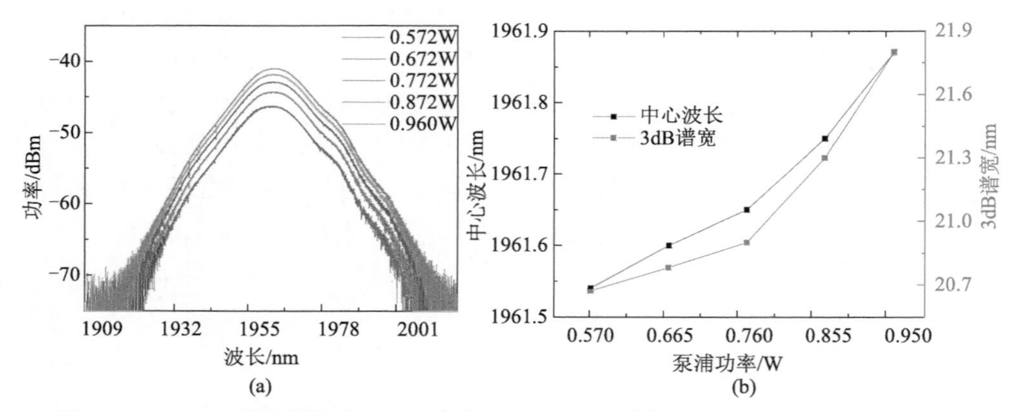

图 3.22　1961nm 处展宽脉冲的（a）光谱以及（b）3dB 谱宽和中心波长随泵浦功率的变化

其次，如图 3.23 所示，展宽脉冲的输出功率和脉冲能量分别从 2.54mW 增加到 5.72mW 和从 0.093nJ 增加到 0.209nJ，并且基本呈线性变化。为了测试展宽脉冲的稳定性，记录了其在 1h 内的光谱和输出功率。如图 3.24 所示，可以看出，输出功率与光谱均具有良好的稳定性。

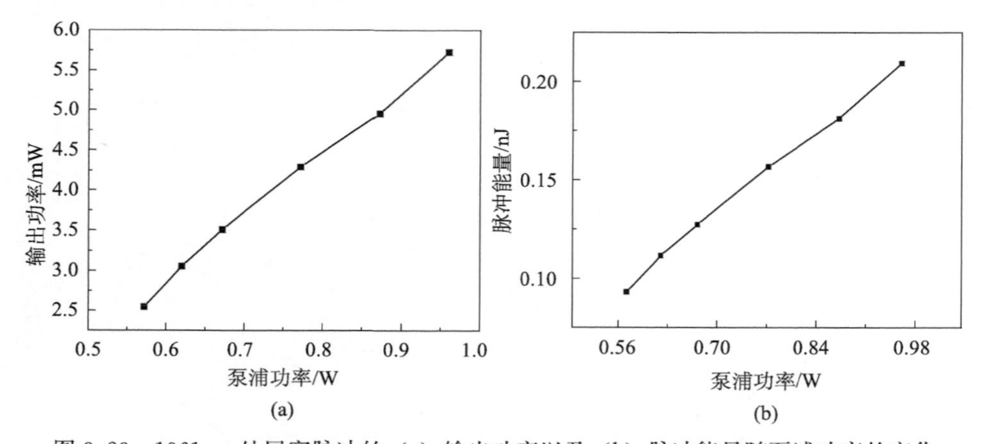

图 3.23　1961nm 处展宽脉冲的（a）输出功率以及（b）脉冲能量随泵浦功率的变化

2. *展宽脉冲波长的可切换和可调谐*

掺铥光纤在 2μm 波段具有超宽的增益带宽，通常其增益范围可达到 1750～2200nm，因此掺铥光纤激光器在实现 2μm 波段可调谐激光输出方面具有明显的优势。对于一个全光纤结构激光器来说，在谐振腔内无附加滤波机制或主动损耗调节机制的条件下，其输出激光的中心波长由谐振腔内光场的透射谱特性决定，在透射谱强度较高处更容易产生单波长或多波长激光振荡。控制谐振腔内的损耗和增益的平衡，是实现锁模激光脉冲光谱切换和调谐的一个有效的方法[54]，这在 1.55μm 波段掺铒锁模光纤激光器中是十分有效的。而受限于 2μm 波段常规单

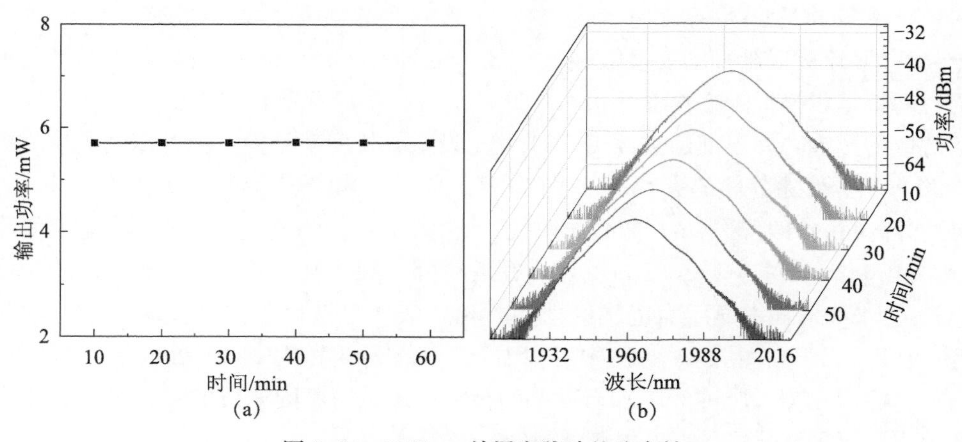

图 3.24　1961nm 处展宽脉冲的稳定性

(a) 输出功率；(b) 光谱；每隔 10min 记录一次，共 1h

模光纤较大的传输损耗和该波段可调谐衰减机制的相对不成熟，采用该方法实现 2μm 调谐锁模激光输出存在着较大的工艺难题。对于连续输出的光纤激光器，通过在腔内引入可调谐滤波器，如马赫-曾德尔滤波器、法布里-珀罗滤波器、多模干涉滤波器等，可以实现稳定的可调谐单波长或多波长激光输出，相关的 2μm 波段连续输出可切换和可调谐光纤激光器也已经被关注并报道[55-57]。对于全光纤结构的锁模激光器，额外的腔内滤波效应会限制谐振腔中的纵模数量，从而增大其自启动的难度，而过窄的滤波带宽甚至无法形成稳定的模式锁定，因此控制光纤谐振腔内的滤波效应是实现 2μm 波段宽带可调谐锁模脉冲输出的关键。

对于一个 NPR 结构的锁模光纤激光结构，NPR 机制的引入造成了谐振腔内的滤波效应，从而实现波长的可切换和可调谐，这在 1.55μm 波段掺铒锁模光纤激光器结构中已经被理论和实验证实[58]。基于上述原理，在实现 1961nm 处的展宽脉冲后，通过调节泵浦功率以及偏振控制器可以实现波长 1961～1980nm 的可调谐。在泵浦功率为 727mW 时，实现了 1980nm 处的展宽脉冲。在保持单脉冲工作的情况下，泵浦功率可进一步增加到 950mW。当泵功率为 950mW 时，展宽脉冲的输出光谱如图 3.25（a）所示，光谱中心波长 1980nm，3dB 带宽 19.5nm。同样，如图 3.25（b）所示，由于没有对激光器进行色散管理，其脉冲发生了变形的现象，大的基底表明该脉冲具有较大的啁啾。初始脉冲的半高全宽为 1.74ps，如果采用高斯形状拟合，则脉冲持续时间估计为 1.23ps。初始脉冲的时间带宽积计算为 1.86，同样表明输出脉冲具有大的啁啾。由于色散是与波长相关的，因此在 1980nm 处的光纤色散与 1961nm 处的光纤色散不同，需要重新考虑 UHNA4 光纤的长度。采用回切的方法，在 UHNA4 光纤长度为 5.6m 时，脉冲被压缩到最窄脉宽处。如图 3.25（b）的红色曲线所示，通过高斯拟合后，显示去啁啾脉冲的脉冲持续时间为 371fs。经过色散补偿后，时间带宽积计算为 0.549，接近高斯脉冲的变换极限值。虽然在 1961nm 和 1980nm 波段的展宽脉冲的时间带宽积接近于变换极限值，但脉冲仍有很小的啁啾，这是受光纤中高阶色散效应的影响，并不能通过改变 UHNA4 光纤的长度来补偿，但可以利用体光栅元件进一步消除脉冲的啁啾[30]。图 3.25（c）为基频模式下的时域波形，脉冲到脉冲分离间隔约为 36.4ns，与腔长一致。图 3.25（d）为频谱，表明基本重复频率为 27.37MHz，对应于 36.4ns 的腔内往返时间。展宽脉冲在 1980nm 附近的信噪比超过 52dB。插图显示大范围的射频频谱，表明该波段处的展宽脉冲的稳定运行。从图 3.21 和图 3.25 对比中可以看出，1980nm 和 1961nm 处的展宽脉冲的谱宽、脉冲宽度、脉冲间隔均有微小的差异，这是由不同波段的光在环形腔中传播的光程不同而造成的。

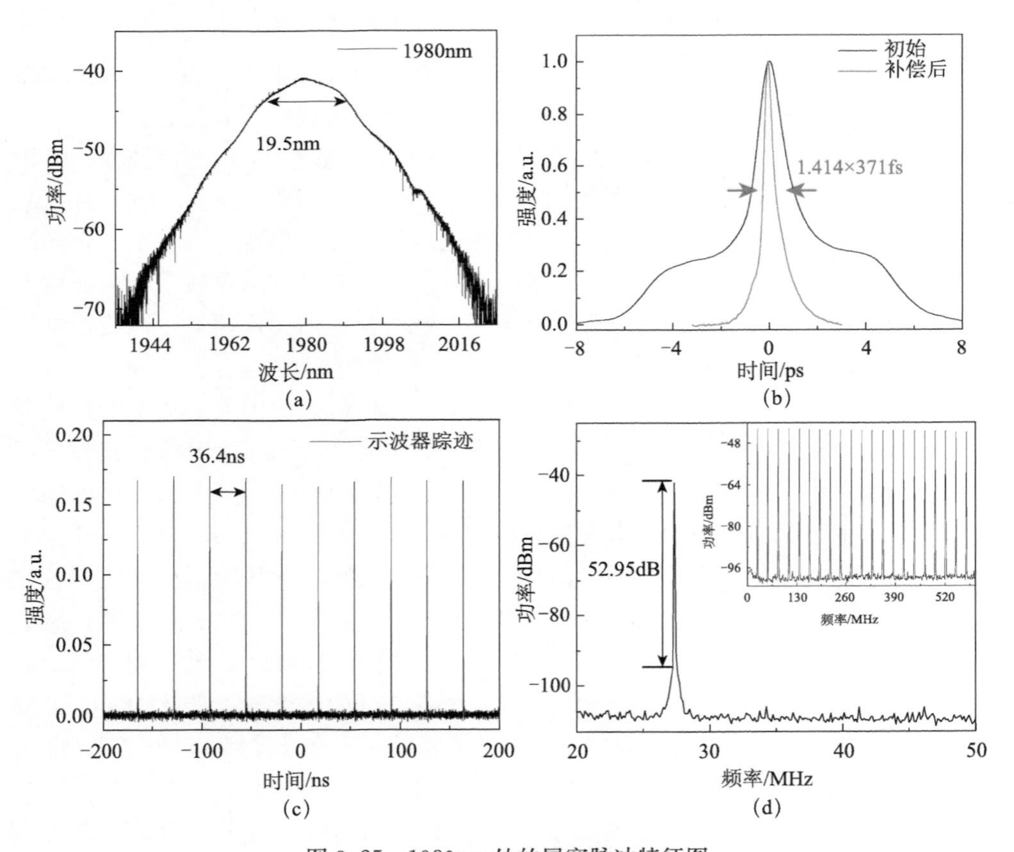

图 3.25　1980nm 处的展宽脉冲特征图

(a) 光谱；(b) 初始脉冲（黑色曲线）和压缩后脉冲（红色曲线）的自相关迹；(c) 基本示波器轨迹；(d) 50MHz 范围内的基本射频频谱，150Hz 分辨率带宽（插图：600MHz 范围，1.5kHz 分辨率带宽）

同样，研究其光谱、输出功率和脉冲能量随泵浦功率变化的关系，得到的实验结果如图 3.26 和图 3.27 所示。从图中可以看到，3dB 谱宽和中心波长分别在 1979.2～1980nm 和 19.5～19.7nm 波动，表明其基本无变化。展宽脉冲的输出功率和脉冲能量分别从 2.25mW 增加到 4.2mW 和从 0.08nJ 增加到 0.154nJ，并且基本呈线性变化。

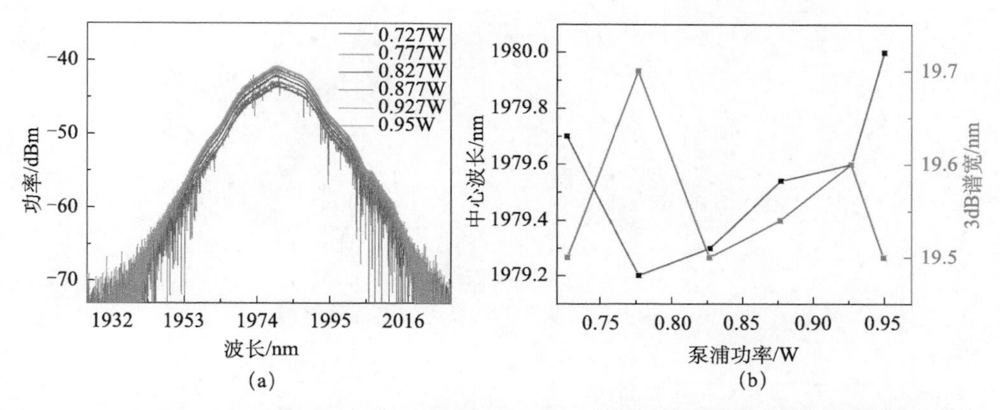

图 3.26 1980nm 处展宽脉冲的（a）光谱以及（b）3dB 谱宽和中心波长随泵浦功率的变化

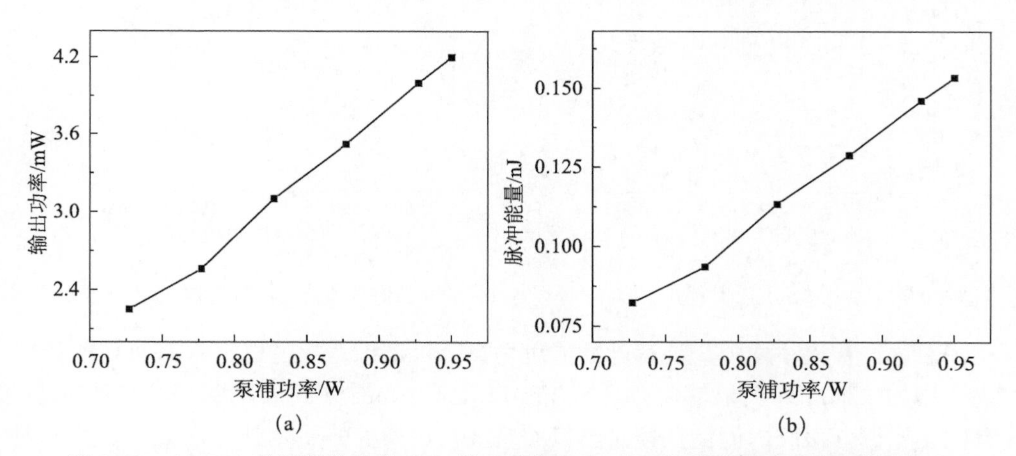

图 3.27 1980nm 处展宽脉冲的（a）输出功率以及（b）脉冲能量随泵浦功率的变化

在实现 1961nm 和 1980nm 处的展宽脉冲后，通过调节偏振控制器，可以分别实现波长的可调谐。如图 3.28 所示，在一定泵浦功率条件下，波长可从 1957nm 调谐到 1965nm 以及从 1979nm 调谐到 1984nm，调谐范围分别是 8nm 和 5nm。并且，如图 3.29（a）和（b）所示，其谱宽随中心波长的变化基本无变化。但其输出功率随着波长红移会逐渐降低，这是由掺铥光纤的增益在长波长方向呈降低趋势造成的。

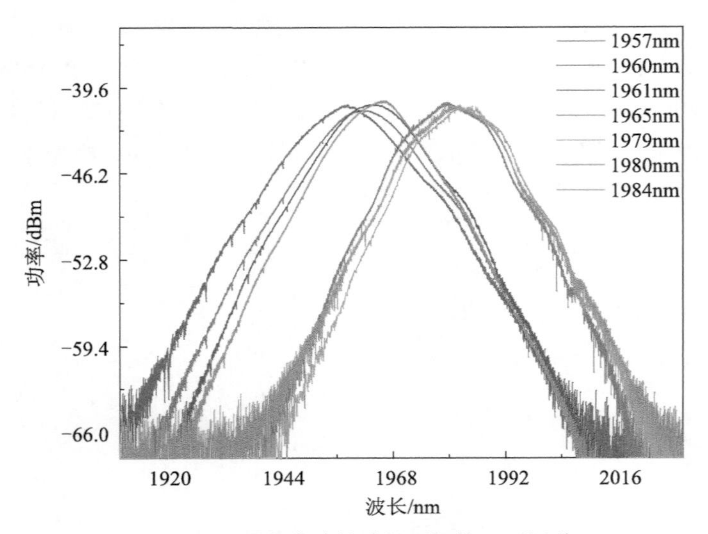

图 3.28　展宽脉冲的波长可切换、可调谐

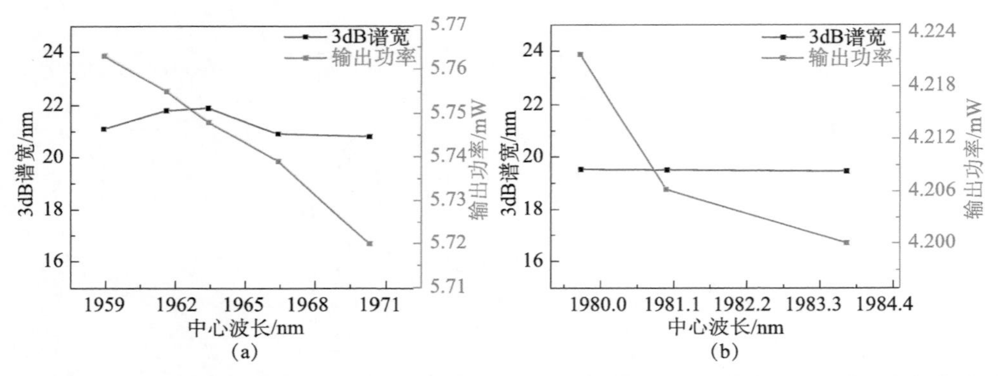

图 3.29　(a) 1961nm 处和 (b) 1980nm 处展宽脉冲的 3dB 谱宽和输出功率随中心波长变化关系

总之，在该结构中，展宽脉冲的可切换、可调谐是通过以下步骤实现的：首先，增加泵浦功率到能够实现 1961nm 以及 1980nm 处的展宽脉冲的泵浦功率，其次，粗调谐振腔内的偏振控制器以实现波长可切换的展宽脉冲，最后，在实现锁模后，精调偏振控制器以实现波长可调谐的展宽脉冲。并且，这种可切换、可调谐能力具有可逆性，该现象可以用基于 NPR 的双折射滤波效应来解释。具有切换和调谐特性的锁模光纤激光器的设计可描述为图 3.30 (a) 所示的简单模型，NPR 诱导双折射滤波模型的传输函数可表示为[57,59]

$$T=\cos^2\theta_1\cos^2\theta_2+\sin^2\theta_1\sin^2\theta_2+\frac{1}{2}\sin(2\theta_1)\sin(2\theta_2)\cos(\Delta\varphi_L+\Delta\varphi_{NL}) \tag{3.6}$$

其中，θ_1 和 θ_2 分别表示偏振控制器 1 和偏振控制器 2 的偏振方向与谐振腔的快

轴之间的角度；$\Delta\varphi_{\mathrm{L}}=2\pi L(n_x-n_y)/\lambda$ 和 $\Delta\varphi_{\mathrm{NL}}=2\pi n_2 PL\cos(2\theta_1)/\lambda A_{\mathrm{eff}}$ 分别表示线形和非线形腔相位延迟。这里，L 是光纤长度，$|n_x-n_y|=B_m$ 是模态双折射的强度，n_x 和 n_y 分别是光纤的快轴和慢轴的折射率，P 为输入信号的瞬时功率，n_2 为非线性折射率，λ 为工作波长，A_{eff}为有效模面积。

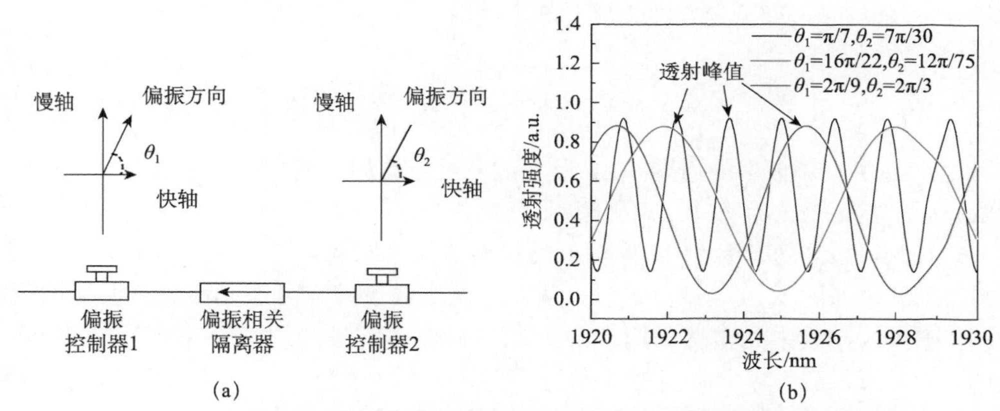

图 3.30　(a) 基于 NPR 的可切换和可调谐波长锁模掺铥光纤激光器的描述模型；(b) 计算不同角度 θ_1 和 θ_2 下的不同强度的透射峰的光谱间距和强度

从公式（3.6）可以推断，NPR 诱导双折射滤波器的透射函数 T 可以随波长周期性地变化。通道间距和透射峰强度与腔双折射有关。实验中，通过旋转和挤压偏振控制器可以产生强双折射。利用 MATLAB 软件仿真 NPR 的透射曲线，结果如图 3.30（b）所示，三条曲线的参数分别为 $\theta_1=\pi/7$ 和 $\theta_2=7\pi/30$（黑线），$\theta_1=16\pi/22$ 和 $\theta_2=12\pi/75$（红线），$\theta_1=2\pi/9$ 和 $\theta_2=2\pi/3$（蓝线）。从图 3.30（b）可以看出，透射峰的通道间距和强度可以随着角度的不同而改变，这是通过旋转和挤压偏振控制器来实现的。此外，光纤弯曲和腔内引入高掺杂光纤可以进一步增强腔内双折射。因此，通过调节偏振控制器，可以改变双折射滤波器的光谱间距和透射峰强度，将腔的净增益从均匀变为非均匀。然后，在锁模光纤激光器中通过旋转和挤压偏振控制器实现 1961～1980nm 的切换操作，并且通过微调偏振控制器可以实现波长的可调谐。然而，无论如何调节偏振控制器以及泵浦功率，均无法实现波长从 1966nm 调谐到 1979nm，这是由在 1966～1979nm 波段范围内谐振腔腔内的增益与腔内的损耗并不能达到平衡造成的。

3. 高能量飞秒展宽脉冲的束缚态

在实现 1980nm 处展宽脉冲的基础上，增加泵浦功率至其能保持单脉冲运行状态后，继续增加泵浦功率，单脉冲会分裂成多脉冲。在多脉冲运行状态时，通过调节偏振控制器可以实现谐波脉冲、束缚态脉冲等不同类型的多脉冲状态。研究这种特殊多脉冲形式有助于丰富 2μm 波段孤子动力学的特征，并且可以将其应用于通信、工业加工等领域。在这个实验中，通过调节泵浦功率以及偏振控制器可以实现束缚态脉冲。束缚态脉冲是多个孤子之间的相互作用形成的，其在光谱上表现出调制的现象，光谱的调制周期可由公式（3.7）计算。在自相关迹上出现多个干涉峰，并表现出规律性的特点，其光谱调制周期与脉冲分离满足公式(3.8)，能够长时间稳定存在，因此其可以用于高速通信、编码等领域。

$$\Delta\nu = \Delta\lambda \frac{c}{\lambda^2} \tag{3.7}$$

$$\Delta\nu = 1/\Delta\tau \tag{3.8}$$

其中，$\Delta\nu$ 为调制频率的周期；$\Delta\lambda$ 为光谱上对应的调制周期；λ 为光谱的中心波长；c 为光速；$\Delta\tau$ 为脉冲分离间距。

首先，泵浦功率为 990mW 时，通过调节偏振控制器，实现了两个孤子的束缚态形式。如图 3.31（a）和（b）所示，两个孤子的束缚态光谱具有明显的调制光谱条纹，其中光谱调制周期约为 2.08nm，中心波长为 1981nm，利用公式(3.7）计算得到频域上的调制周期为 159GHz。如图 3.31（c）所示，两个孤子的束缚状态可以由与单脉冲运行时的不同的自相关迹进一步验证。束缚态的脉冲间隔为 6.21ps，其与调制周期满足公式（3.8），表明所获得的多脉冲为束缚态脉冲。假设为高斯形状的自相关迹，则其脉冲持续时间为 530fs。由于脉冲间隔约为脉冲持续时间的 11.7 倍（大于 5 倍），所以束缚态可视为松散型束缚态孤子，这与在其他光纤激光器中观察到的两个孤子的松散束缚态一致。由于脉冲间隔是脉冲宽度的 10 倍以上，孤子间的直接相互作用力变弱，孤子与孤子之间的长程相互作用力对形成松散束缚态脉冲起着至关重要的作用[60,61]。

在相同的泵浦功率下，通过调整偏振控制器，可以观察到三个脉冲的束缚状态，如图 3.31（d）和图 3.31（e）所示。光谱在主条纹之间呈现出细小的驼峰结构。相邻最大峰和次最大峰的波长差分别为 2.04nm 和 2.04nm，同样可以计算得到频域上所对应的调制周期为 155.8GHz，对应于图 3.31（f）中的 6.53ps 和 6.47ps 的脉冲分离。采用高斯函数拟合后，束缚态的脉冲宽度为 523fs，脉冲间隔分别是其 12.7 倍和 12.5 倍。因此，可以认为它是三个孤子形成的松散束缚态。

这个实验中，束缚态脉冲的光谱和自相关迹有其自身的特点。可以明显看到自相关迹中的峰尾形状是变形的，如图 3.31（c）和（f）所示，以 0.1ps 的分辨率测量具有两个脉冲和三个脉冲的束缚态的半高全宽。然而，根据实验经验，当自相关仪器的分辨率至少为半高全宽的 1/10 时，自相关仪器可以准确地检测出自相关迹的形状。因此，应该使用分辨率为 10fs 的自相关仪器。但自相关仪器的分辨率越高，对输入脉冲的输入功率要求就越高。掺铥光纤放大器的输出功率低于自相关仪器 10fs 分辨率所要求的输入功率，因此在 10fs 分辨率下无法检测到自相关迹。此外，光纤中的三阶色散也会影响峰尾的形状。为解决峰尾变形的问题，可以采用高斯拟合的方法，如图 3.31（c）和（f）的红色曲线，拟合后的自相关迹接近于标准束缚态所具有的自相关迹[60,62,63]。

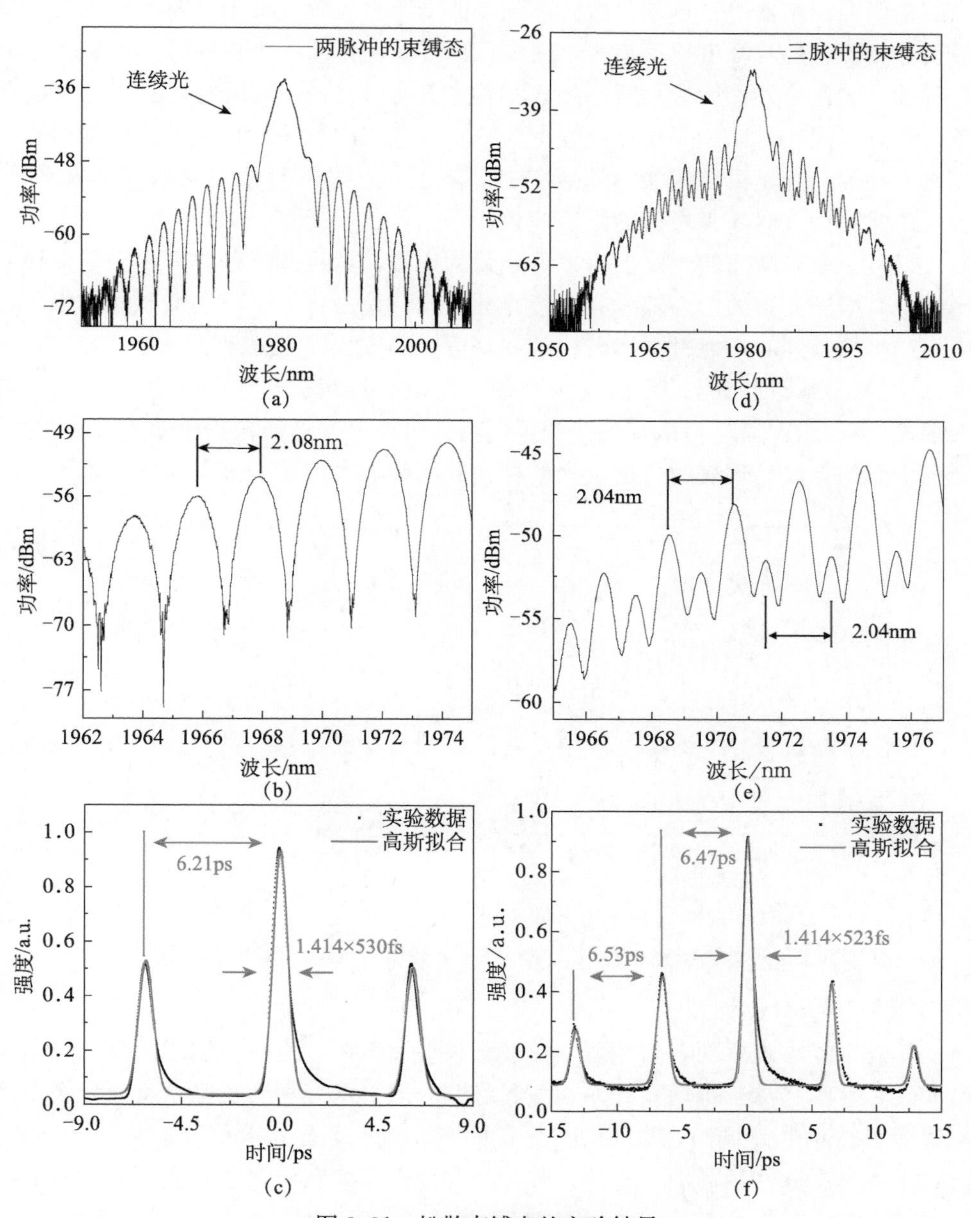

图 3.31　松散束缚态的实验结果

（a）两个孤子的松散型束缚态的光谱；（b）放大比例细节的光谱；（c）自相关迹；（d）三个孤子的松散型束缚态的光谱；（e）放大比例细节的光谱；（f）自相关迹

另外，自相关迹的峰峰值比并不是标准松散型束缚态的 1∶2∶3∶2∶1，这可能是由束缚态内束缚脉冲的不等振幅或输入脉冲的不同偏振态引起的。为此，在自相关仪器前增加一个紧凑型偏振控制器来控制输出脉冲的偏振状态。然而，当调整偏振控制器时，自相关迹的总强度改变而自相关迹的形状不变。因此，这说明自相关迹的峰峰值比不是 1∶2∶3∶2∶1 是由束缚态中束缚脉冲的振幅不相等所致。除此之外，所有束缚态的自相关迹都有轻微的不对称性，这与标准的松散束缚态不同，可以归因于连续光存在的不可忽略的影响。自相关迹中的边峰强度也不相等，这是由自相关仪器所固有缺陷引起的，从自相关的解析函数来看，当延迟时间为 0 时，其峰值的强度应该相等。

最后，在束缚态的光谱上可以看到强的中心峰，且调制条纹并没有覆盖整个光谱。束缚态光谱的中心部分是连续光分量，它是由背景噪声在高泵浦功率下放大而产生的。同时，通过微调偏振控制器可以降低连续光分量的强度。当得到三个脉冲的松散束缚态时，可以看到光谱中出现强连续波，如图 3.31（d）所示。如图 3.32 所示，通过稍微调整偏振控制器，可以显著降低光谱中的连续光强度，光谱中心的条纹出现表明，连续光的存在并不影响束缚态光谱中的光谱条纹。

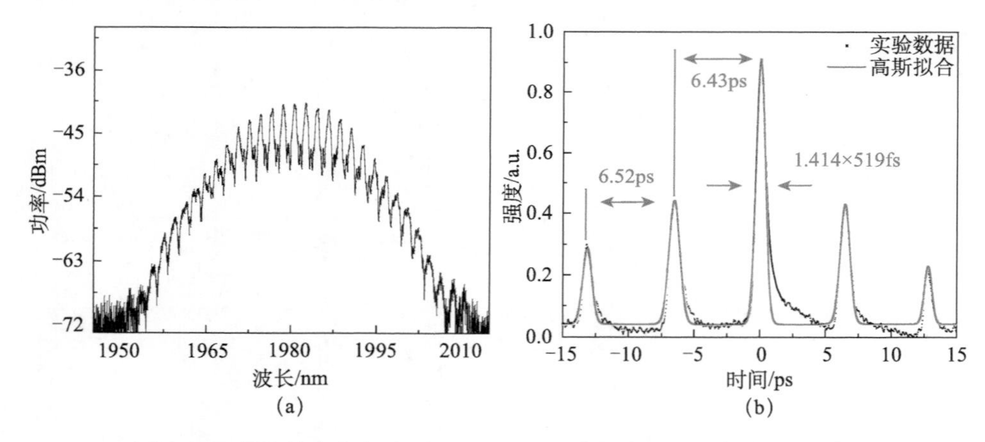

图 3.32　弱连续光存在时，三个孤子的松散型束缚态脉冲的实验结果

（a）光谱；（b）自相关迹

实验中能够观察到不同类型的松散型束缚态脉冲，是由于使用具有高增益系数和短长度的高掺杂掺铥光纤作为激光增益介质，这有利于在基本重复频率下产生束缚态脉冲[64]。同时，UHNA4 光纤的高非线性系数也会增加腔内的非线性，有利于束缚态脉冲的形成。此外，脉冲的周期性压缩和展宽会导致色散管理腔中脉冲的重叠，从而增强脉冲间的相互作用力[65]。因此，在合适的腔偏振态下，可以观察到两个孤子和三个孤子的松散型束缚态。

3.2.2 耗散孤子脉冲

耗散孤子的形成是由腔内的增益与损耗，色散与非线性的综合性平衡导致的，因此具有更高的脉冲能量。目前，在全正色散或正色散区域实现了耗散孤子脉冲输出[38]。耗散孤子的形成通常需要向谐振腔中插入滤波器来平衡脉冲光谱的展宽，滤波器及其带宽会对激光器输出脉冲的性能产生一定影响。对于不需要加入带通滤波器依然可以实现锁模的正色散光纤激光器，可以将激光腔内所固有的双折射效应以及有限的增益带宽作为窄带滤波器。耗散孤子的稳定传播不仅取决于非线性和色散之间的平衡，还取决于激光腔内的增益和损耗。耗散孤子具有高的稳定性，因此应用范围相对较广。耗散孤子的脉冲具有较大的啁啾特性，峰值功率相对较低，宽度范围为几到几百皮秒，相比于其他类型的孤子，耗散孤子的脉冲能量提升了一到两个数量级。大的啁啾可以在腔外进行去啁啾，得到近傅里叶变换极限的脉冲。耗散孤子的光谱具有两个陡峭的边沿，可以根据这一典型特征来判断激光器输出的脉冲是否为耗散孤子[66]。

为了实现2μm波段的耗散孤子脉冲，可以在实现展宽脉冲的基础上继续增加UHNA4光纤补偿腔内色散至正色散区域。当采用4m的UHNA4光纤时，无法形成单脉冲锁模。因此，需要通过优化单模光纤以及UHNA4光纤的长度，进而实现耗散孤子输出，此时腔内高掺杂的掺铥光纤长度不变，单模光纤以及UHNA4光纤长度分别为3.65m以及4.17m。相对应的总腔长为8m，腔内色散为0.06ps^2。在泵浦功率为510mW时，通过调节腔内偏振态实现了耗散孤子脉冲输出，如图3.33所示。图3.33（a）为光谱，光谱上具有陡峭的光谱边缘，中心波长为1952.7nm，3dB谱宽达50.14nm。图3.33（b）为未使用UHNA4光纤补偿腔外色散时的自相关图，可以看出其具有高斯型的自相关迹。从其光谱以及自相关迹可以看出，该锁模脉冲为典型的耗散孤子脉冲。其自相关迹的半高全宽为22.6ps，采用高斯型函数拟合时，其脉冲持续时间为16ps。经计算得到其时间带宽积为86.92，远大于高斯型脉冲的极限时间带宽积的0.441，因此需要压缩。由于耗散孤子存在于正色散区域，可在腔外使用单模光纤压缩，通过增加单模光纤长度可将耗散孤子压缩至355fs，如图3.33（c）所示。经压缩后，脉冲的时间带宽积为1.36，仍大于0.441，表明该脉冲仍具有压缩空间。图3.33（d）为时域波形图，两相邻脉冲间距为40.1ns，与腔长相对应。图3.34为频谱，具有250Hz分辨率带宽的50MHz跨度的射频频谱，重频为25MHz，与脉冲间隔相对应。信噪比大于60dB，插图为600MHz范围内的射频频谱，分辨率为1.5kHz，频谱范围内无调制现象，表明该脉冲具有良好的稳定性。

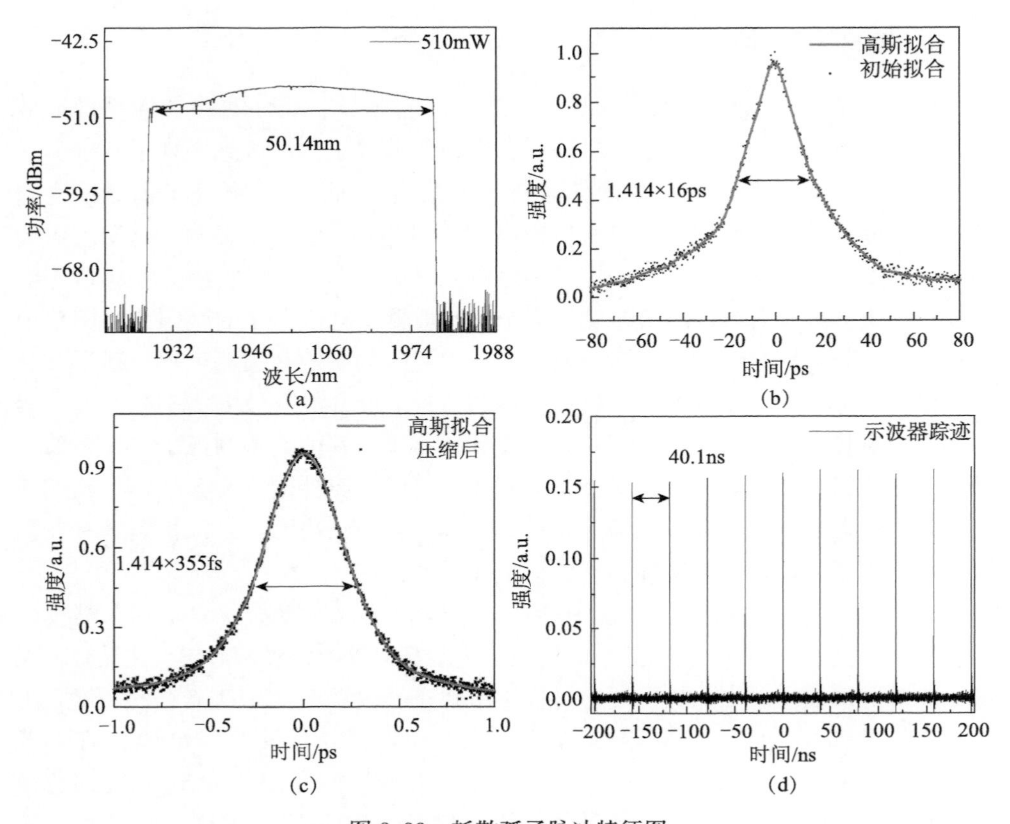

图 3.33　耗散孤子脉冲特征图

(a) 光谱；(b) 压缩前自相关图；(c) 压缩后自相关图；(d) 时域波形

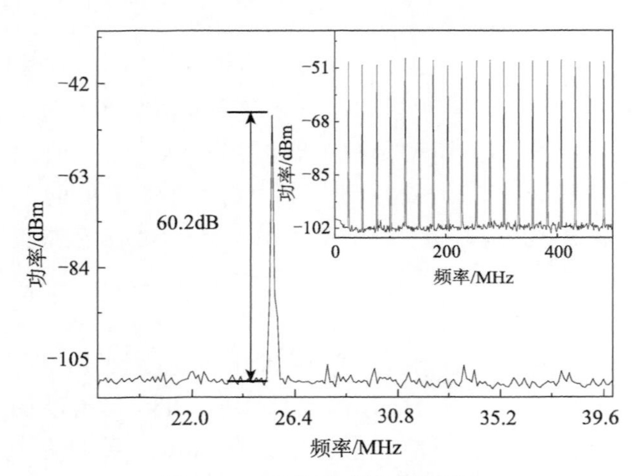

图 3.34　耗散孤子脉冲的频谱

范围为 50MHz 和 250Hz 分辨率带宽的基频射频频谱；插图：具有 600MHz 范围和 1.5kHz 分辨率带宽的射频频谱

在实现耗散孤子脉冲锁模后，研究其光谱随泵浦功率变化的关系，如图 3.35（a）和（b）所示。当泵浦功率增加至 540mW 时，由于谐振腔内背景噪声的放大以及较弱的光谱滤波机制，光谱上会有连续光成分出现，随着泵浦功率的增加，连续光的成分逐渐增加。当从泵浦功率为 650mW 继续增加泵浦功率时，脉冲变得不稳定并最终发生失锁现象。在保持单脉冲运行的情况下，其中心波长以及 3dB 谱宽有轻微的增加，分别从 1952.5nm 增加到 1953.8nm 和从 50.14nm 增加到 52.8nm。

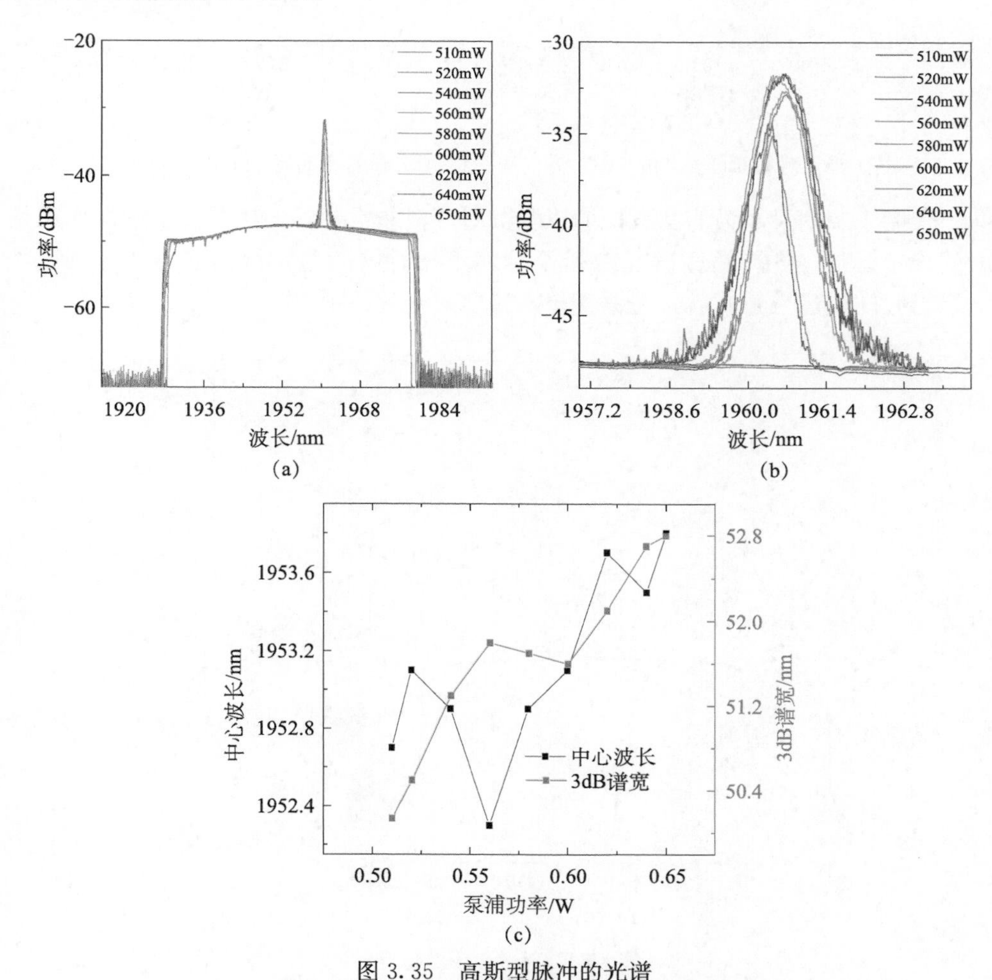

图 3.35　高斯型脉冲的光谱

（a）放大后的光谱；（b）3dB 谱宽和中心波长；（c）随泵浦功率的变化

进一步，研究耗散孤子的输出功率、脉冲能量随泵浦功率的变化。如图 3.36（a）和（b）所示，耗散孤子脉冲的输出功率和脉冲能量分别从 13.1mW 增加到 15.2mW 和从 0.54nJ 增加到 0.608nJ，并且基本呈线性变化。

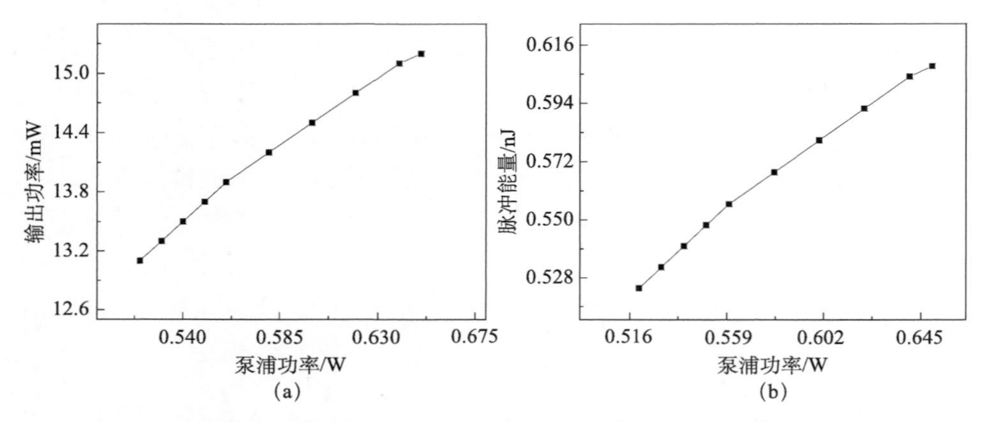

图 3.36　耗散孤子脉冲的（a）输出功率和（b）脉冲能量随泵浦功率的变化

受制于腔内没有强的滤波机制以及其对环境非常敏感，耗散孤子脉冲不能长时间稳定运行，仅能够测试耗散孤子脉冲半小时内的稳定性，如图 3.37 所示。当运行时间超过半小时后，光谱变得不稳定，导致失锁。

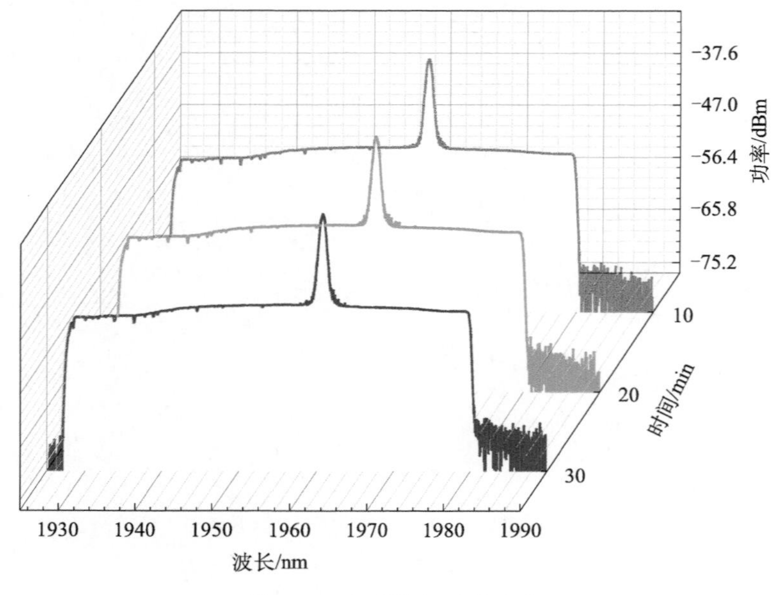

图 3.37　耗散孤子的稳定性

3.2.3　类噪声脉冲

类噪声锁模属于一种特殊的被动锁模状态。类噪声锁模光纤激光器在负色散领域与正色散领域都可以实现，但是类噪声脉冲在不同色散领域内的产生机制却不相同。在低双折射负色散激光腔中产生，是由孤子的坍塌效应所导致的。在正色散区域内，产生类噪声脉冲的机制是由光纤正色散与各种类型的被动锁模技术所形成的峰值功率钳制效应共同导致的。除此之外，激光腔内的偏振效应，拉曼效应对促进类噪声脉冲在长腔以及高峰值功率的光纤激光器中的形成具有非常重要的作用。近几年，类噪声脉冲具有脉冲能量大、脉冲包络稳定、峰值功率小等特点，被广泛应用[36]。

类噪声可以在强泵浦功率或高增益条件下产生，典型特征是自相关曲线为一个宽阔平坦的基座上顶部存在一个窄的相干尖峰。因为类噪声脉冲存在许多随机的小脉冲，但是整个脉冲包络并没有走离。如图 3.38（a）和（b）分别为类噪声脉冲的典型光谱以及自相关曲线。在类噪声锁模中，由一束短脉冲通过孤子裂变效应和腔内正反馈形成皮秒到纳秒脉冲包络。相比于其他锁模形式，类噪声锁模可实现非常高的脉冲能量，并具有低相干性和较大的脉宽。

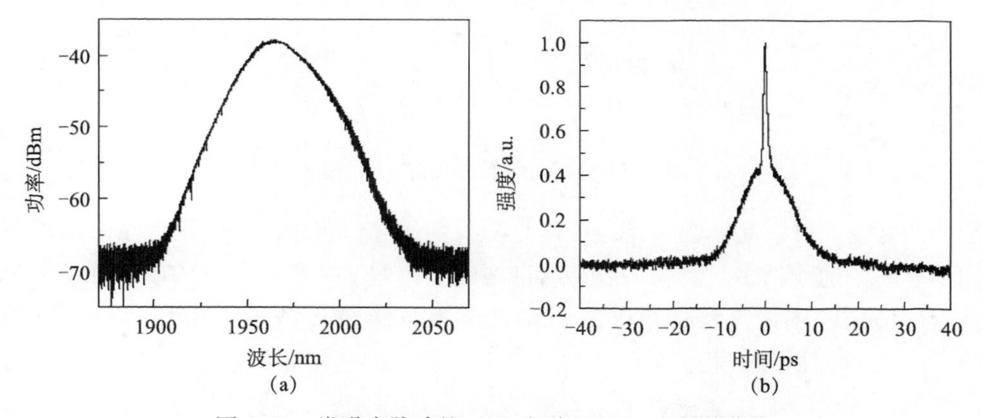

图 3.38　类噪声脉冲的（a）光谱和（b）自相关曲线

在展宽脉冲的实验中，保持偏振控制器状态不变，持续增加泵浦功率，展宽脉冲的光谱形状近似保持不变。然而当泵浦功率达到 890mW 时，通过调节偏振控制器，光谱被突然展宽至 30nm 左右，且光谱中具有连续光成分。继续调节偏振控制器，连续光成分被抑制，光谱变光滑并逐渐被展宽至 40nm 以上，变化过程如图 3.39 所示。

当光滑的光谱 3dB 带宽展宽至 41.3nm 时，继续增加泵浦功率至 1W，光谱的形状不发生改变，如图 3.40（a）所示。在这个过程中，示波器上可以观测到锁模脉冲始终保持稳定的基频运转。对输出的锁模脉冲的自相关曲线如图 3.40（c）所示，可以看到自相关曲线具有较大的基底，在基底上存在一个宽度为飞秒量级的尖峰，光滑的光谱及相应的自相关曲线特征可判定该锁模脉冲为类噪声脉冲。在时域上，类噪声脉冲实质上是由多个超短脉冲聚集而成的脉冲包络，包络内超短

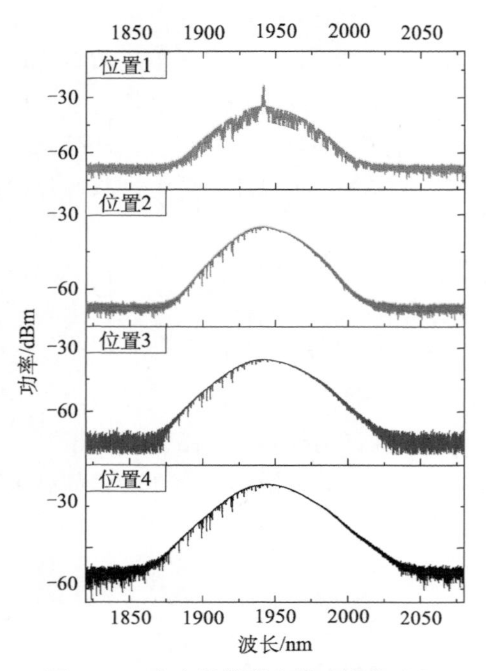

图 3.39　宽光谱类噪声脉冲演化过程

脉冲的宽度、峰值功率在一定范围内是随机变化的，包络内的脉冲数量会随着泵浦功率的增加而增多。类噪声脉冲对谐振腔的色散值并没有明确的依赖性，在色散管理谐振腔中，类噪声脉冲是由高功率泵浦条件下的孤子崩塌效应所导致的[67]。类噪声脉冲自相关曲线的基底反映了脉冲的包络宽度，从图 3.40（c）可以看出，基底的半高全宽约为 9.7ps，因此受限于示波器的带宽与采样率，无法观测到脉冲包络中的精细结构。自相关曲线上的尖峰反映了脉冲包络内超短脉冲的平均宽度。尽管如此，在实验中可以发现尖峰的宽度仍会在±20fs 的范围内随机抖动，因此将示波器窗口对准尖峰并对其进行 256 次平均采样，得到的尖峰处自相关曲线如图 3.40（d）所示，通过高斯拟合可以看出，此时类噪声脉冲的平均宽度为 539fs，对应时间带宽积为 1.60，说明脉冲仍有一定的压缩空间。同样采用 7.5m 的 UHNA4 光纤对脉冲进行腔外压缩，压缩后的自相关曲线如图 3.40（e）所示，可以看出，基座的宽度被压缩至 2.2ps，而尖峰的宽度可以达到 145fs，如图 3.40（f）所示，类噪声脉冲对应时间带宽积为 0.459，十分接近高斯脉冲的变换极限。由于类噪声脉冲的随机演化特性，类噪声脉冲的稳定性比展宽脉冲差。图 3.40（b）展示了基频的频谱信号，信噪比仅为 46dB，同时与传统孤子和展宽脉冲不同的是，类噪声脉冲不同阶数频谱信号的强度也存在着随机分布的特征，如图 3.40（b）中的插图所示。

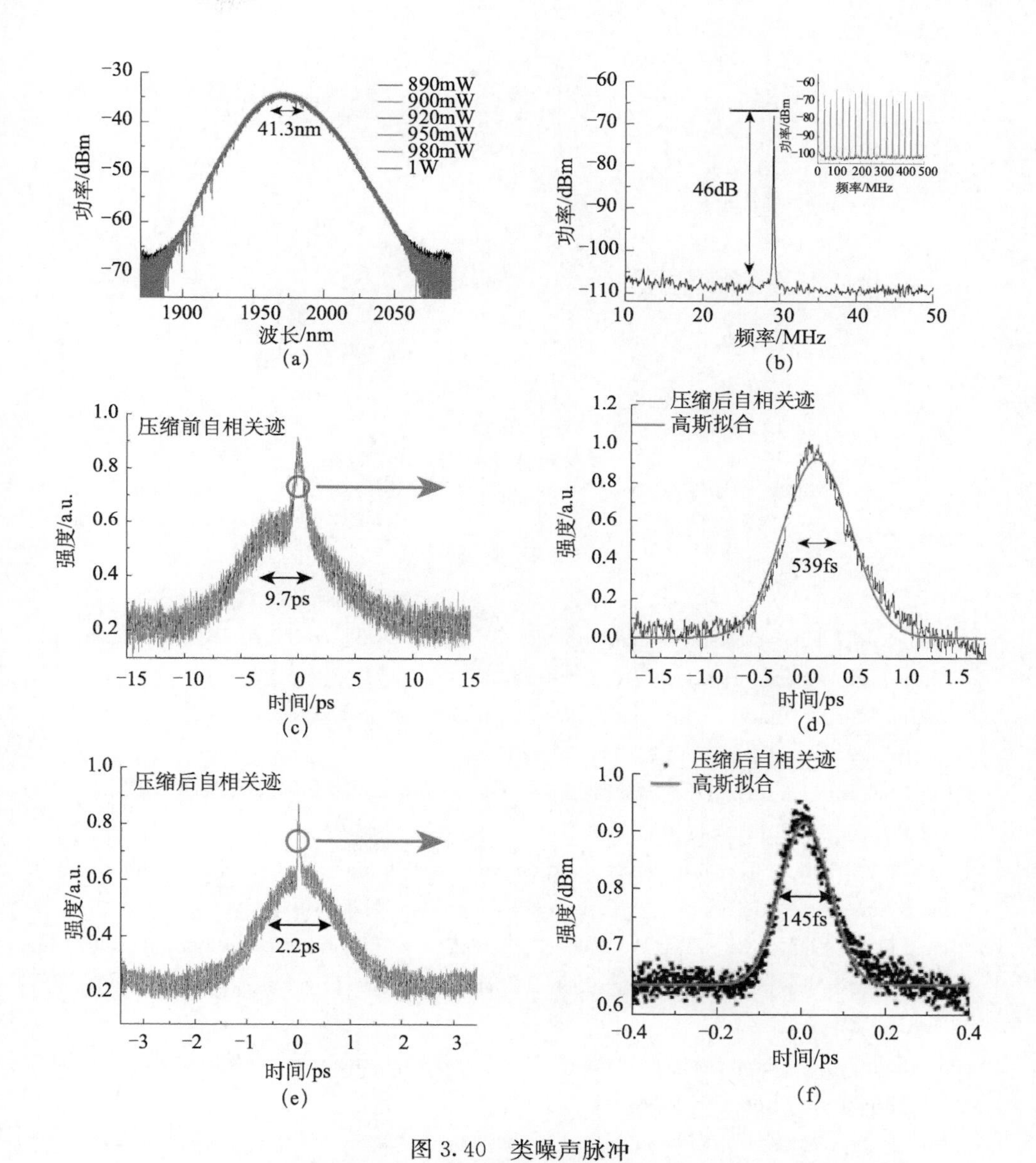

图 3.40 类噪声脉冲

(a) 光谱；(b) 自相关曲线；(c) 压缩前大范围自相关曲线；(d) 压缩前尖峰自相关曲线；(e) 压缩后大范围自相关曲线；(f) 压缩后尖峰自相关曲线

对于上述的类噪声脉冲，由谐振腔内的双折射导致的 Lyot 滤波效应，和 3.2.1 节中的展宽脉冲相似，同样可以对输出光谱的中心波长进行调谐。将泵浦功率固定在 1W，调谐谐振腔内的偏振控制器，输出光谱的中心波长可以在 35nm 范围内调谐，如图 3.41 所示。

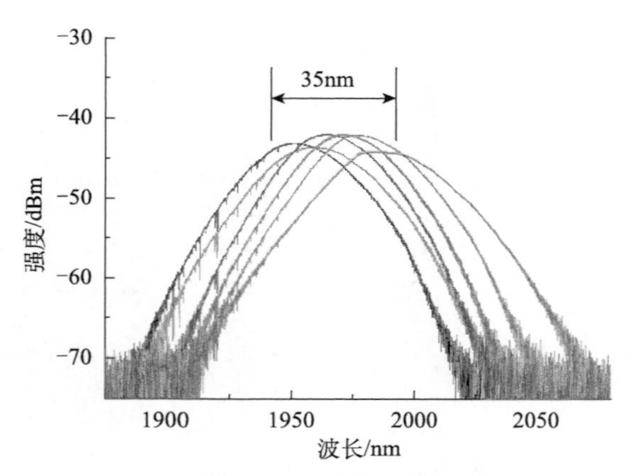

图 3.41　类噪声脉冲的波长调谐特性

参考文献

[1] Kelly S M J. Characteristic sideband instability of periodically amplified average soliton [J]. Electronics Letters, 1992, 28 (8): 806 - 808.

[2] Dennis M L, Duling I N. Intracavity dispersion measurement in modelocked fiber laser [J]. Electronics Letters, 1993, 29 (4): 409 - 411.

[3] Liu X M. Interaction and motion of solitons in passively-mode-locked fiber lasers [J]. Physical Review A, 2011, 84: 053828.

[4] Liu X M. Soliton formation and evolution in passively-mode-locked lasers with ultralong anomalous-dispersion fibers [J]. Physical Review A, 2011, 84: 023835.

[5] Tang D Y, Zhao L M, Zhao B, et al. Mechanism of multisoliton formation and soliton energy quantization in passively mode-locked fiber lasers [J]. Physical Review A, 2005, 72: 043816.

[6] Grudinin A B, Richardson D J, Payne D N. Enerhy quantization in figure eight fiber laser [J]. Electronics Letters, 1998, 28 (1): 67 - 68.

[7] Zhao L M, Tang D Y, Zhang H, et al. Bunch of restless vector solitons in a fiber laser with SESAM [J]. Optics Express, 2009, 17 (10): 8103 - 8108.

[8] 冯琦．石墨烯被动锁模掺铒光纤激光器中的多孤子态研究 [D]. 长沙：湖南大学，2013.

[9] Kuzt J N. Mode-locked soliton lasers [J]. SIAM Review, 2006, 48 (4): 629 - 678.

[10] Grudinin A B, Gray S. Passive harmonic mode locking in soliton fiber laser [J]. J. Opt. Soc. Am. B, 1997, 14: 144 - 154.

[11] Tao S, Xu L, Chen G, et al. Ultra-high repetition rate harmonic mode-locking generated in a dispersion and nonlinearity managed fiber laser [J]. Journal of Lightwave Technology, 2016, 34 (9): 2354 - 2357.

[12] Jun C S, Choi S Y, Rotermund F, et al. Toward higher-order passive harmonic mode-locking of a soliton fiber laser [J]. Optics Letters, 2012, 37 (11): 1862.

[13] Haboucha A, Komarov A, Leblond H, et al. Mechanism of multiple pulse formation in the normal dispersion regime of passively mode-locked fiber ring lasers [J]. Optical Fiber Technology, 2008, 14 (4): 262 - 267.

[14] Ortac B, Hideur A, Martel G, et al. 2-GHz passive harmonically mode-locked Yb-doped double-clad fiber laser [J]. Appllied Physics B, 2005, 81: 507.

[15] Jun C S, Choi S Y, Rotermund F, et al. Toward higher-order passive harmonic mode-locking of a soliton fiber laser [J]. Optics Letters, 2012, 37 (11): 1862 - 1864.

[16] Tang D Y, Zhao B, Zhao L M. Soliton interaction in a fiber ring laser [J]. Physical Review E, 2005, 72 (1): 016616.

[17] Akhmediev N N, Ankiewicz A. Multisoliton solutions of the complex Ginzburg-Landau equation [J]. Physical Review Letters, 1997, 79 (21): 4047 - 4051.

[18] Tang D Y, Man W S, Tam H Y, et al. Observation of bound states of solitons in a passively mode-locked fiber laser [J]. Physical Review A, 2001, 64: 033814.

[19] Tang D Y, Zhao B, Shen D Y, et al. Compound pulse solitons in a fiber ring laser [J]. Physical Review A, 2003, 68: 013816.

[20] Grelu P, Belhache F, Gutty F, et al. Relative phase locking of pulses in a passively mode-locked fiber laser [J]. J. Opt. Soc. Am. B, 2003, 20: 863 - 869.

[21] Nelson L E, Jones D J, Tamura K, et al. Ultrashort-pulse fiber ring lasers [J]. Applied Physics B, 1997, 65: 277 - 294.

[22] Zhang L, El-Damak A R, Feng Y, et al. Experimental and numerical studies of mode-locked fber laser with large normal and anomalous dispersion [J]. Opt. Express, 2013, 21 (10): 12014 - 12021.

[23] Wang Y Z, Li J F, Mo K D, et al. 14. 5GHz passive harmonic mode-locking in a dispersion compensated Tm-doped fber laser [J]. Scientific Reports, 2017, 7: 7779.

[24] Gui L L, Xiao X S, Yang C X. Observation of various bound solitons in a carbon-nanotube-based erbium fiber laser [J]. J. Opt. Soc. Am. B, 2013, 30 (1): 158 - 164.

[25] Grelu P, Akhmediev N. Dissipative solitons for mode-locked lasers [J]. Nature Photonics, 2012, 6: 84 - 92.

[26] Tang D, Zhao L, Bao Q L, et al. Large energy mode locking of an erbium-doped fiber laser with atomic layer graphene [J]. Opt. Express, 2009, 17: 17630 - 17635.

[27] Yan Z, Li X, Tang Y, et al. Tunable and switchable dual-wavelength Tm-doped mode-locked fiber laser by nonlinear polarization evolution [J]. Opt. Express, 2015, 23: 4369 - 4376.

[28] Krylov A, Chernykh D D, Arutyunyan N, et al. Generation regimes of bidirectional hybridly mode-locked ultrashort pulse erbium-doped all-fiber ring laser with a distributed polarizer [J]. Applied Optics, 2016, 55: 4201 - 4209.

[29] Kadel R, Washburn B. Stretched-pulse and solitonic operation of an all-fiber thulium/holmium-doped fiber laser [J]. Applied Optics, 2015, 54 (4): 746 - 750.

[30] Pawliszewska M, Martynkien T, Sotor J. Dispersion-managed Ho-doped fiber laser mode-locked with a graphene saturable absorber [J]. Optics Letters, 2018, 43: 38.

[31] Sotor J, Boguslawski J, Martynkien T, et al. All-polarization-maintaining, stretched-pulse Tm-doped fiber laser, mode-locked by a graphene saturable absorber [J]. Optics Letters, 2017, 42: 1592.

[32] Zhao F, Wang Y, Wang H, et al. Ultrafast soliton and stretched-pulse switchable mode-locked fiber laser with hybrid structure of multimode fiber based saturable absorber [J]. Scientific Reports, 2018, 8 (1): 16369.

[33] Cheng X, Huang Q, Zou C, et al. Pump-controlled flexible generation between dissipative soliton and noise-like pulses from a mode-locked Er-doped fiber laser [J]. Applied Optics, 2019, 58 (14): 3932 - 3937.

[34] He X, Hou L, Li M, et al. Bound states of dissipative solitons in the single-mode Yb-doped fiber laser [J]. IEEE Photonics Journal, 2016, 8: 1.

[35] Li Y, Wang L, Kang Y, et al. Microfiber-enableddissipative soliton fiber laser [J]. Optics Letters, 2018, 43 (24): 6105 - 6108.

[36] 陈家旺，赵鹭明．类噪声脉冲光纤激光器研究现状及进展 [J]. 激光与光电子学进展，2017, 54 (11): 15 - 27.

[37] Cheng Z, Li H, Wang P. Simulation of generation of dissipative soliton, dissipative soliton resonance and noise-like pulse in Yb-doped mode-locked fiber lasers [J]. Opt. Express, 2015, 23 (5): 5972.

[38] 张文平．基于过渡金属硫化物的类噪声锁模光纤激光器 [D]. 北京：北京工业大学，2018.

[39] Yu Y, Wei X, Kang J, et al. Pulse-spacing manipulation in a passively mode-locked fiber laser [J]. Opt. Express, 2017.

[40] Kalaycioglu H, Elahi P, Akcaalan O, et al. High-repetition-rate ultrafast fiber lasers for material processing [J]. IEEE Journal of Selected Topics in Quantum Electronics, 2018, PP (99): 1.

[41] Fried N. Thulium fiber laser lithotripsy: an in vitro analysis of stone fragmentation using a modulated 110-watt thulium fiber laser at 1.94μm [J]. Lasers in Surgery and Medicine, 2005, 37: 53 - 58.

[42] Sun J, Zhou Y, Dai Y, et al. All-fiber polarization-maintaining erbium-doped dispersion-managed fiber laser based on a nonlinear amplifying loop mirror [J]. Applied Optics, 2018, 57: 1492.

[43] Zhao D, Wang T, Ma W, et al. Improvements of soliton pulse energy and peak power in thulium-doped fiber laser [J]. IEEE Photonics Technology Letters, 2019, PP: 1.

[44] Feng X, Poletti F, Camerlingo A, et al. Dispersion controlled highly nonlinear fibers for

all-optical processing at telecoms wavelengths [J]. Optical Fiber Technology，2010，16：378 - 391.

[45] Zhao J，Li L，Zhao L，et al. Cavity-birefringence-dependent h-shaped pulse generation in a thulium-holmium-doped fiber laser [J]. Optics Letters，2018，43：247 - 250.

[46] Lyu Y，Li J，Hu Y，et al. Theoretical comparison of NPR and hybrid mode-locked soliton thulium-doped fiber lasers [J]. IEEE Photonics Journal，2017，PP：1.

[47] Tee D C，Abu Bakar M H，Tamchek N，et al. Photonic crystal fiber in photonic crystal fiber for residual dispersion compensation over E+S+C+L+U wavelength bands [J]. IEEE Photonics Journal，2013，5 (3)：7200607.

[48] Shi J，Alam S U，Ibsen M. Ultrawide-range four-wave mixing in Raman distributed-feedback fiber lasers [J]. Optics Letters，2013，38：944 - 946.

[49] Li H，Liu J，Cheng Z，et al. Characteristics of pulses in passively mode-locked thulium-doped fiber laser [C]. Advanced Solid State Lasers，2014.

[50] Nguyen T，Chartier T，Thual M，et al. Simultaneous measurement of anomalous group-velocity dispersion and nonlinear coefficient in optical fibers using soliton-effect compression [J]. Optics Communications，2007，278：60 - 65.

[51] Tang D，Zhao L. Generation of 47-fs pulses directly from an erbium-doped fiber laser [J]. Optics Letters，2007，32：41 - 43.

[52] Wise F，Ilday F，Lim H，et al. High-energy femtosecond fiber lasers [J]. Proceedings of SPIE-The International Society for Optical Engineering，2004.

[53] Zhao D，Wang T，Liu R，et al. Observation of sub-400fs，wavelength-switchable stretched pulse and bound-state pulse in Tm-doped fiber laser [J]. Applied Optics，2019，58 (18)：4956 - 4962.

[54] Meng Y，Salhi M，Niang A，et al. Mode-locked Er：Yb-doped double-clad fiber laser with 75-nm tuning range [J]. Optics Letters，2015，40 (7)：1153 - 1156.

[55] Ma W，Wang T，Zhang P，et al. Widely tunable multiwavelength thulium-doped fiber laser using a fiber interferometer and a tunable spatial mode-beating filter [J]. Applied Optics，2015，54 (12)：3786 - 3791.

[56] Wei Y，Hu K，Sun B，et al. All-fiber widely wavelength-tunable thulium-doped fiber ring laser incorporating a Fabry-Perot filter [J]. Laser Physics，2012，22 (4)：770 - 773.

[57] Zhang P，Wang T，Ma W，et al. Tunable multiwavelength Tm-doped fiber laser based on the multimode interference effect [J]. Applied Optics，2015，54：4667.

[58] Xu H，Lei D，Wen S，et al. Observation of central wavelength dynamics in erbium-doped fiber ring laser [J]. Opt. Express，2008，16：7169 - 7174.

[59] Zhao L，Tang D，Wu X. Dissipative soliton generation in Yb-fiber laser with an invisible intracavity bandpass filter [J]. Optics Letters，2010，35：2756 - 2758.

[60] Sergeyev S，Mou C，Rozhin A，et al. Vector solitons with locked and precessing states of polarization [J]. Opt. Express，2012，20：27434 - 27440.

[61] Lü R, Wang Y, Wang J, et al. Soliton and bound-state soliton mode-locked fiber laser based on a MoS_2/fluorine mica Langmuir Blodgett film saturable absorber [J]. Photon Res., 2019, 7 (4): 431 - 436.

[62] Tang D, Zhao B, Zhao L, et al. Soliton interaction in a fiber ring laser [J]. Physical review E, 2005, 72 (1 Pt 2): 016616.

[63] Wang P, Zhao K, Gui L, et al. Self-organized structures of soliton molecules in 2-μm fiber laser based on MoS_2 saturable absorber [J]. IEEE Photonics Technology Letters, 2018, PP (99): 1.

[64] Zhao L, Tang D, Cheng T, et al. Bound states of dispersion-managed solitons in a fiber laser at near zero dispersion [J]. Applied Optics, 2007, 46: 4768 - 4773.

[65] Zhao N, Luo Z C, Liu H, et al. Trapping of soliton molecule in a graphene-based mode-locked ytterbium-doped fiber laser [J]. IEEE Photonics Technology Letters, 2014, 26: 2450 - 2453.

[66] 马春阳. 基于被动锁模光纤激光器的超短脉冲理论与实验研究 [D]. 长春: 吉林大学, 2019.

[67] Tang D, Zhao L, Zhao B. Soliton collapse and bunched noise-like pulse generation in a passively mode-locked fiber ring laser [J]. Opt. Express, 2005, 13: 2289 - 2294.

第 4 章　光纤干涉仪结构的超快光纤激光器

光纤激光器研究中经常采用光纤干涉仪结构来得到超短脉冲。干涉仪能够通过谐振腔内光的干涉作用实现锁模，一般采用光纤法布里-珀罗（Fabry-Perot，F-P）干涉仪、Sagnac 干涉仪、马赫-曾德尔（Mach-Zehnder，M-Z）干涉仪、“8”字腔、“9”字腔等，本章主要介绍“8”字腔、“9”字腔光纤激光器。

4.1　非线性放大环形镜锁模光纤激光器

采用非线性放大环形镜（NALM）结构实现锁模，通过调节泵浦功率和谐振腔的偏振状态可以实现方波类噪声脉冲（NLP）、耗散孤子共振（DSR）脉冲间的相互转换，同时能够获得 DSR 脉冲稳定的调 Q 锁模运转状态，且调 Q 包络的重复频率会随着泵浦功率的增加而提高。

4.1.1　方波类噪声脉冲锁模光纤激光器

方波类噪声脉冲是在被动锁模光纤激光器中最新被发现的一种方波脉冲，在早期的研究中，方波 NLP 通常和 DSR 脉冲有所混淆。与传统类噪声脉冲相似，方波 NLP 实质上也是由多个脉宽及峰值功率随机变化的超短脉冲形成的脉冲包络，方波 NLP 的形成过程可以描述为，在特定的谐振腔参数条件下，增加包络内的脉冲数量，使脉冲包络在时域上大幅度展宽，从而呈现近似方波的形状。由于 NLP 特有的随机分布特性，方波 NLP 的动力学特性较为复杂，并且在强泵浦功率条件下，通常会产生多脉冲现象[1,2]。2018 年，作者课题组在实验中得到了方波孤子脉冲及其双脉冲和谐波锁模运转状态[3]。

实验搭建的 2μm 被动锁模方波光纤激光器结构如图 4.1 所示。谐振腔采用“8”字环结构，“8”字环谐振腔由一个 NALM 和一个单向环构成。与常规锁模脉冲不同的是，方波脉冲具有较宽的脉宽，通常可达到纳秒量级，这需要在谐振腔中引入更大量的非线性效应和线性啁啾。因此，在 NALM 中，除了波分复用器（WDM）及偏振控制器 1 的尾纤外，额外接入一段 30m 长的单模光纤（SMF）。单模光纤的引入在增强了非线性效应及线性啁啾的同时，还引入了大量的传输损耗，造成了锁模阈值的提升，对谐振腔内的增益光纤所提供的增益强度提出了更高的要求。因此，采用转换效率更高的铥钬共掺光纤（THDF，INO，TH-540）作为增益介质，长度为 4.5m，并采用双向泵浦的方式，通过测试可将泵浦光波长优化为1570nm，单个泵浦的最大输出功率为1W。NALM作为该激光器的锁模机制，其透射特性对偏振态十分敏感，因此，除常规偏振控制器1之外，将单模光纤嵌入一个旋转-挤压式的偏振控制器2中，通过对偏振控制器1和偏振控制器2共同调节，实现锁模脉冲状态的转化。NALM通过50：50的光耦合器（OC）与一个单向环连接，在单向环中，一个偏振无关的光隔离器（PI-ISO）保证环内激光单向传输。谐振腔的总腔长为47m，净色散值约为锁模脉冲通过单向环中光耦合器的20%端口输出，再经过10：90的光耦合器分束，从而实现光谱、波形和频谱的同步观测。

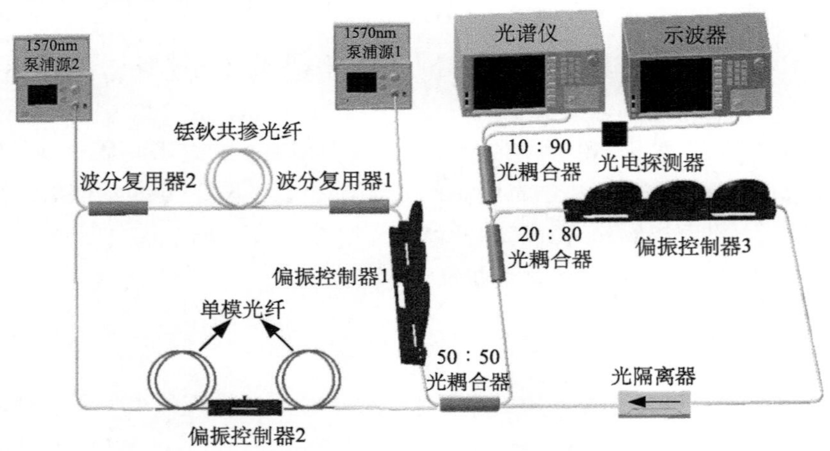

图4.1　被动锁模方波铥钬共掺光纤激光器结构

实验中，将泵浦源1的功率增加至1W，此时铥钬共掺光纤提供的2μm增益仍不足以克服谐振腔内单模光纤造成的传输损耗，输出激光为连续光状态。继续增加泵浦源2的功率至100mW，由于NALM的类可饱和吸收效应，通过调节谐振腔内的偏振控制器，可以实现锁模脉冲的自启动。在无色散管理且具有较大净负色散的谐振腔中，产生的锁模脉冲通常是光谱具有对称Kelly边带的常规孤子锁模脉冲。然而实验中并没有观测到常规孤子脉冲，首先观测到一种锁模状态，如图4.2所示。图4.2（a）展示了锁模脉冲的光谱，可以看出光谱十分平滑，没有任何边带产生，而随着泵浦源2功率从0.1W增加至1W，光谱形状基本保持不变，只有强度的提升，其3dB带宽保持在15nm左右。在泵浦功率增加的过程中，脉冲始终保持稳定的基频运转，示波器观测的脉冲序列如图4.2（b）所示，在3μs的采样范围内，脉冲在时域上呈等强度分布，相邻脉冲的时域间隔为0.227μs，对应4.4MHz重复频率。从图4.2（c）中可以看出，单脉冲呈近似方波形状，并且随着泵浦功率的增加，脉冲的峰值强度基本保持不变，但是脉冲宽度会从0.75ns增加至1.3ns。图4.2（d）展示了脉冲的自相关曲线，自相关曲线存在一个明显的基座，在基座上存在一个宽度为飞秒量级的尖峰，这是NLP

的标准特征。与色散管理谐振腔中的 NLP 相似，方波 NLP 同样是由多个超短脉冲构成的脉冲包络。不同的是，这个实验中谐振腔内引入了更强烈的非线性效应和线性啁啾，在二者的共同作用下，更多数量的超短脉冲束缚在一起，从而将 NLP 的脉冲包络展宽至纳秒量级，由于包络内的超短脉冲具有相近的脉宽与峰值功率，因此脉冲包络呈现近似的方波形状。在图 4.2（d）的自相关曲线中，基座充满了整个自相关仪的测试窗口（150ps），说明受限于自相关仪的测试范围，基座已经无法完全反映脉冲包络的宽度（0.75ns）。在图 4.2（c）中观测到一个有趣的现象，方波 NLP 的上升沿十分陡峭，然而脉冲的下降沿明显呈缓慢下降趋势，而随着泵浦功率的增加，缓慢下降的趋势变得更明显。这是由于，在强泵浦功率下，峰值功率钳制效应导致部分 NLP 脉冲分裂成多个子脉冲，超短脉冲间的相互作用仍会使这些子脉冲被束缚在脉冲包络内，其中峰值功率较高的子脉冲更靠近脉冲的上升沿，而峰值功率较低的子脉冲更靠近脉冲的下降沿。因此，随着泵浦功率的提升，方波 NLP 的下降沿呈现逐渐变缓下降的趋势。

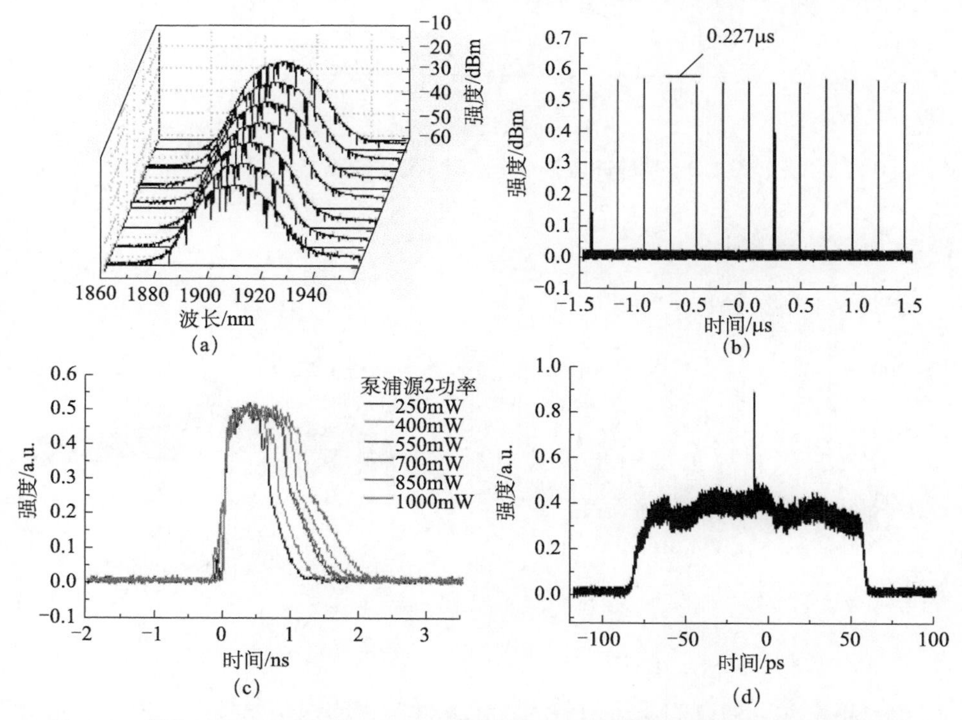

图 4.2　方波 NLP（a）光谱；（b）脉冲序列；（c）单脉冲波形和（d）自相关曲线

图 4.3 展示了单脉冲能量及峰值功率随泵浦源 2 功率变化的曲线。可以看出，当泵浦源 2 的功率从 250mW 增加至 1W 时，方波 NLP 的单脉冲（包络）能量从 1.363nJ 以近似线性趋势增加至 2.622nJ，在此过程中峰值功率始终保持在

1. 82W 左右，这个变化规律与 1. 55μm 波段得到的方波 NLP 相似[4]。不同的是，由于包络内超短脉冲的峰值功率抖动较大，实验得到的方波 NLP 的顶部没有 1. 55μm 方波 NLP 平坦，并且由于脉冲包络内存在着大量的子脉冲，脉冲包络的下降沿没有 1. 55μm 方波 NLP 平坦。方波 NLP 的频谱如图 4. 4 所示，在 200kHz 的分辨率、50MHz 测试范围的条件下，各阶频谱信号在频域上呈等强度分布，如图 4. 4（a）所示。其中基频信号的信噪比可达到 50dB，如图 4. 4（b）所示，说明纳秒量级的方波 NLP 仍具有较好的稳定性。

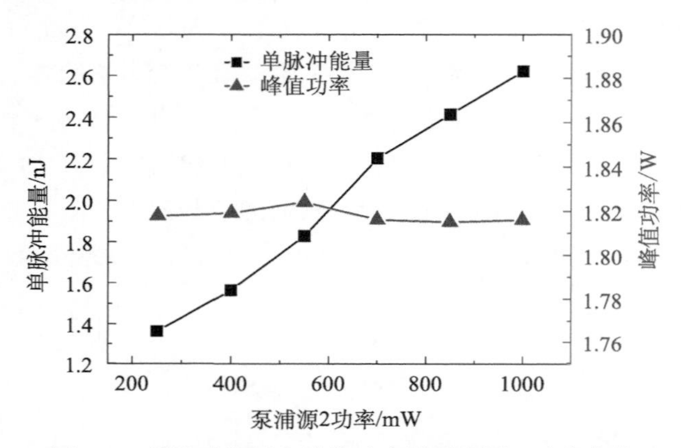

图 4. 3　单脉冲能量和峰值功率随泵浦源 2 功率变化

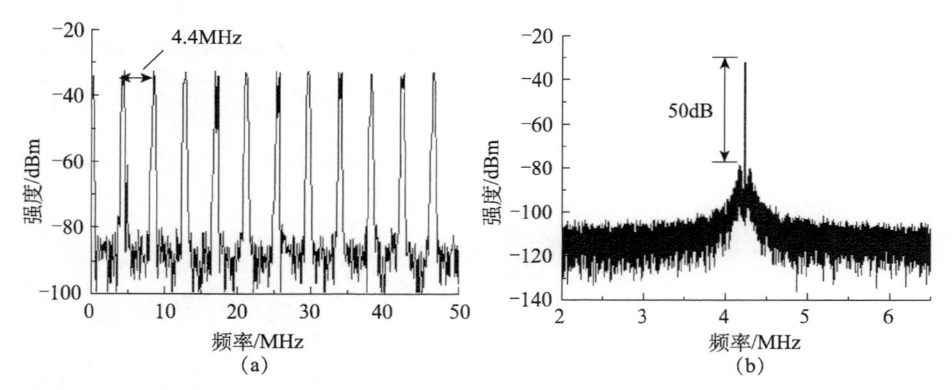

图 4. 4　方波类噪声脉冲频谱

（a）大范围频谱；（b）基频信号

由于单模光纤固有的双折射效应，全光纤结构的锁模激光器产生的超短脉冲通常具有特定的矢量特性，即得到的锁模脉冲在传输过程中，偏振态始终能够保持不变或以一定规律周期性变化。以脉冲在两个正交偏振方向上的演化特性来区分，可以将矢量脉冲分为群速度锁定矢量孤子、偏振旋转矢量孤子和偏振锁定矢量孤子。在锁模光纤激光器中形成矢量孤子的一个必要条件是谐振腔中不能存在偏振相关的光学器件，偏振器件的存在将会影响脉冲在谐振腔内的偏振态分布，在谐振腔边界条件的作用下，谐振腔内不同位置处脉冲的偏振态将被同时锁定，无法形成矢量孤子。对于NPR结构的锁模光纤激光器，由于谐振腔中存在起偏器或偏振相关隔离器，不满足矢量孤子的形成条件。目前，关于矢量孤子脉冲的报道大多集中在基于半导体可饱和吸收镜、石墨烯、碳纳米管等新型可饱和吸收材料的锁模光纤激光器中。实验中，尽管仍然采用基于非线性效应的锁模机制，然而与NPR结构不同的是，NALM结构中没有包含任何偏振相关的光学器件，这满足矢量脉冲形成的基本条件。因此，将得到的锁模脉冲输入偏振光分束器(PBS)，同时在激光器输出端与偏振光分束器之间接入一个偏振控制器，用来平衡由光耦合器尾纤引起的线性偏振旋转。测试得到的垂直和水平两个正交偏振方向上的光谱如图4.5所示，可以看出，光谱的带宽基本没有变化，仅存在强度的降低。然而在某一个偏振分束后的光谱中，存在交替出现的波峰，而在另一个偏振方向上光谱的相同波长处，存在着对应的波谷。通过调节谐振腔内的偏振控制器，波峰与波谷的强度会发生轻微的改变，但是它们的对应关系并不会被打破，这是由两个正交偏振方向上的能量相干交换引起的[5]。值得注意的是，在实验得到的三个光谱中，还存在着许多宽度很窄的凹陷，这些凹陷总是位于固定波长处，而通过调节偏振控制器，凹陷深度不会发生任何改变，这是由水分子在1.9μm附近强烈的吸收效应造成的。两个正交偏振方向上的时域脉冲序列如图4.6所示，同一个偏振方向上的脉冲具有相同的峰值强度，与偏振旋转矢量脉冲不同的是，此时的脉冲具有相同的偏振态并且在传输过程中偏振态可以保持不变，实验结果表明，该方波NLP为偏振锁定的矢量脉冲。

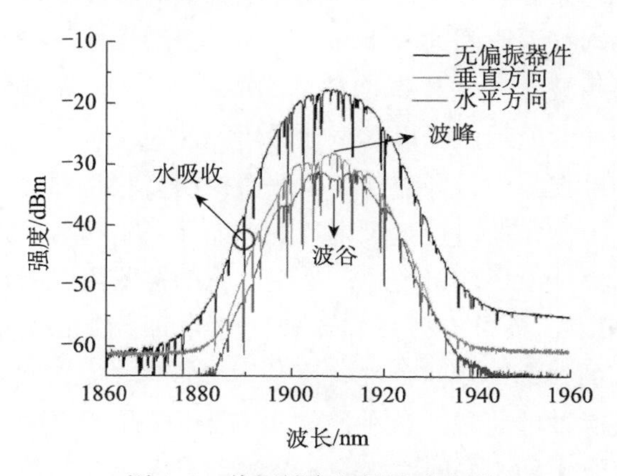

图4.5　偏振锁定矢量脉冲光谱

当两个泵浦功率同时固定在1W时，通过调节偏振控制器，能够观测到一种特殊的多脉冲状态，即方波NLP和低强度脉冲束共存现象。此时的输出光谱如

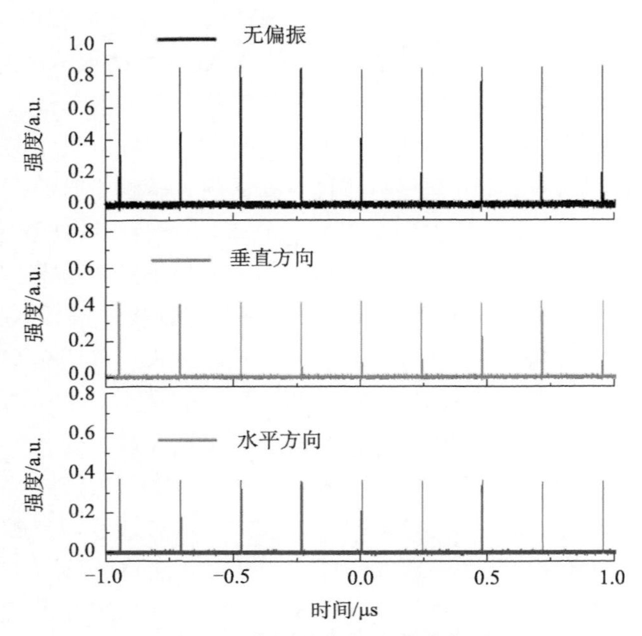

图 4.6　偏振锁定矢量脉冲序列

图 4.7（a）所示，可以看出，光谱仍不包含任何 Kelly 边带，呈现为标准的宽带类噪声光谱，然而光谱上却存在许多不规则分布的细小“毛刺”。对应图 4.7（b）示波器测试的脉冲序列，可以看出此时的相邻脉冲间隔仍为 227ns，与图 4.2（b）不同的是，该脉冲序列的每个运转周期内都存在一强度远低于主脉冲的脉冲束，这些脉冲束紧邻着主脉冲，分布在主脉冲的左侧，并且这些脉冲束仅占据了脉冲在谐振腔内往返时间的一小部分。为了更细致地观测脉冲束及主脉冲内部的精细结构，将示波器的采样率增加至 100GSa/s，此时单个主脉冲及其相邻的脉冲束细节如图 4.8 所示。可以清楚地看出脉冲束内包含了大量强度随机分布的超短脉冲，实验发现，一旦泵浦功率及偏振控制器状态固定，这些低强度的超短脉冲会分布在一个固定的时域范围内（此状态下约为 64ns），但是它们在时域上的相对位置会不停地发生随机变化。从图 4.8 的插图可以看出，此时的主脉冲仍为标准的方波 NLP，与图 4.2（c）比较，脉冲的下降沿变得更加陡峭，并且和上升沿具有相近的斜率，然而脉冲宽度从 1.3ns 减小至 0.8ns，这是由于脉冲束的存在钳制了主脉冲的能量。这种脉冲束与方波 NLP 共存的现象可以解释为以下过程：当两个泵浦功率同时固定在 1W 时调节偏振控制器，谐振腔内的偏振相关损耗发生改变，当损耗较小时，谐振腔内的功率密度增大，此时受限于峰值功率钳制效应，更多的 NLP 分裂成低强度的子脉冲，而随着子脉冲数量增多，它们难以同时被束缚在主脉冲包络内，子脉冲与主脉冲包络产生分离，此时主脉

冲包络内的 NLP 具有相近的峰值功率，因此方波 NLP 的下降沿变得更加陡峭，同时也导致了方波脉冲宽度的减小。由于子脉冲之间的相互作用，它们会在一个更大的时域范围内（64ns）呈现不稳定的相对运动，这些低强度的子脉冲与主脉冲之间仍会相互束缚，并与主脉冲紧邻，形成一个独立的波包，而这些波包在时域上通常只会占据谐振腔往返时间的很小一部分。

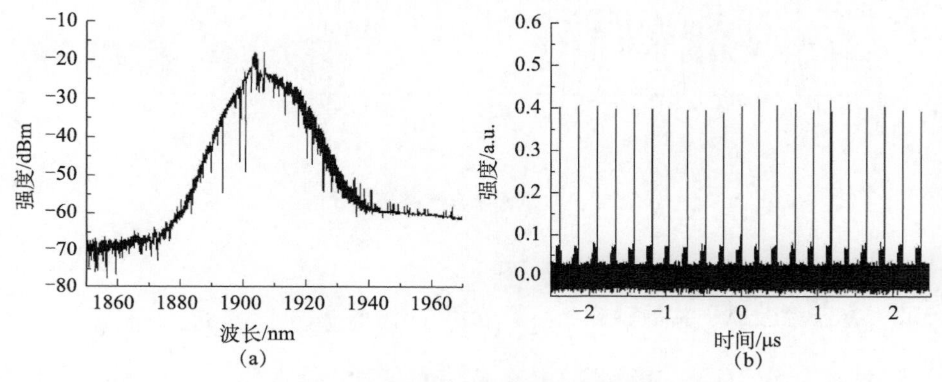

图 4.7　方波 NLP 的多脉冲状态
（a）光谱；（b）脉冲序列

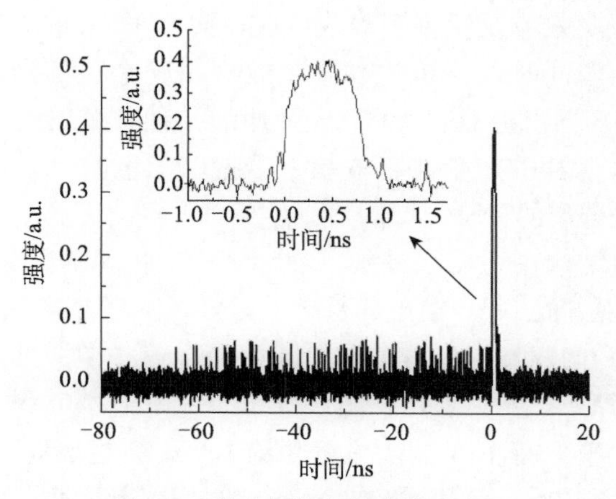

图 4.8　单个周期内的多脉冲序列

图 4.9（a）展示了 200kHz 分辨率下的脉冲频谱，可以看出，此时方波 NLP 的重复频率仍为 4.4MHz。将频谱分析仪的分辨率增加至 1Hz，得到的 8MHz 测试范围内的基频信号频谱如图 4.9（b）所示，在基频信号的两侧存在大量强度较高的边模信号，导致基频信号的信噪比仅为 30dB。这些边模信号随机分布在单个频谱周期内，对应了脉冲束内低强度子脉冲的频率分量，实验发现，这些频率分量同样是随着时间变化在一个小范围内随机抖动，说明与方波 NLP 不同，

脉冲束内的子脉冲具有不同的群速度。

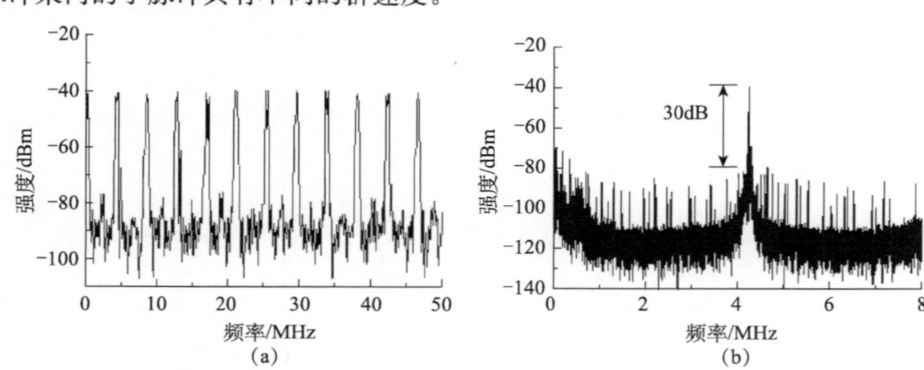

图 4.9　多脉冲方波类噪声频谱

(a) 大范围频谱；(b) 基频频谱

4.1.2　方波耗散孤子共振锁模光纤激光器

通过 4.1.1 节可知，方波 NLP 在高功率泵浦条件下会产生多脉冲现象，而另外一种方波脉冲，即 DSR 脉冲可以在高功率泵浦条件下始终保持单脉冲运转，这种无波分裂特性得到了广泛的关注。理论研究表明，DSR 脉冲的形成依赖于锁模机制的饱和吸收效应及反饱和吸收效应，而 NALM 的透射特性通常以正弦曲线的形式呈现，即同时包含了饱和吸收效应和反饱和吸收效应，因此，基于 NALM 的“8”字环谐振腔是产生 DSR 脉冲的一种有效结构。从近年的相关研究可以发现，DSR 脉冲的产生并不依赖于谐振腔的色散，在正色散区和负色散区均可以产生无波分裂的 DSR 脉冲[6,7]。

在同一个实验结构中，当泵浦源 1 的功率达到 1W，泵浦源 2 的功率达到 250mW 时，在实现方波 NLP 输出的基础上，可以实现方波 NLP 和 DSR 脉冲的相互转化，得到的方波 DSR 脉冲如图 4.10 所示。其中单脉冲随泵浦功率变化特性如图 4.10 (a) 所示，可以看出随着泵浦源 2 功率从 250mW 增加至 1W，DSR 脉冲的峰值强度几乎保持不变，脉冲宽度从 1.7ns 展宽至 3.2ns。与图 4.2 (c) 中的方波 NLP 不同的是，DSR 脉冲是一个纳秒量级宽度的独立脉冲，与方波 NLP 相比，DSR 脉冲的上升沿与下降沿均十分陡峭，并且脉冲顶部更加平坦，因此 DSR 脉冲可以呈现近似严格的方波形状。从图 4.10 (b) 及图 4.10 (c) 中可以看出，此时 DSR 脉冲保持在稳定的基频运转，基频信号具有 50dB 的信噪比，未观测到明显边模，说明 DSR 脉冲工作在较低的噪声环境中。DSR 脉冲同样具有光滑的光谱，不同的是，DSR 脉冲光谱的中心波长位于 1885nm，3dB 带宽仅为 6nm 左右，并且随着泵浦功率的增加光谱形状保持不变。由于 DSR 脉冲的宽度远大于自相关曲线的测试窗口，当测试 DSR 脉冲的自相关曲线时，示波

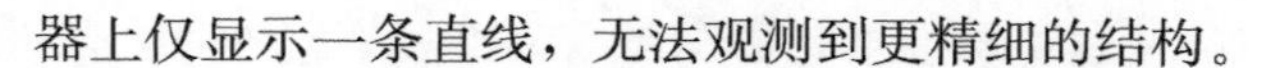

器上仅显示一条直线，无法观测到更精细的结构。

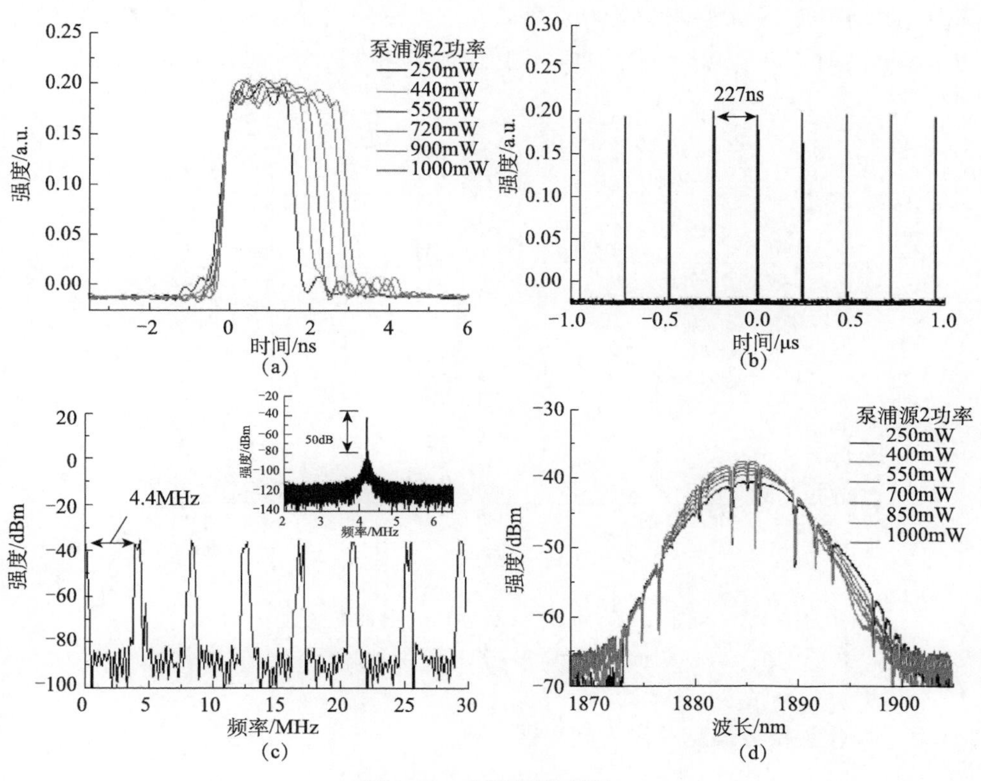

图 4.10　方波 DSR 脉冲

(a) 单脉冲；(b) 脉冲序列；(c) 频谱；(d) 光谱

实验中，NLP 和 DSR 脉冲的阈值相差很小，当泵浦功率达到阈值后，NLP 和 DSR 脉冲之间的转换仅通过调节偏振控制器即可实现。相关理论研究表明，激光器实际的输出状态由谐振腔内的类饱和功率的参数 P_A 决定，当 P_A 足够大时输出的脉冲更趋向于方波 NLP，而当 P_A 较小时激光器更趋向于工作在 DSR 锁模状态。通过调节偏振控制器改变谐振腔内的双折射效应，输出激光的中心波长发生改变，当中心波长位于更接近铥钬共掺光纤的增益峰值 1910nm 时，谐振腔内具有较高的 P_A，输出激光为方波 NLP。当中心波长位于 1885nm 时，此时由于激光的中心波长与铥钬共掺光纤的增益峰值有一定偏差，谐振腔内的 P_A 值较低，方波 NLP 转化为 DSR 脉冲，这个过程也直接导致了两种脉冲之间峰值功率的差异，在相同泵浦功率下，方波 NLP 的峰值功率约为 DSR 脉冲的 3 倍。从输出现象角度来看，除了自相关曲线形状不同，两种脉冲同样可以从光谱及波形方面来区分，如图 4.11 所示。DSR 脉冲的光谱 3dB 带宽仅为 6nm，与传统 NLP 类似，方波 NLP 具有较宽的光谱带宽，可达到 15nm。此外 DSR 脉冲的单脉冲波形呈严格的方波状，而方波 NLP 的单脉冲波形具有明显不规则的上升沿与下降沿。并且方波 NLP 的脉冲形状会随着泵浦功率的增加进一步“劣化”，当泵浦功率足够高时，方波 NLP 的脉冲形状会逐渐转化为近高斯型。

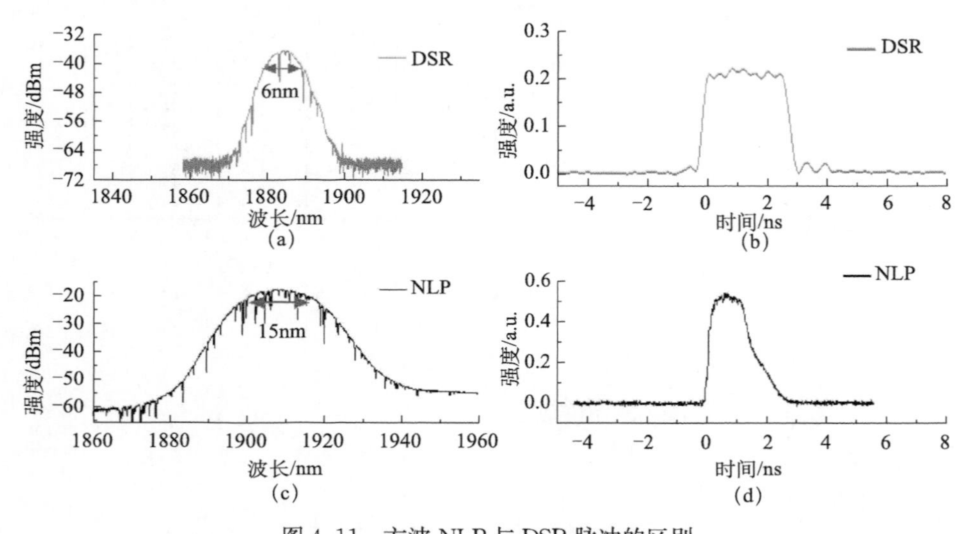

图 4.11 方波 NLP 与 DSR 脉冲的区别

(a) DSR 脉冲光谱；(b) DSR 单脉冲；(c) NLP 光谱；(d) NLP 单脉冲

4.1.3 调 Q 锁模方波脉冲光纤激光器

DSR 脉冲的不分裂特性使其在高能量锁模脉冲产生方面具有重要的意义。DSR 脉冲的单脉冲能量随着泵浦功率的提升呈近似线性增加，然而过大的泵浦功率会对谐振腔内的单模光纤及光纤器件造成很大的负荷，因此在有限的泵浦功率下提升 DSR 脉冲的单脉冲能量同样是十分有意义的。调 Q 锁模是在常规锁模脉冲的基础上进一步提升脉冲能量的有效方式，调 Q 锁模是在谐振腔内连续锁模脉冲串上叠加 Q 开关包络来实现的，从而在时域上平均分布的脉冲能量被压缩到一个更窄的调 Q 包络内。早期的调 Q 锁模激光的研究主要集中在固体激光器方面，多种方式可以用来实现调 Q 锁模运转，如采用主动 Q 开关、声光调制器和可饱和吸收体等。近几年，采用次谐波谐振腔调制及新型可饱和吸收体等方式，在光纤激光器中同样实现了调 Q 锁模脉冲输出。不仅如此，相关实验研究发现，在 SESAM 可饱和吸收体结构的锁模光纤激光器中，当泵浦功率固定时，仅通过偏振态的调节即可实现连续锁模、谐波锁模及调 Q 锁模状态之间的相互转化。

在实现常规连续 DSR 脉冲输出的基础上，实验逐渐增加泵浦 2 的功率至 630mW，此时轻微地调节谐振腔中的 3 个偏振控制器，连续 DSR 脉冲可以转化为调 Q 锁模 DSR 脉冲。需要强调的是，如果将泵浦 2 固定在 1W，并逐渐增加泵浦 1，同样可以实现调 Q 锁模 DSR 脉冲的产生，仅有的区别是阈值有所增加。调节偏振控制器的过程使谐振腔内损耗发生复杂的变化，这可以导致谐振腔的 Q 值变化，偏振控制器状态改变的同时造成了 NALM 透射曲线的改变，因此谐振腔内的饱和功率和转化速度共同导致了调 Q 锁模状态的产生。在这种条件下，在时域上均匀分布的连续锁模 DSR 脉冲被调制成周期分布的调 Q 包络，如图 4.12（a）所示。相邻调 Q 包络的间隔约为 17μs，对应 58.8kHz 的重复频率。图 4.12 展示了单个调 Q 包络的细节，其整个调 Q 包络的半高全宽约为 2.9μs，调 Q 包络中包含了多个脉冲间隔为 227ns 的基频锁模脉冲。从图 4.12（b）的插图中可以看出，单个锁模脉冲仍保持方波形状，说明此时激光器仍工作在 DSR 状态。图 4.12（c）为调 Q 锁模 DSR 脉冲的频谱，与脉冲序列一致，频谱信号同样展现了明显的周期调制特性，插图中为基频信号频谱，可以看出基频信号的峰值仍位于 4.4MHz，对应 DSR 脉冲的重复频率，在峰值信号的两侧，存在许多间隔相等的边模信号，具体间隔为 58.8kHz，对应调 Q 包络的重复频率，说明 DSR 脉冲的频谱被等间隔地调制，其调制周期等同于调 Q 包络的重复频率。对应的光

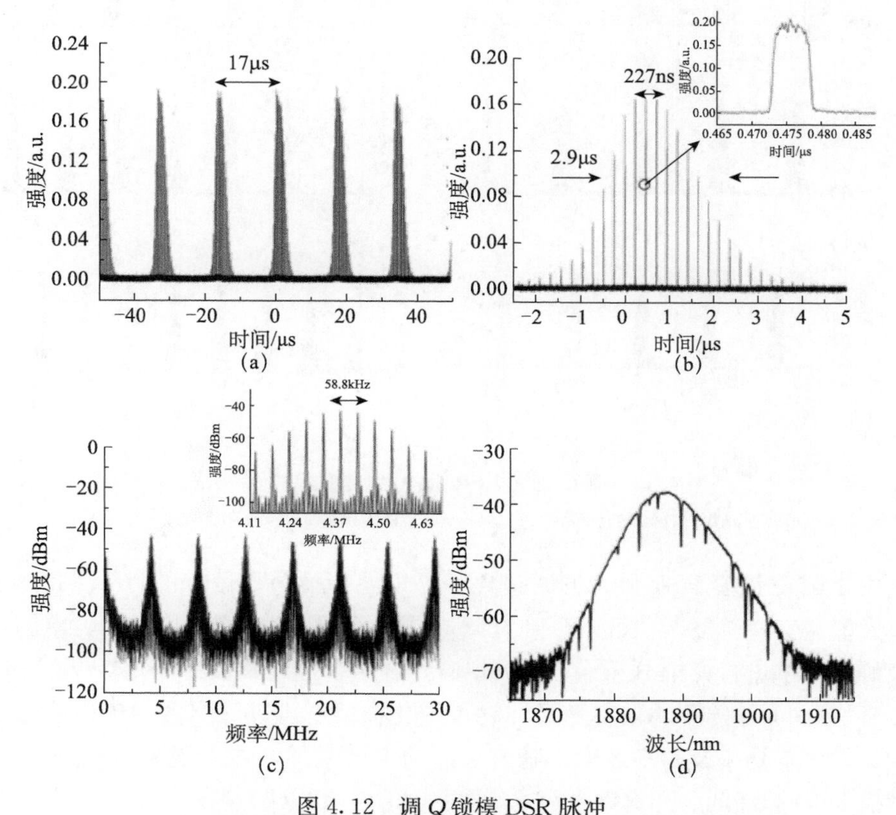

图 4.12 调 Q 锁模 DSR 脉冲

（a）脉冲包络序列；（b）单个调 Q 脉冲包络；（c）频谱；（d）光谱

谱如图 4.12（d）所示，可以看出，调 Q 锁模 DSR 脉冲的光谱与连续锁模 DSR 脉冲的光谱没有明显差异，说明调 Q 效应对 DSR 脉冲的时域进行了调制，而 DSR 脉冲的光谱仅由锁模特性决定。

当泵浦 2 功率达到 630mW，即调 Q 锁模阈值，并实现调 Q 锁模运转后，在此基础上逐渐减小泵浦 2 功率至 315mW，可以发现，在此过程中 DSR 脉冲仍可工作在稳定的调 Q 锁模状态，说明与连续锁模脉冲一样，调 Q 锁模脉冲同样会受到泵浦迟滞效应的影响。而受益于泵浦迟滞效应，一旦偏振控制器状态保持不变，在泵浦 2 的功率为 315mW～1W 这个范围内，均实现了调 Q 锁模 DSR 脉冲输出，并且随着泵浦功率的提升，调 Q 包络的重复频率也随之增加，如图 4.13（a）～（f）所示，重复频率的增加特性与传统调 Q 脉冲一致，而在这个过程中，调 Q 包络内的 DSR 脉冲始终保持在基频运转，表现出了优越的抗分裂能力。

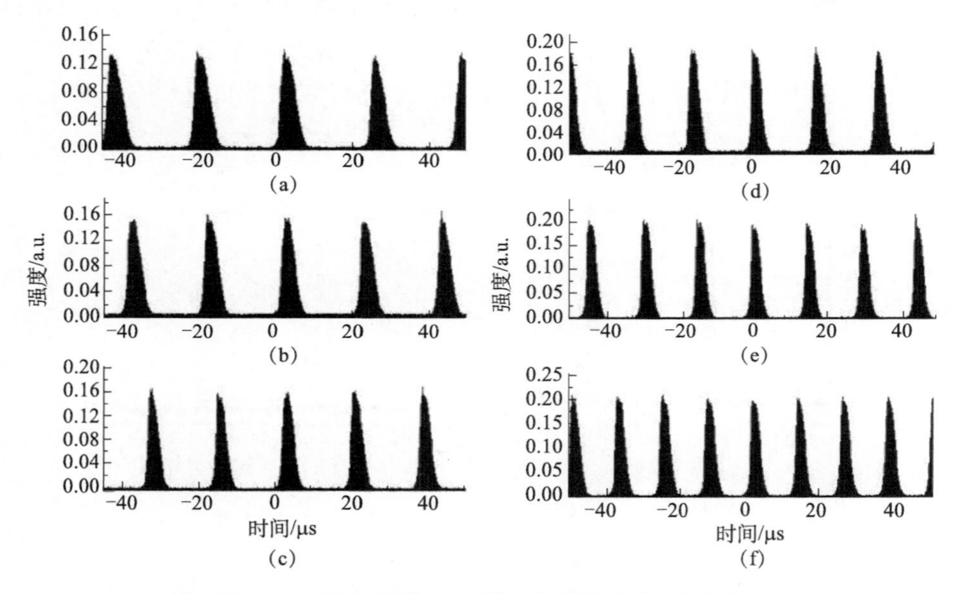

图 4.13　调 Q 锁模 DSR 脉冲序列随泵浦功率变化

(a) 315mW；(b) 397mW；(c) 500mW；(d) 630mW；(e) 793mW；(f) 1W

由于调 Q 锁模 DSR 脉冲同时包含了调 Q 及锁模两种运转机制，因此其输出功率及能量特性较复杂，可以分别对调 Q 锁模 DSR 脉冲的平均功率、单脉冲能量及峰值功率进行详细分析。图 4.14（a）展示了连续锁模 DSR 脉冲和调 Q 锁模 DSR 脉冲的输出平均功率随泵浦功率变化曲线，可以看出两种锁模状态具有较相近的平均功率及斜率效率。随着泵浦功率的增加，连续锁模 DSR 脉冲和调 Q 锁模 DSR 脉冲的脉冲宽度也随之增加，如图 4.14（b）所示，在同一泵浦功率下，两种状态脉冲宽度的差异是由脉冲能量及峰值功率的变化造成的。随着泵浦功率从 315mW 增加至 1W，调 Q 包络宽度从 4.48μs 减小至 2.8μs，如图 4.14（c）中的黑色曲线所示。调 Q 包络宽度的减小导致调 Q 包络内的 DSR 脉冲个数由 34 个减少至 21 个，如图 4.14（c）中的红色曲线所示。

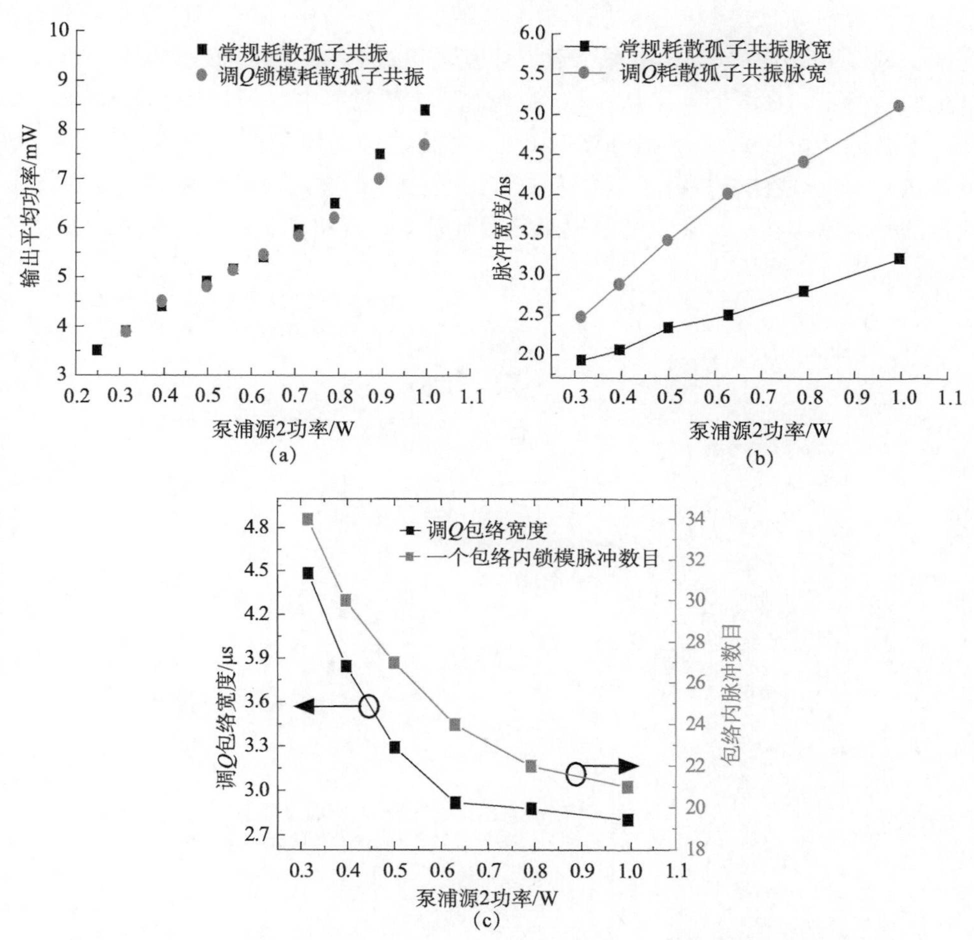

图 4.14　(a) 输出平均功率，(b) 脉冲宽度，以及 (c) 调 Q 包络宽度、包络内脉冲数量与泵浦功率关系

作为调 Q 激光器的基本特征，调 Q 锁模 DSR 脉冲运转状态下的调 Q 包络随着泵浦功率的增加从 41.6kHz 增加至 74kHz，如图 4.15（a）中的黑色曲线所示。如果将每个调 Q 包络看作一个独立整体，对应每个调 Q 包络的总能量在 91.5～105.2nJ 变化，如图 4.15（a）中的红色曲线所示。由于在不同泵浦功率下，调 Q 包络内包含了多个并且数量不同的锁模 DSR 脉冲，从图 4.12（b）中可以看出，每个 DSR 脉冲具有不同的峰值强度，因此很难精确地计算出每个脉冲对应的单脉冲能量和峰值功率，但是调 Q 包络内 DSR 脉冲的平均单脉冲能量

可以通过以下公式计算：

$$Q_{DSR}=\frac{P}{f_Q\times N} \tag{4.1}$$

其中，P 为调 Q 锁模 DSR 脉冲的输出平均功率；f_Q 为调 Q 包络的重复频率；N 为单个调 Q 包络内的 DSR 脉冲个数。计算得到的平均单脉冲能量如图 4.15 中的红色曲线所示，在泵浦功率从 315mW 增加至 1W 过程中，调 Q 锁模 DSR 脉冲的平均单脉冲能量从 2.67nJ 增加至 5.2nJ，对比连续锁模状态下的 DSR 脉冲（黑色曲线），单脉冲能量提升了 3 倍左右，这是由于在这两种运转状态的脉冲具有相近的平均输出功率。在连续锁模运转的基础上，调 Q 机制的引入使在时域上平

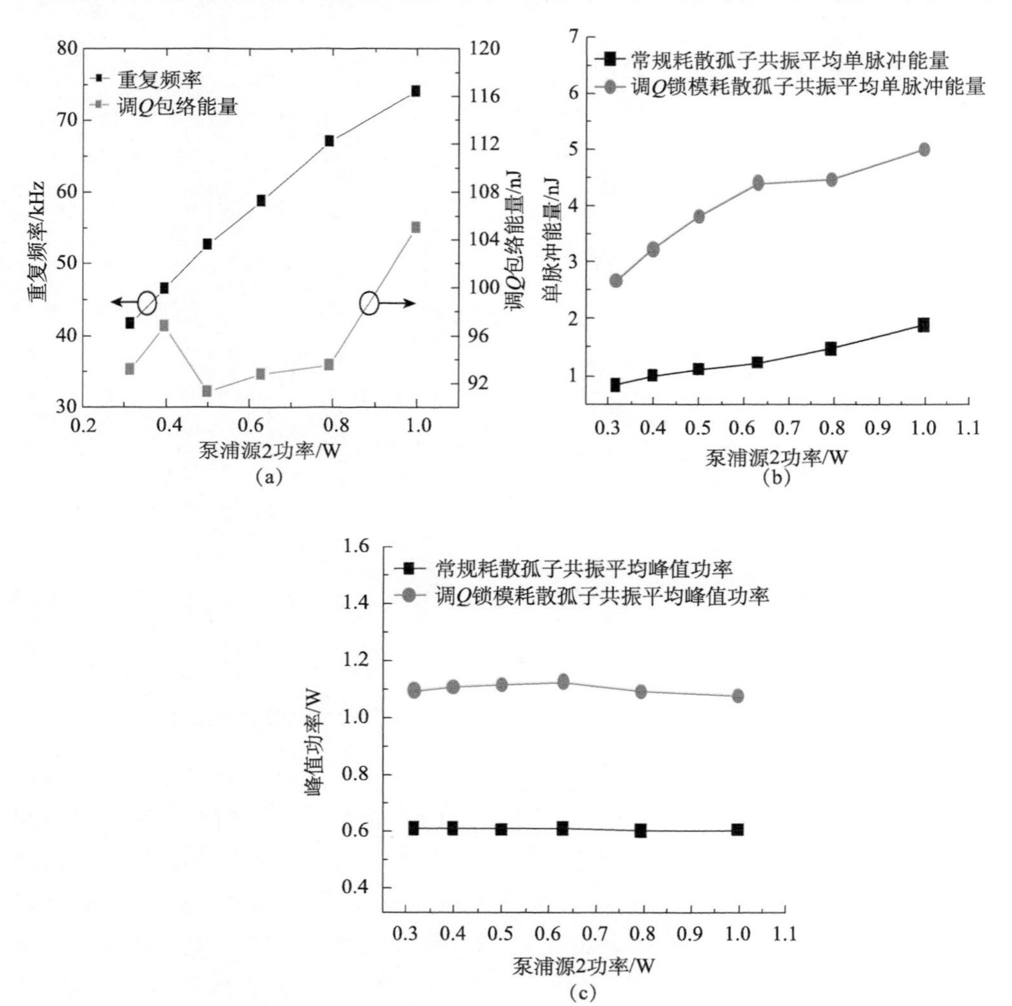

图 4.15　(a) 调 Q 重复频率、调 Q 包络能量与泵浦功率关系，(b) 单脉冲能量与泵浦功率关系，(c) 峰值功率与泵浦功率关系

均分布的 DSR 脉冲能量被集中在一系列宽度较窄（微秒量级）的调 Q 包络内。单脉冲能量的增加也同样导致了 DSR 脉冲峰值功率的提升，由于调 Q 包络内的多个 DSR 脉冲具有近乎相同的脉冲宽度，因此调 Q 锁模 DSR 脉冲的平均峰值功率为

$$P_{\text{peak}} = \frac{Q_{\text{DSR}}}{\tau} \tag{4.2}$$

其中，τ 为 DSR 脉冲的宽度。计算得到的调 Q 锁模 DSR 脉冲的平均峰值功率如图 4.15（c）中的红色曲线所示，可以看出，和连续锁模 DSR 脉冲一样，随着泵浦功率的增加，调 Q 锁模 DSR 脉冲的平均峰值功率保持不变，当连续锁模运转状态转变成调 Q 锁模状态后，DSR 增加，调 Q 锁模 DSR 脉冲的平均峰值功率由 0.6W 增加至 1.1W。因此可以得出结论，调 Q 锁模 DSR 运转是在连续锁模 DSR 脉冲的基础上，进一步提升单脉冲能量及峰值功率的有效方式。受限于泵浦功率等条件，实验中采用调 Q 锁模运转机制，将所实现的 DSR 脉冲的最大单脉冲能量提升至 5.2nJ，然而 DSR 脉冲的单脉冲能量远不止于此，通过继续增加泵浦功率、优化转换效率及采用后续放大等方式，DSR 脉冲的单脉冲能量可进一步大幅度提高，甚至可以达到微焦量级。

4.2　全保偏干涉仪结构锁模光纤激光器

全保偏光纤激光器具有环境干扰不敏感的特性，在受到外界应力挤压的情况下，仍能保持较稳定的锁模脉冲运行，所以脉冲光源能在不稳定甚至恶劣的条件下工作，具有非常广泛的应用价值。“8”字腔和“9”字腔锁模光纤激光器就可以采用全保偏结构设计。

4.2.1　“8”字腔锁模光纤激光器

采用非线性光纤环镜的全保偏光纤激光器，根据增益的不对称放置，可将“8”字腔分为 NALM 和 NOLM。其中全保偏 NALM 根据自启动方法还可分为双环增益和引入相位偏置器的 NALM，下面介绍几种“8”字腔的实验结构。

1. 全保偏双环增益 NALM 光纤激光器

2012 年，Aguergaray 等报道了第一台全保偏“8”字腔锁模光纤激光器[7-9]，该激光器结构没有使用传统结构中的偏振控制器，而是通过在“8”字腔的两个环内各加入一个增益来实现脉冲的自启动。实验结构如图 4.16 所示，为了提高环境稳定性，该激光器全部由保偏器件和保偏光纤组成，该结构主要由两部分组成。一部分是含有一段保偏掺镱光纤，一个保偏波分复用器，一段保偏单模光纤用于帮助脉冲积累足够的啁啾拉伸脉冲的时域与频域宽度，一个保偏光隔离器用

于定义环形腔内光传输的方向，一个保偏光耦合器用于将腔内部分脉冲能量输出到腔外，中心波长为 1030nm 的保偏窄带带通滤波器组成的环形腔为主环路。该部分可产生光谱带宽小于 0.1nm 的窄带连续波输出。第二部分包含一个保偏波分复用器，一段保偏掺镱光纤，一段保偏单模光纤可使保偏增益光纤在环内偏向于一侧，帮助两个反向脉冲积累足够的非线性相移差，从而实现锁模，该环路就是 NALM 环路。

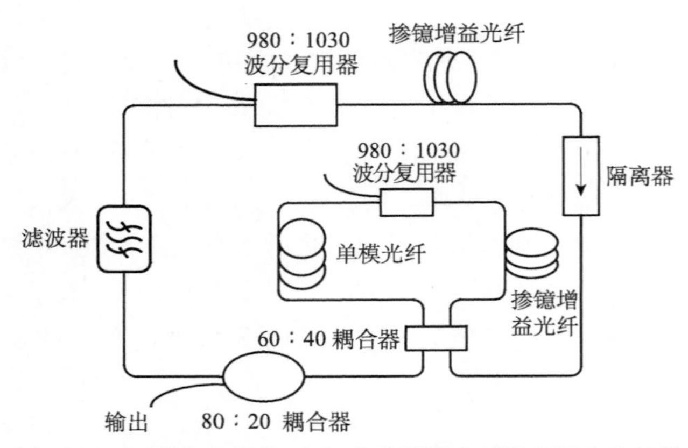

图 4.16　双增益全保偏“8”字腔锁模光纤激光器实验结构

将主环和 NALM 内的泵浦功率分别增加到 75mW 和 60mW 以上时，腔内实现多脉冲锁模。此时适当降低泵浦功率，就产生了 10MHz 的脉冲串（图 4.17（a））。虽然总腔色散在脉冲形成过程中确实起着重要作用，但通过增加额外的光纤长度，在不显著改变激光输出特性情况下，能够实现重频在 6～10MHz 改变。在基本锁模状态下，激光器的输出功率为 3mW，对应于脉冲能量为 0.3nJ。光谱具有陡峭的边缘，这是在高正色散区工作的光纤激光器中形成的脉冲的特征。此外，增加主回路中放大器的泵浦功率时，在多重脉冲开始之前，可以观察到带宽的轻微增加而不改变光谱形状。脉冲频谱中心为 1027nm，3dB 带宽可达 5nm，如图 4.17（b）所示。锁模区的光谱明显大于带通滤波器的 1.7nm 带宽（以 1027nm 为中心），这表明，每次往返过程中，激光器内部都会发生相当大的脉冲演化和非线性光谱展宽。

示波器的脉冲波形如图 4.18（a）所示，脉冲持续时间为 7.6ps 并具有近似矩形形状的时间轮廓。经腔外压缩去啁啾后脉宽为 344fs 的脉冲稳定运行长达 3000h，如图 4.18（b）所示。

通过在腔内适当增加保偏光纤，使重复频率降至 1.7MHz，能够将 NALM 锁模的脉冲输出能量提升至 16nJ，且脉冲仍然能够压缩至 370fs[10]，表明 NALM 锁模脉冲仍然支持在有大量正色散的长腔中稳定维持运转。运用自相似演化过程，

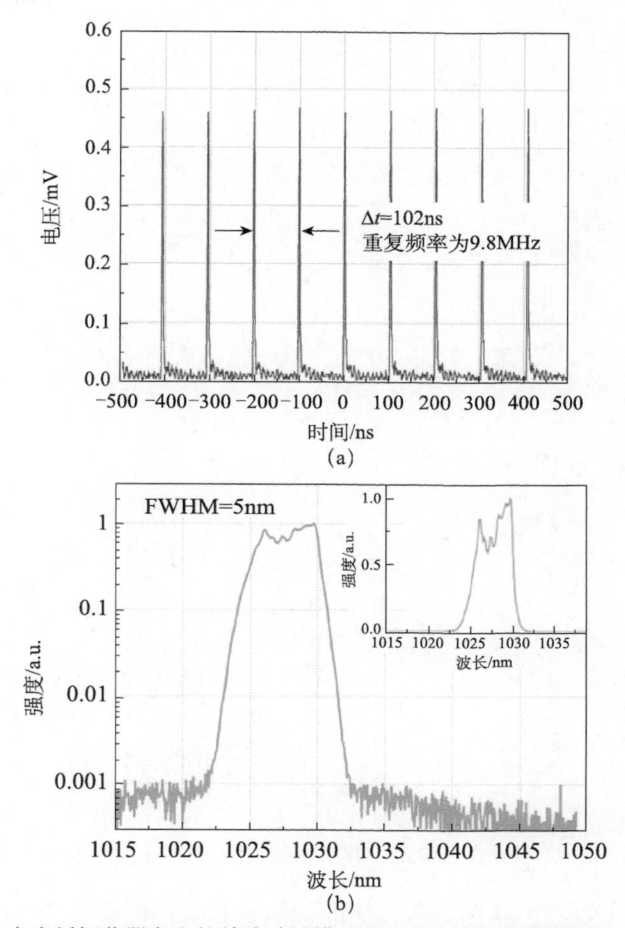

图 4.17　(a) 由光纤振荡器产生的单脉冲锁模脉冲串的光电探测器信号和 (b) 输出光谱

能够在 NALM 锁模的全保偏掺镱光纤激光器中实现宽谱脉冲输出，获得的最宽光谱 3dB 带宽为 20nm，单脉冲能量为 4.2nJ，重复频率为 10MHz，经腔外压缩后脉宽为 120fs[11]。这表明，基于 NALM 锁模的全保偏掺镱光纤激光器也可以输出宽光谱、大能量的脉冲，且支持压缩至百飞秒量级的脉宽。

2. 非互易相位偏置的 NALM 锁模光纤激光器

NOLM 和 NALM 以及“9”字腔依赖于正逆两个方向的光在传输过程中获得不同的非线性相移，产生了一定的相位差，从而实现光强的强度调制，对不同光强的光具有不同透过率的作用。因此，可以认为 NOLM、NALM、“9”字腔都是一种可饱和吸收体，区别于通常的真实可饱和吸收体，一般称之为虚拟可饱和吸收体。虚拟可饱和吸收体对光强的调制曲线跟通常的半导体可饱和吸收镜(SESAM)、石墨烯等实体可饱和吸收体略有不同，后者在低功率处斜率比较高，而 NOLM、NALM、“9”字腔的光强调制曲线在低功率时相对而言比较平坦，

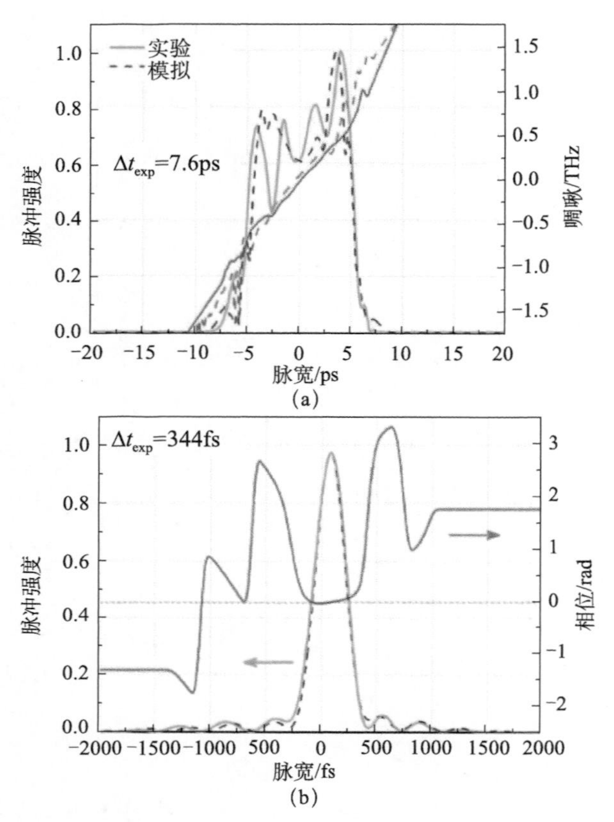

图 4.18 (a) 直接输出的波形图和 (b) 光栅压缩后的脉冲图

这就造成了 NOLM、NALM、“9”字腔的锁模启动阈值需要很高的功率。

“8”字腔和“9”字腔反射率/透过率与环内线性相移差的关系如图 4.19 所示，$\Delta\phi_0$ 代表线性相移差，$\Delta\phi_{NL}$ 代表非线性相移差，当非线性相移差接近 0 时，对应的就是连续光（CW）工作的状态；当非线性相移差明显大于 0 时，对应的就是脉冲光工作的状态。可见，对于“8”字腔而言，连续光的透过率（图 4.19 (a) 中的 1 点）比脉冲光低；而“9”字腔的连续光反射率（图 4.19 (b) 中的 1 点）比脉冲光高。所以在没有线性相移的条件下，“8”字腔比“9”字腔更适合作为锁模激光器的等效可饱和吸收体。但是，被动式锁模光纤激光器的自启动一般是通过在腔内产生一定强度的巨脉冲来实现的，而这种巨脉冲的产生与腔内初始连续光的强度有关。“8”字腔的连续光损耗特别大，导致这种结构下的锁模脉冲极难自启动。解决方法主要包括在 NOLM 环路的入射端以及环内加入偏振控制器，内外环分别加入一个增益，引入相位偏置器等。其中，引入相位偏置器的方法与其他两种方法相比，具有结构简单、可实现全保偏结构等优势，受到更多的关注。相位偏置器原理的实质是在环内加入一个线性相移 θ，即

$$|E_{\text{out1}}|^2 = |E_{\text{in}}|^2 \times 2\alpha(1-\alpha) \times \{1+\cos[\theta+(1-2\alpha)|E_{\text{in}}|^2 \times (2\pi n_2 L/\lambda)]\} \tag{4.3}$$

$$|E_{\text{out2}}|^2 = |E_{\text{in}}|^2 \times \{1-2\alpha(1-\alpha)\{1+\cos[\theta+(1-2\alpha)|E_{\text{in}}|^2 \times (2\pi n_2 L/\lambda)]\}\} \tag{4.4}$$

式中，E_{in}为入射光的强度；n_2为非线性克尔系数；L 为环路内光纤的长度；λ 为入射光的波长。对于“8”字腔而言，通过加入正的线性相移（图 4.19（a）中以 0.5π 为例），可以使连续光的透过率适当增大，从而增加巨脉冲出现的概率，达到自启动的目的（图 4.19（a）中 2 点）。同时，锁模脉冲的透过率（图 4.19（a）中 3 点）始终比连续光的透过率高，使激光器选择脉冲模式工作。对于“9”字腔而言，通过加入负的线性相移（图 4.19（b）中以 $-\pi/2$ 为例），可以使连续光的反射率离开最高点，处在比锁模脉冲反射率（图 4.19（b）中的 3 点）低的位置（图 4.19（b）中的 2 点），使“9”字腔激光器也能工作在锁模状态。

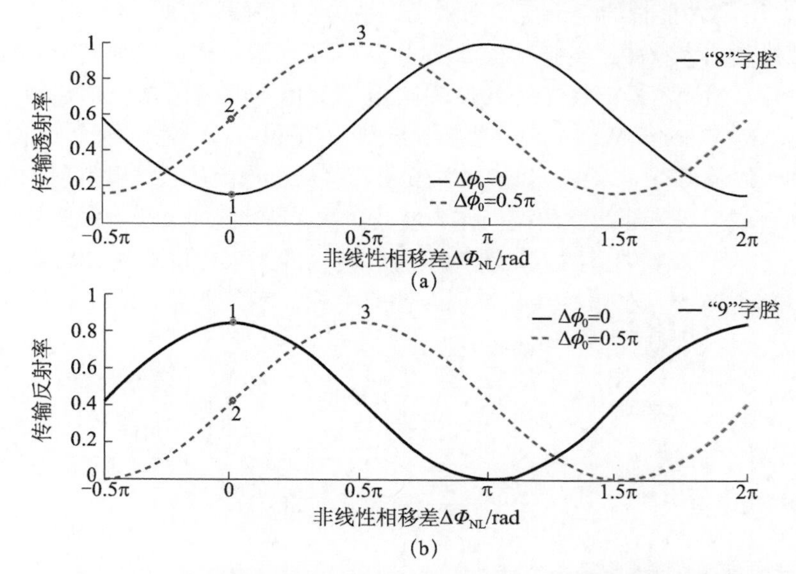

图 4.19　（a）“8”字腔非线性环镜下透过率与环内非线性相移差的关系和（b）“9”字腔非线性环境下反射率与环内非线性相移差的关系

常用的引入额外相位偏置的方法是利用非互异性（non-reciprocal）元件组成的相位偏置器件来引入额外的相位差。光学非互异性指的是沿着相反方向传输的光表现出不同的性质。1994 年，由 Lin、Donald 和 Sorin 提出了非互异性相位偏置的概念[12]，提出可以利用非互异性元件引入额外的相位偏置来降低“8”字腔激光器的锁模启动阈值。对于普通的光学元件来说，正向和逆向传输的光场分别经过时，获得的相位是相同的，这就导致最终在 2×2 耦合器处会聚干涉时，两束光之间的相位抵消，相位差为零，而非互异性元件对于正向和逆向通过的光，其获得的相位是不同的，这便有了额外的相位差。

法拉第旋光器是一种具有光学互异性的器件，当一束线偏振光经过法拉第旋光器时，偏振面的角度将会发生一定程度的偏转，并且偏转角度不依赖光场的传播方向。从正逆两个方向经过的光最终会聚时，其获得的角度偏转和相位将是叠加而不是抵消。利用非互异性元件制成的相位偏转器，可以将 NOLM、NALM、“9”字腔的可饱和吸收曲线平移，起到降低脉冲启动阈值的作用。

利用光纤的双折射效应可以引入额外偏置，通过 NPR，即调节偏振控制器的方式调节 NOLM、NALM 的饱和吸收曲线相位。这种方法简单，容易操作，但因为稳定性差，调节偏振控制器得到的相位不容易确定，可重复性不强。而且，对于全保偏结构的 NOLM、NALM 和“9”字腔激光器，无法通过这种方法调节相位。

一种 1.5μm 波段的采用非互易性相位偏置的 NALM 锁模全保偏掺铒光纤激光器[13]，采用双向泵浦掺铒光纤放大器将激光脉冲放大到纳焦量级。因此，实现了 42fs 和 2.2nJ 脉冲能量的完全自启动激光器结构，同时还得到了 28fs 和 3nJ 脉冲能量的更高峰值功率脉冲。实验结构如图 4.20 所示，为了构造一种完全环境稳定的光纤激光器，激光器沿 PM 光纤的慢轴工作。激光器由接在光纤耦合器中的线性臂、包含 980/1550nm WDM1、一段掺铒光纤（Er-fiber1）、输出耦合器（CP2）的非线性环路以及具有 $\pi/2$ 相位延迟的非互易相移器组成。从直线臂发射的激光通过 CP1 的 60％端口进入非线性环路。作为增益介质，Er-fiber1 为正色散光纤，被连接在顺时针方向的入射端口附近，为两个反向传输的光束提供非对称增益。保偏单模光纤（PM-SMF）在非线性回路和线性臂中的长度分别为 2m 和 0.38m。

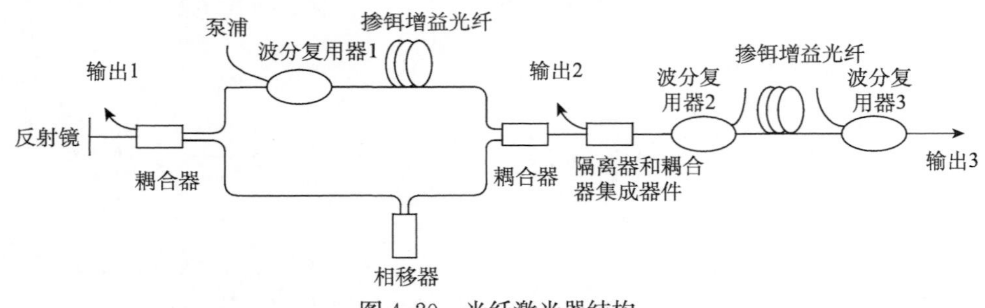

图 4.20　光纤激光器结构

该结构中，利用移相器，只需一个激光二极管（LD1），使振荡器更紧凑，功耗更低。采用不同长度的 Er-fiber1（0.30～2.1m，恒功率 380mW）进行了累积时间的统计分布测量。由于 Er-fiber1 不仅提供了激光增益，而且还充当了色散补偿元件，腔净 GVD 变化范围为－0.055～－0.019ps^2。实验中，当 Er-fiber1 的长度在 0.75～1.95m 时，在 325mW 的泵浦功率下，可以实现多脉冲自启动锁模。而当 Er-fiber1 长度超出范围时，需要振动光纤来启动锁模，降低泵功率可获得稳定的单脉冲工作，Er-fiber1 短于 0.45m 不能实现锁模。

实验中，使用了一个单级双向泵浦功率放大器来放大来自 NALM 锁模振荡器的种子脉冲。种子脉冲通过隔离器和耦合器集成器耦合到放大器中，放大器中的 Er-fiber2 与 Er-fiber1 是同一类型的光纤，Er-fiber2 的长度为 1.3m。图 4.21（a）和（b）分别显示了输出光谱，以及脉冲宽度和输出功率与泵浦功率的关系。

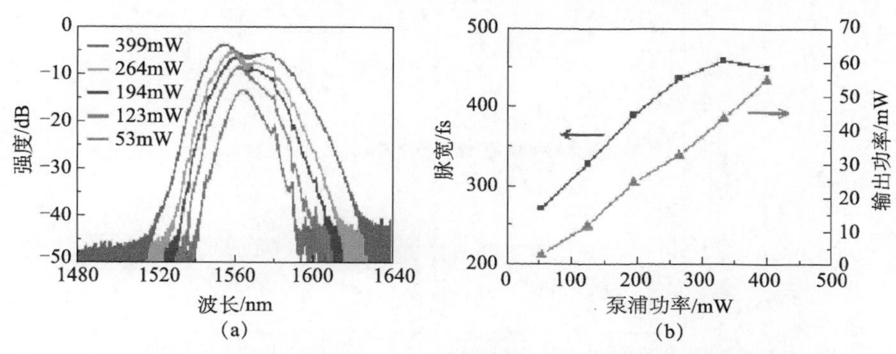

图 4.21　不同泵浦功率下的（a）输出光谱及（b）脉冲宽度和输出功率

3. NOLM 的全保偏光纤激光器

只利用一个泵浦源的全保偏 NOLM 锁模掺镱光纤激光器实验结构如图 4.22 所示[14]，腔由 PM-SMF 和器件拼接而成，比 NALM 锁模少用一个泵浦源，少了一个自由度的调节，但是仍然得到了很好的输出结果。激光器的主环路含有 0.15m 掺镱光纤（YDF）。用 976nm 的单模半导体激光二极管（LD）泵浦增益光纤，保偏光隔离器实现了激光的单向运转。在掺镱光纤前面连接一个 11nm 半宽度带通滤波器（FLT），输出光耦合器是一个 2×2 耦合器，它根据连接的输入端口提取 30%或 70%的腔内功率。由 20：80 光耦合器和一片 PM 光纤构成的 NOLM 将强度损耗引入腔中。该结构在 NOLM 前面附加了一个 2：98 光耦合器，用来观察环形镜反射脉冲的频谱。

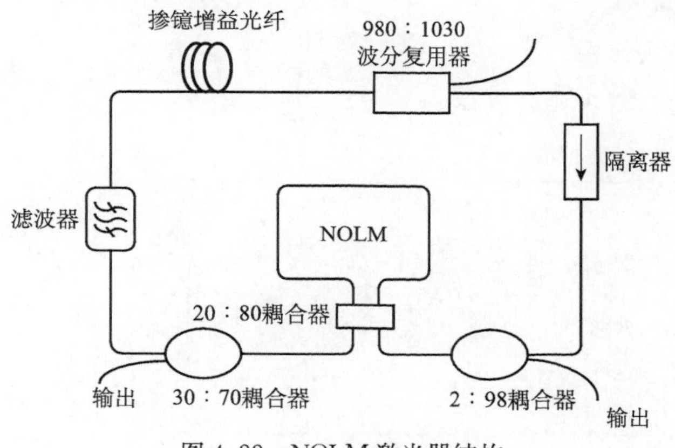

图 4.22　NOLM 激光器结构

该激光器输出脉冲的中心波长为1030nm，最大单脉冲能量为3.5nJ，重复频率为15MHz，初始脉冲宽度为19.5ps，经腔外压缩后获得了220fs的超短脉冲输出。输出脉冲频谱如图4.23中左插图所示，测量的自相关曲线如图4.23中右插图。

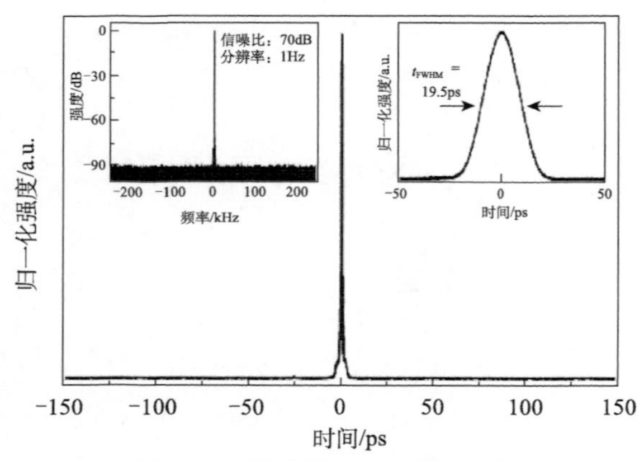

图4.23 脉冲的300ps自相关迹

右插图为未压缩脉冲的自相关迹，脉宽为19.5ps；左插图为以15MHz为中心的输出脉冲频谱

4.2.2 “9”字腔锁模光纤激光器

一种NALM锁模全保偏“9”字腔掺镱光纤激光器结构，如图4.24所示[15]。通过在放大环路中引入一个法拉第旋转器、$\lambda/8$波片和一个反射镜的组合，带来额外非互异性的相位偏置，有效地将锁模阈值降到了80mW，脉冲输出功率为4.1mW，重复频率为31.35MHz，中心波长为1030nm，3dB光谱带宽为3.1nm，初始脉冲宽度为2.13ps，经腔外光栅对压缩，可压缩至538fs。

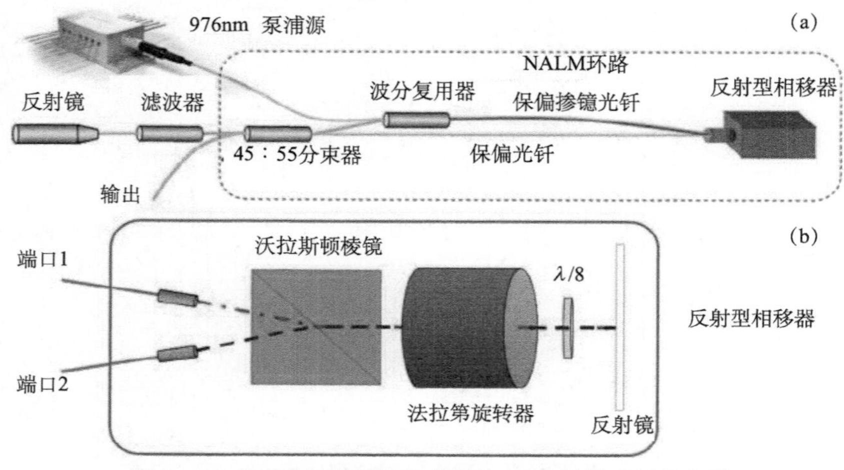

图4.24 基于非互易性相位偏置NALM锁模光纤激光器

对以上结构进行改进，在腔内加入两对光栅进行色散管理[16]，从腔内直接输出 108fs 的脉冲，压缩后可达 77fs，重频 313MHz。直接输出的飞秒脉冲有望作为频率梳光源。

在非线性偏振放大环形镜中用偏振分束器取代光纤 OC 的结构[17]，并辅以非互易性元件和增益光纤，作为全保偏光纤激光器中实现稳定锁模的核心器件。实现了重复频率 75MHz，脉宽 141fs 的锁模脉冲序列输出，通过调节腔内波片角度，激光器能够实现功率可调的双通道输出。在 270mW 的泵浦功率下，总输出功率约为 30mW。整个激光器输出功率高、脉宽窄，能够保持很高的环境稳定性，且能实现自启动。激光器的实验结构如图 4.25（a）所示，由保偏光纤部分和自由空间光路部分构成。采用波长 980nm 激光二极管泵浦掺铒光纤，其余光纤均为保偏单模光纤（PM-SMF）。光纤环路由线偏振分束器（ILP）、波分复用器和掺铒光纤构成。ILP 的结构如图 4.25（b）所示，从线偏振分束器的端口 3 入射光纤环路的脉冲快、慢轴分量经过线偏振分束器分束后将分别沿顺时针和逆时针方向传输，且均沿环内光纤慢轴传输。因此，光纤环路内传输的脉冲仅包含慢轴分量，而脉冲在环外光纤中同时包含快、慢轴分量。空间光路由相位偏置器、偏振分束器（PBS）、1/4 波片（QWP2）和反射镜（M）组成。相位偏置器结构如图 4.25（a）虚线框所示，是由法拉第旋光器（FR）和 1/4 波片（QWP1）组成的非互易元件，为脉冲的不同偏振成分提供不同的相移。调节 QWP2 的角度可实现输出功率可调的双通道输出。

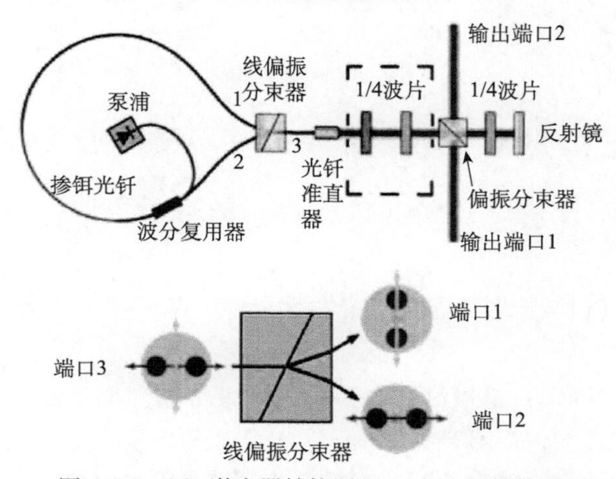

图 4.25　(a) 激光器结构图和 (b) ILP 结构图

以激光器 2 端输出为例，在输出功率为 14.5mW 时，如图 4.26（a）所示，相邻脉冲之间的时间间隔为 13.3ns。脉冲序列一次谐波的频谱如图 4.26（b）所示，一次谐波的中心频率为 74.5MHz，与相邻脉冲的时间间隔相匹配，信噪比为 60dB。图 4.26（c）显示了锁模脉冲序列 1～10 次谐波的频谱，稳定的高次谐波表明激光器处于稳定的锁模状态。

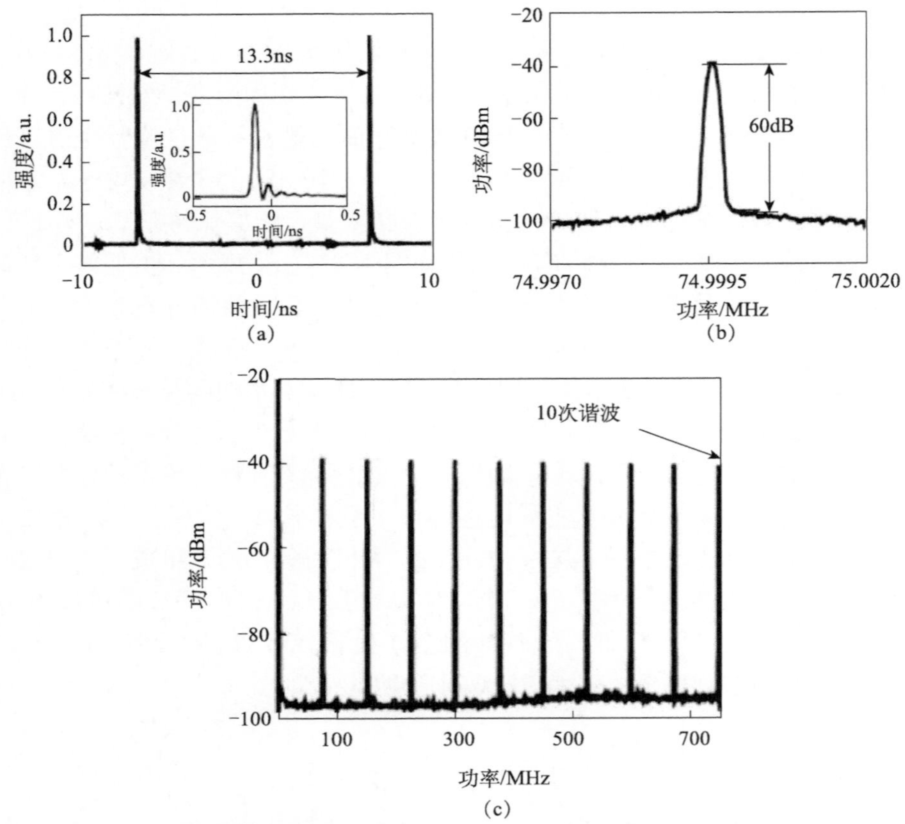

图 4.26 (a) 锁模脉冲序列（20ps 窗口），(b) 脉冲序列的一次谐波频谱和 (c) 脉冲序列的 1～10 次谐波频谱

插图为 1ps 窗口下示波器迹线

4.3 多模干涉结构锁模光纤激光器

多模光纤（MMF）是指可以在一根光纤中传输多个光传导模式的光纤。常见的多模通信光纤的包层直径为 125μm，与普通的单模光纤相比，其包层直径相同，但纤芯直径较大。较大的纤芯直径可使多模光纤中传输的光存在众多传导模式，从而使多模光纤具备与单模光纤完全不一样的传输模式特性。

4.3.1 光纤多模干涉效应

当任意光场耦合进入多模光纤后，会在多模光纤内激励产生一系列特定的本征模式，这些模式按照各自的纵向传输常数沿多模光纤独立传输，并相互叠加干涉，由于各本征模式的横模光场分布和纵向传输常数各不相同，其在多模光纤内叠加产生的光场能量分布随距离呈现类周期性变化，该效应即为光纤多模干涉（multimode interference，MMI）效应。在多模光纤某些特定位置，多模干涉产生的叠加光场同耦合进入多模光纤的光场一致，即实现了入射光场的复现，该效应称为自成像效应，这些位置被称为自成像点。

基于光纤多模干涉效应制作的各种光纤器件，具有制作工艺简单、灵敏度高、响应速度快等优势，被广泛应用于光纤滤波器、光开关、光纤传感器、光分束器、光纤透镜等器件的设计中。1836 年，Talbot 观察到，由于衍射效应，空间周期电磁场可以在传输方向上周期性地再现，这是对多模干涉效应最早的研究[18]。平面波导技术发展成熟后，多模干涉效应及自成像效应被应用在高性能平板波导耦合器的设计与制造中。随着光纤在光学领域展现出极大的应用价值，研究人员发现并从理论上解释了光纤中的多模干涉效应[19]。以此为依据，基于光纤多模干涉效应的一系列光纤器件被开发出来。除将其应用于光纤传感系统，还尝试将光纤多模干涉器件应用在光纤激光器的设计中，实现了多种效果的激光输出。

4.3.2　多模干涉效应锁模光纤激光器

2008 年，Zhu 等首次采用一段作为增益介质的有源掺杂多模光纤与一段用作光信号输出的单模光纤构成激光谐振腔，利用光纤内的多模干涉效应实现了单横模输出。在光纤多模干涉效应的实际应用中，入射光纤常选取普通单模光纤，故入射场多为基模场。得益于多模干涉效应产生的光谱滤波效果，输出激光谱宽小于 0.5nm，而光束的 M^2 参数更是达到了接近极限的 1.01[20]。而后，又对单模-多模-单模（SMS）结构的多模干涉滤波器的光谱响应特性进行了研究，从理论上推导出多模光纤中自成像位置同光纤长度、纤芯直径、光波长的关系，并提出了使用大模场直径单模光纤同多模光纤熔接时，所构成的多模干涉滤波器具有更好的光谱响应特征[21]。

也可以将 SMS 结构的多模光纤部分缠绕在偏振控制器上，加入环形腔结构的掺铒光纤激光器谐振腔内，如图 4.27 所示，通过调节两偏振控制器状态，可在 1542～1560nm 的波长区间实现输出连续光的调谐，进一步调整偏振控制器的运行状态和泵浦功率后，可产生连续可调谐的双波长、三波长等多波长输出[22]。

全光纤结构耗散孤子被动锁模光纤激光器中使用了一种基于多模干涉原理的光纤滤波器[23]，实验装置如图 4.28 所示，滤波器由两段单模光纤和一段多模光纤组成。通过合理地选取多模光纤的长度，构成中心波长 1067nm、3dB 带宽

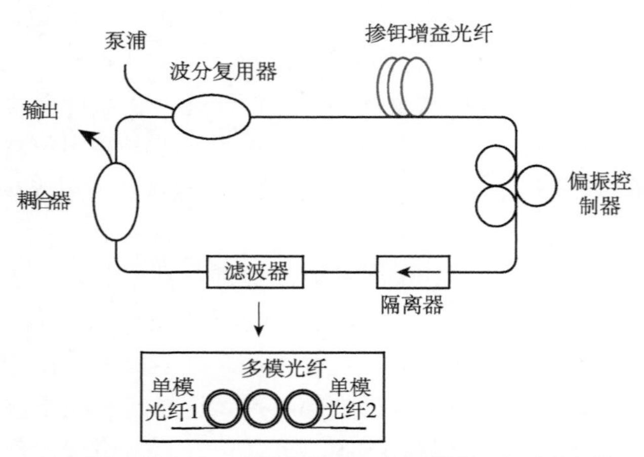

图 4.27 基于 SMS 结构的可调谐锁模掺铒光纤激光器

7.5nm 的光谱滤波器，将其应用于全正色散被动锁模掺镱光纤激光器中。当入射光由单模光纤耦合进入多模光纤时，在熔接点处会激发一系列多模光纤支持的高阶模式，高阶模式在多模光纤中传输，产生干涉效应使得能量重新分布。当光再由多模光纤进入单模光纤时，在多模到单模的熔接点处，多模光纤出射端面上只有部分光度较大的模式可以进入单模光纤传输，此时单模光纤起到了空间滤波的作用。结构主要包括 5m 长双包层掺镱光纤、光耦合器、(2+1)×1 合束器、带通滤波器、环行器以及作为锁模器件的 SESAM。其中，所用增益光纤是双包层掺镱光纤，光耦合器耦合比为 30∶70，30%端作为输出端口，70%端作为反馈端口，(2+1)×1 合束器将泵浦光和反馈光耦合进腔内。

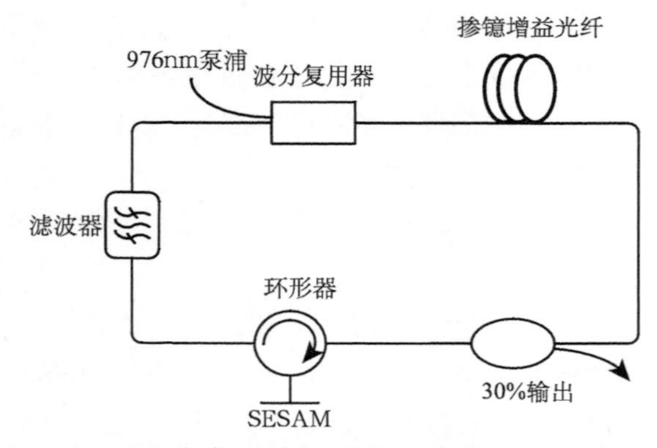

图 4.28 基于多模干涉的耗散孤子被动锁模光纤激光器

在泵浦功率为 794mW 时可得到重复频率为 18.5MHz 的稳定激光锁模脉冲。继续增加泵浦功率，脉冲宽度略微变窄，在泵浦功率为 865mW 时，平均输出功率达到最大值 8mW。进一步增大泵浦功率，脉冲将分裂形成稳定的双脉冲。脉冲未分裂时，最大稳定输出脉冲的单脉冲形状、脉冲串分别如图 4.29（a）、（b）所示。实验测得输出脉宽 ω_p 为 28.57ps，如图 4.29（a）所示。假设输出脉冲形状具有高斯型轮廓，测得输出脉冲脉宽为 21ps，时间带宽积为 37.6，这表明输出脉冲具有很大的正啁啾。图 4.30 为锁模光纤激光器的输出脉冲光谱，其中图 4.30（a）为加滤波器的光谱图，图中的光谱有明显陡沿，为典型的全正色散耗散孤子脉冲的光谱特性，中心波长约为 1067nm，其半高全宽为 4.32nm，激光输出单脉冲能量为 0.43nJ。图 4.30（b）为未加滤波器时的光谱图，光谱中心波长为 1076.2nm，半峰全宽为 3.5nm。

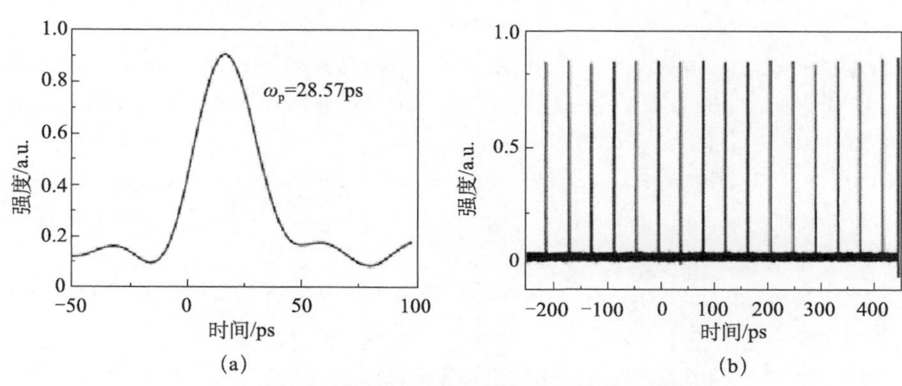

图 4.29 加滤波器的锁模光纤激光器脉冲输出特性

（a）单脉冲；（b）脉冲串

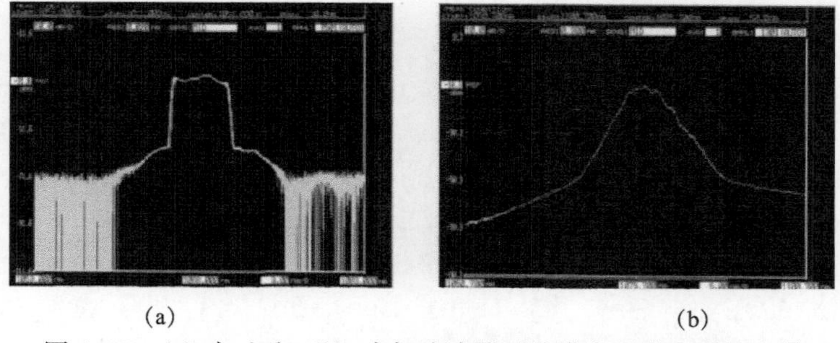

（a） （b）

图 4.30 （a）加入和（b）未加滤波器时锁模光纤激光器的光谱

参考文献

［1］ Huang Y Q，Qi Y L，Luo Z C，et al. Versatile patterns of multiple rectangular noise-like pulses in a fiber laser [J]. Optics Express，2016，24（7）：7356-7363.

［2］ Huang Y Q，Hu Z A，Luo Z C，et al. Coexistence of harmonic soliton molecules and rectangular noise-like pulses in a figure-eight fiber laser [J]. Optics Letters，2016，41（17）：

4056－4059.

[3] Ma W Z，Wang T S，Su Q C，et al. Dual-pulses and harmonic patterns of a square-wave soliton in passively mode-locked fiber laser [J]. Laser Physics Letters，2018，15：065102.

[4] Su Q C，Wang T S，Zhang J，et al. Dual square-wave pulse passively mode-locked fiber laser [J]. Applied Optics，2017，56 (17)：4934－4939.

[5] Wu X，Tang D Y，Zhang H，et al. Dissipative soliton resonance in an all-normal-dispersion erbium-doped fiber laser [J]. Optics Express，2009，17 (7)：5580－5584.

[6] Semaan G，Ben F B，Salhi M，et al. Generation of high energy square-wave pulses in all anomalous dispersion Er：Yb passive mode locked fiber ring laser [J]. Optics Express，2014，24 (8)：8399－8404.

[7] Aguergaray C，Broderick N G R，Erkintalo M，et al. Mode-locked femtosecond all-normal all-PM Yb-doped fiber laser using a nonlinear amplifying loop mirror [J]. Optics Express，2012，20 (10)：10545－10551.

[8] Runge A F J，Aguergaray C，Provo R，et al. All-normal dispersion fiber lasers mode-locked with a nonlinear amplifying loop mirror [J]. Optical Fiber Technology，2014，20 (6)：657－665.

[9] Bowen P，Singh H，Runge A，et al. Mode-locked femtosecond all-normal all-PM Yb-doped fiber laser at 1060 nm [J]. Optics Communications，2016，364：181－184.

[10] Erkintalo M，Aguergaray C，Runge A，et al. Environmentally stable all-PM all-fiber giant chirp oscillator [J]. Optics Express，2012，20 (20)：22669－22674.

[11] Aguergaray C，Hawker R，Runge A F J，et al. 120fs，4.2nJ pulses from an all-normal-dispersion，polarization-maintaining，fiber laser [J]. Applied Physics Letters，2013，103 (12)：121111.

[12] Lin H，Donald D K，Sorin W V. Optimizing polarization states in a figure-8 laser using a nonreciprocal phase shifter [J]. Journal of Lightwave Technology，1994，12 (7)：1121－1128.

[13] Chen F，Hao Q，Zeng H. Optimization of an NALM mode-locked all-PM Er：fiber laser system [J]. IEEE Photonics Technology Letters，2017，29 (23)：2119－2122.

[14] Szczepanek J，Kardaś T M，Michalska M，et al. Simple all-PM-fiber laser mode-locked with a nonlinear loop mirror [J]. Optics Letters，2015，40 (15)：3500－3503.

[15] Jiang T，Cui Y，Lu P，et al. All PM fiber laser mode locked with a compact phase biased amplifier loop mirror [J]. IEEE Photonics Technology Letters，2016，28 (16)：1786－1789.

[16] Liu G，Jiang X，Wang B，et al. 313MHz repetition rate mode-locked Yb：fiber laser with phase-biased nonlinear amplifying loop mirror [J]. Laser Physics Letters，2017，14 (8)：085103.

[17] 李润敏，宋有建，师浩森，等．全保偏非线性偏振环形镜锁模掺铒光纤激光器 [J]. 红外与激光工程，2018，47 (08)：57－62.

[18] Talbot H F. Facts relating to optical science. No. IV [J]. The London，Edinburgh，and Dublin Philosophical Magazine and Journal of Science，1836，9 (56)：401－407.

[19] Soldano L B, Veerman F B, Smit M K, et al. Planar monomode optical couplers based on multimode interference effects [J]. Journal of Lightwave Technology, 1992, 10 (12): 1843 - 1850.

[20] Zhu X, Schülzgen A, Li H, et al. Single-transverse-mode output from a fiber laser based on multimode interference [J]. Optics Letters, 2008, 33 (9): 908 - 910.

[21] Zhu X, Schülzgen A, Li H, et al. Detailed investigation of self-imaging in largecore multimode optical fibers for application in fiber lasers and amplifiers [J]. Optics Express, 2008, 16 (21): 16632 - 16645.

[22] 郝艳萍，张书敏，王新占，等．基于多模光纤滤波器的可调谐掺铒光纤激光器 [J]. 光学学报，2011，31 (8)：205 - 210.

[23] 谭方舟，刘江，孙若愚，等．基于多模干涉效应的全正色散被动锁模掺镱光纤激光器 [J]. 中国激光，2013，40 (4)：60 - 64.

第 5 章　真实可饱和吸收体材料超快光纤激光器

真实可饱和吸收体通常包括半导体可饱和吸收镜（SESAM）及不同维度的纳米材料，随着光强的增加，该类可饱和吸收体材料的吸收特性会呈现出非线性衰减，可饱和吸收镜是目前应用得最广泛的真实可饱和吸收体[1]。

5.1　SESAM 锁模光纤激光器

饱和吸收体（SA）是一种光学损耗随着入射光强增加而减小的材料器件，也是启动和稳定激光器锁模状态的关键器件[2]。在锁模技术的早期研究中，染料是最受欢迎的 SA，但是受限于固有的能级跃迁规律，其参数的范围通常是有限的且难以调控。不仅如此，在高功率激光脉冲作用下，它们往往具有很高的毒性[3]。因此，人们迫切需要发展新型的 SA 材料器件。

半导体材料的独特能级特性早已受到广泛关注，早在 20 世纪 90 年代初就发展出了半导体可饱和吸收体材料。半导体可饱和吸收体的响应本质上包含带内和带间两个过程，电子在带内的快速热运动有助于稳定超短脉冲，而缓慢的带间复合则有助于激光器启动锁模[4]。利用成熟的半导体工程技术，通过调整两种运动的相对程度和带隙，可以使其具有极宽范围的吸收波长。在此基础上，通过采用周期性的布拉格反射镜结构（图 5.1），半导体可饱和吸收镜的调制深度、饱和通量和非饱和损耗均可以通过结构设计加以调控[5]。

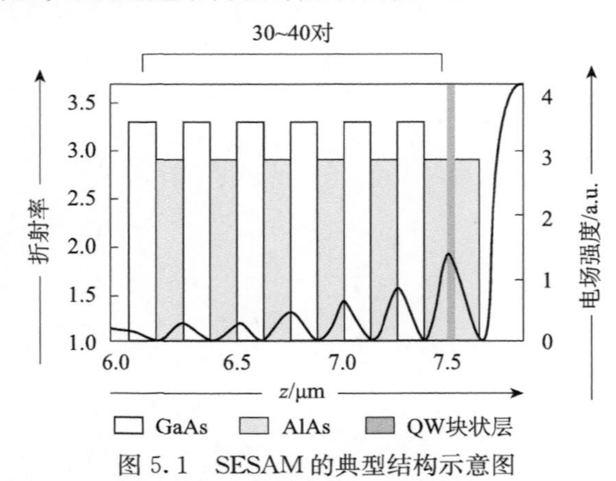

图 5.1　SESAM 的典型结构示意图

GaAs 和 AlAs 材料构成的周期性布拉格光栅，QW 块状层是量子阱或薄膜吸收层

5.1.1 SESAM 的锁模原理

可饱和吸收体是一种光吸收随着入射光强的增加而降低的材料，激光锁模需要一种适合在固态激光器谐振腔中的光强度下使用的可饱和吸收体，而半导体可饱和吸收体正是适合这种光强度的理想器件。半导体可饱和吸收体与反射镜构成 SESAM，材料能带中价带和导带之间的禁带宽度决定其工作波段[6]。为了获得更大的 SESAM 工作范围，可以采用不同的半导体材料或者通过带隙工程直接改变带隙[4]。由于Ⅲ-Ⅴ族半导体化合物在可见光和红外波段有较大的吸收，所以该族化合物可作为制造在可见光和红外波段的半导体可饱和吸收体的理想材料[7]。

下面介绍 SESAM 的工作原理。激光入射到半导体可饱和吸收材料上时会激发载流子从价带（valence band）跃迁到导带（conduction band）上，宏观上表现为光吸收。随着入射光光强的增大，价带上的载流子会全部激发到导带上，导致价带载流子被消耗殆尽，宏观上表现为半导体材料对光的吸收达到饱和状态[4]。SESAM 饱和状态下对光的吸收少，透过率大。对于脉冲而言，脉冲中心部分损耗小而脉冲边缘部分损耗大，所以每经过一次 SESAM，脉冲都会变窄。SESAM 的典型结构为：布拉格反射镜在最底层，第二层为可饱和吸收材料，该材料生长在布拉格反射镜上，第三层可以存在也可以不存在，存在的情况为生长在半导体可饱和吸收材料上的反射镜，不存在的情况为可直接利用的可饱和吸收材料与空气的界面作为反射镜。

根据不同需要，SESAM 的设计各异，但是其吸收时间特性却大致相同，可饱和吸收体工作原理可利用图 5.2 的示意图解释。当光入射到可饱和吸收体上时，若入射光足够强，处于价带上的载流子受到激发从而跃迁到导带上，当饱和吸收体吸收达到饱和时，光脉冲可以无损耗地通过，此时可饱和吸收体变得透明，通常称此时的可饱和吸收体处于漂白状态。由于饱和吸收体具有一定的恢复时间，因此后续部分光强可以在漂白的恢复时间内无损耗地通过。当导带上的粒子数饱和以后，可饱和吸收体能带中的载流子会进行带内热平衡，当可饱和吸收体达到自身的响应恢复时间时，会使半导体的吸收得到部分恢复。之后，在能带带间载流子的复合和杂质缺陷的作用下，导带上的载流子又会回到价带。所以，可饱和吸收体可以周期性地使较强部分光强通过，而较弱部分光强则被阻止通过。

半导体的吸收过程有两个特征弛豫时间：带内热平衡弛豫时间和带间跃迁弛豫时间。在被动锁模过程中，响应时间很短的带内热平衡（一般处于飞秒量级）可以有效压缩脉宽、维持锁模；响应时间较长的带间跃迁则提供了锁模的自启动机制，对于低温生长的材料，这一时间具体是由电子空穴陷获决定的，一般来说大约在皮秒甚至纳秒量级。半导体内部的表面效应、缺陷、团簇等都会引起陷

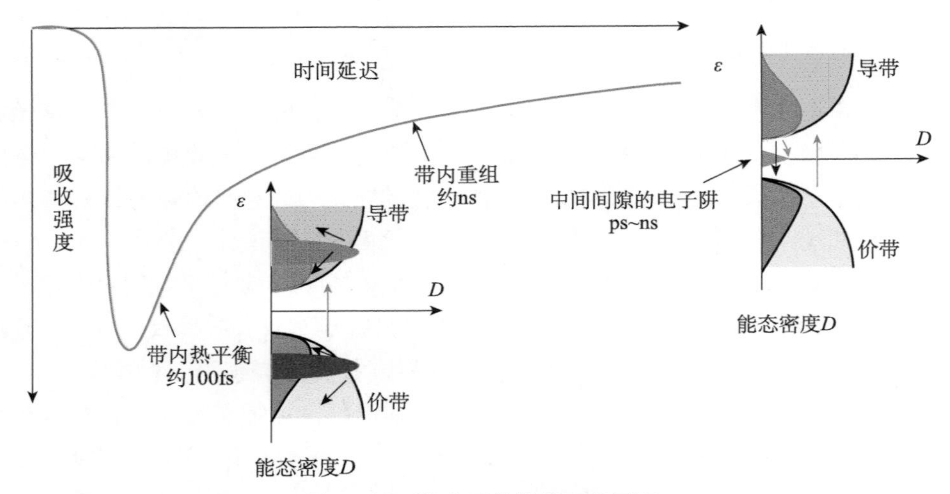

图 5.2　可饱和吸收体的工作原理

获，而产生的陷获会使布居数的衰减更加迅速。在一般情况下，半导体的生长温度越低，引入的缺陷越多，这样使得带间跃迁弛豫时间更短。可以通过改变吸收体的生长温度来改变陷获密度，从而改变带间跃迁弛豫时间。

SESAM 的调制深度和响应时间等参数与可饱和吸收体厚度、布拉格反射镜的反射率和界面反射镜的反射率相关。但是 SESAM 也存在成本较高，易损坏的缺点。由 SEASM 组成的光纤激光器实验结构如图 5.3 所示，SESAM 的调制深度、饱和通量和非饱和损耗均可以通过结构设计加以调控[8]。

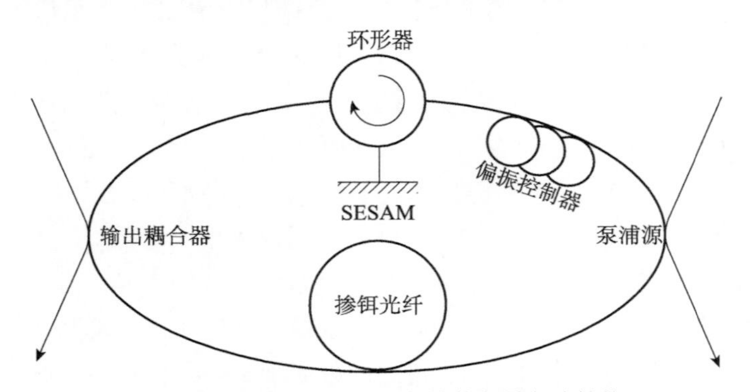

图 5.3　含有 SESAM 的光纤激光器实验结构

5.1.2　SESAM 的光学特性

从光学的角度来说，SESAM 是一种具有非线性反射率的光学器件，而该特性引入的周期性幅度调制就是启动锁模的关键。SESAM 的反射率特性不仅与入射光强度的空间分布和时间分布相关，还与其本身的响应参数相关。SESAM 的调制深度、时间特性、空间特性、非饱和损耗和损伤阈值等参量决定了被动锁模激光器的特性。

1. 调制深度

调制深度是 SESAM 关键参数之一，对于激光器工作状态的建立和稳定具有重要作用。SESAM 典型的稳态反射率与入射脉冲通量的关系是，反射率随入射脉冲通量增大而增大。其中，脉冲通量的定义为单位面积上传输的脉冲能量大小。在入射脉冲通量较低时（$F_{PA} \ll F_{sat}$），即 SESAM 远未达到饱和，此时 SESAM 的反射率较低，且随入射脉冲通量的变化率也较低，相当于一个损耗较大的线性反射镜，作用于脉冲尾部。随着入射脉冲通量的增大（$F_{PA} \sim F_{sat}$），SESAM 的反射率对入射脉冲通量较为敏感，一般作用于脉冲前后沿。随着入射脉冲通量的进一步增大（$F_{PA} \gg F_{sat.A}$），SESAM 被完全漂白，其反射率达到最大且保持稳定，该反射率称为饱和反射率 R_{ns}。$\Delta R_{ns}=1-R_{ns}$ 为非饱和损耗，将 SESAM 可实现的最大反射率差值称为调制深度 ΔR，饱和通量 F_{sat} 为 SESAM 反射率与最低反射率差值下降为 ΔR 的 1/e 所对应的入射脉冲通量[9]。

调制深度的设计原则需要根据激光器的工作状态和腔内脉冲特性来确定。例如，在用于锁模激光器时，为了抑制调 Q 不稳定性，根据稳定性分析理论，则可根据稳定性判据公式中的参数估算来选择调制深度较低的 SESAM。但是，也不宜将调制深度选择过低，周期性调制深度较小会导致锁模边带的附加增益较低，从而不利于锁模的启动。另一方面，若是将 SESAM 用于调 Q 激光器，则调制深度应当设置为较大的值，以使 SESAM 类似于光开关的作用。因此，锁模应用所要求的调制深度一般比调 Q 应用要低很多，对于激光器的锁模状态的启动和稳定运行具有重要意义。

2. 时间特性

可饱和吸收体为两能级系统[9]，半导体的价带中的电子吸收光子能量 $E=h\mu$ 可从基态激发到导带，若价带和导带中的状态数分别为 N_v 和 N_c，则通过速率方程可以描述这个过程：

$$\frac{\partial N_v}{\partial t}=-\frac{\partial N_c}{\partial t}=B_{12}\rho(v)(N_v-N_c)-\frac{N_v}{\tau} \tag{5.1}$$

其中，$B_{21}=B_{12}$ 是爱因斯坦系数；$\rho(v)$ 是入射光子密度；τ 是导带中激发电子的弛豫时间。可饱和吸收体的吸收 A 与基态电子数 N_c 成正比，若入射光子密度与随时间变化的光束强度 $I(t)$ 成正比，那么可以将状态数的速率方程改写成吸收 $A(t)$ 的速率方程

$$\frac{\partial A(t)}{\partial t}=\frac{A_0-A(t)}{r}=-\frac{A(t)I(t)}{F_{sat}} \tag{5.2}$$

式中，A_0 是未饱和吸收；$F_{sat}=I(t)/(B_{12}\rho(v))$ 是饱和通量。方程的通解为

$$A(t) = A_0 \mathrm{e}^{-\int \left\{ \frac{1}{\tau} + \frac{2I(t)}{F_{\mathrm{sat}}} \right\} \mathrm{d}t} \left\{ 1 + \int \left\{ \frac{1}{\tau} \mathrm{e}^{\int \left\{ \frac{1}{\tau} + \frac{2I(t)}{F_{\mathrm{sat}}} \right\} \mathrm{d}t} \right\} \mathrm{d}t \right\} \tag{5.3}$$

假设入射脉冲为高斯脉冲，其强度为

$$I(t) = \frac{2F_0}{\sqrt{\pi} t_{\mathrm{p}}} \exp(-t^2/t_0^2) \tag{5.4}$$

$$F_0 = \int I(t) \mathrm{d}t \tag{5.5}$$

那么，

$$A(t) = A_0 \mathrm{e}^{\left\{ \frac{t_1 - t}{\tau} - \frac{F_0}{F_{\mathrm{sat}}} \left[1 + \mathrm{erf}\left(\frac{t}{t_0} \right) \right] \right\}} \left\{ 1 + \int_{t_1}^{t} \mathrm{e}^{\left\{ \frac{F_0}{F_{\mathrm{sat}}} \left[\mathrm{erf}\left(\frac{t'}{t_0} \right) - \mathrm{erf}\left(\frac{t_1}{t_0} \right) \right] + \frac{t' - t_1}{\tau} \right\}} \mathrm{d}t' \right\} \tag{5.6}$$

上式在 $r \gg t_0$ 和 $r \ll t_0$ 时可以进行简化，其中，$S = F_0/F_{\mathrm{sat}}$，

$$A(t) = \begin{cases} A_0 \exp\{-\{S[1 + \mathrm{erf}(t/t_0)]\}\}, & \tau \gg t_0 \\ A_0/(1 + S\tau/t_0), & \tau \ll t_0 \end{cases} \tag{5.7}$$

图 5.4 是 SESAM 吸收曲线，当 $\tau = 0.2t_0$ 时，SESAM 的吸收对入射脉冲的响应几乎是瞬时的，相当于快速可饱和吸收体。当 $\tau \ll 0.2t_0$ 时，SESAM 的吸收对入射脉冲的响应有很长的迟滞，吸收曲线近似为一个阶跃函数，在脉冲熄灭后，依然保持较低的吸收率，这种特性类似于光开关，脉冲强度的长期累积达到阈值后才能够打开，脉冲消失后的积分量低于阈值才会关闭。当 $\tau \sim 0.2t_0$ 时，吸收曲线介于上述两种状态之间。由上面的分析可知，SESAM 吸收率的时间特性可由弛豫时间 τ 表示，反映了 SESAM 吸收率随入射光强变化的快慢能力。

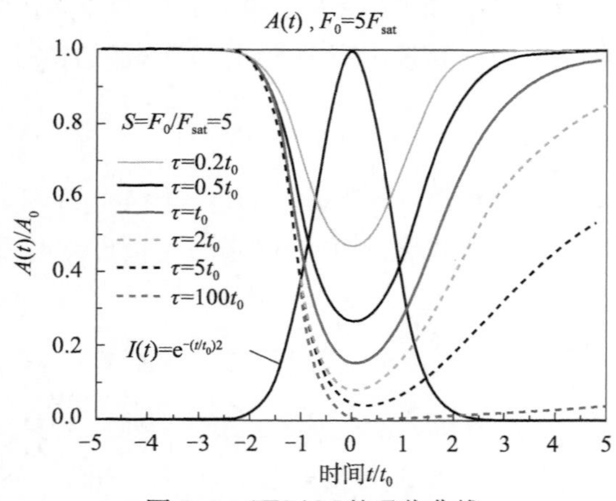

图 5.4　SESAM 的吸收曲线

其中 $S = F_0/F_{\mathrm{sat}} = 5$

因此，短弛豫时间 τ 对于激光器产生短脉冲更加有利。但是，受到带间过程的限制，SESAM 的弛豫时间 τ 的典型值在 500fs～30ps。因此，利用 SESAM 锁模技术直接产生短于百飞秒的脉冲具有难度，但是完全可以支持任意宽度的皮秒脉冲产生。

3. 空间特性

单模光纤中的模场分布近似为高斯型，高斯光束的脉冲能量密度取决于距子午线的距离 $r(r=0)$，径向相关光通量 $F(r)$ 可表示为

$$F(r) = F_0 e^{-r^2/R_0^2} \tag{5.8}$$

其中，F_0 是 $r=0$，即子午线处微元面积的光通量。若该高斯光束垂直入射到 SESAM 表面，通过积分，可以计算出 SESAM 的空间平均的吸收率 A_{ave}

$$A_{ave} = \frac{1}{2\pi R_0^2}\int_0^{\infty} A(F)\,\frac{F(r)}{F_0}2\pi r\mathrm{d}r = \frac{A_0}{S}(1-e^s) \tag{5.9}$$

其中，$A(F) = A_0\exp(F/F_{sat})$，对应于

$$A_{ave} = \frac{A_0}{S}(1-e^s) \tag{5.10}$$

其中，饱和通量 $S=F/F_{sat}$ 是表征 SESAM 吸收率空间特性的物理量，其大小取决于半导体吸收体材料特性和 SESAM 的光学结构设计。一般地，低饱和通量的优点是可以在低功率水平下启动激光锁模，能够降低器件损伤的风险和性能退化的速度。目前，SESAM 所能实现的饱和通量值在 30～120μJ/cm^2。

4. 非饱和损耗和损伤阈值

造成 SESAM 存在非饱和损耗的主要原因是双光子吸收（TPA）效应，这导致了 SESAM 在饱和后依然存在损耗。这些能量的损耗将转化为热量，导致入射脉冲达到一定能量密度时引起 SESAM 的损坏，该值称为损伤阈值[8]。因此，使用 SESAM 时，要特别注意入射光能量密度是否低于损伤阈值。

5.1.3 SESAM 的基本结构

主要有四种不同的结构，如图 5.5 所示，四种结构分别为：高精细度反谐振 F-P 饱和吸收体（high-finesse A-FPSA），无共振型可饱和吸收镜（thin absorber AR-coated），低精细度反谐振 F-P 饱和吸收体（low-finesse A-FPSA），色散补偿可饱和吸收镜（D-SAM）。

如图 5.5（a）所示，high-finesse A-FPSA 顶部反射镜具有很高的反射率，因此被称为高精细度反谐振 F-P 饱和吸收体（A-FPSA）。在该结构中，F-P 腔通常是三层结构，最底下一层为半导体布拉格反射镜，中间一层为可饱和吸收体（可能包含透明间隔），最上层为电介质。通过调节中间层的厚度可以使 F-P 腔工作在反谐振状态，在这种工作状态下，系统带宽宽，且具有最小的群速度色散。A-FPSA 的上镜参数可调，通过改变参数可以调节进入半导体可饱和吸收体的光强，从而调谐器件的有效饱和光强或吸收体的横截面积。1992 年，Keller 等利用该结构实现了稳定的连续波锁模输出。F-P 腔两镜面的反射率反映了该结构的精细度。图 5.5（c）中 F-P 谐振腔上层镜面的折射率相对图 5.5（a）较低，因此，该结

构称为低精细度 A-FPSA，精细度的高低不同使可饱和吸收体的饱和强度不一样。

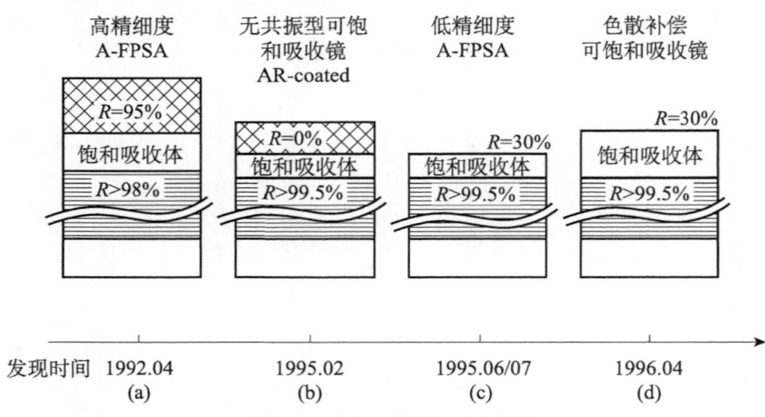

图 5.5　SESAM 的不同结构

当 A-FPSA 上反射镜被 AR-coating（减反膜）替换时，其上反射镜反射率接近 0%，称该结构为无共振型可饱和吸收镜（thin absorber AR-coated），如图 5.5（b）所示。这种附加的 AR-coating 能增加该饱和吸收体的调制深度，并在半导体表面充当钝化层，从而能提高 SESAM 的可靠性。

如图 5.5（d）所示，该结构为色散补偿型 SESAM，该结构是在半导体中加入具有色散补偿的 GT（gires-tournois）结构。与 A-FPSA 相比，该结构可以看作是 F-P 谐振腔，具有一定的带宽限制作用。

5.1.4　SESAM 锁模光纤激光器

1993 年，Loh 等[10]首次提出了将 SESAM 用于被动锁模光纤激光器，采用线形腔结构，SESAM 作为谐振腔的一端腔镜，掺铒光纤作为增益介质，实现了连续锁模，得到脉宽 22ps，平均输出功率 4mW 的锁模脉冲。类似的线形腔结构 SESAM 被动锁模光纤激光器研究很多，可采用的增益介质也多种多样。用掺铒光纤作为增益介质，由于其增益带宽刚好位于 1550nm 通信波段的低损耗窗口而得到广泛应用。近些年来，对掺镱光纤的研究也越来越热，由于其泵浦效率高、增益带宽宽(800～1064nm)、饱和通量大等优点，可以得到具有很高能量的窄脉冲。

除了线形腔结构，利用环形腔实现 SESAM 被动锁模的尝试也很多。2007 年，王旌等[11]通过一个环行器将 SESAM 接入环形腔中，实现了稳定的被动锁模，得到基频为几兆赫兹、脉宽 422fs 的窄脉冲序列。从众多环形腔结构的研究中可以发现，环形腔容易受到偏振态的影响而失锁或进入不同的锁模状态，因此应在环形腔中加入偏正控制器，并尽量减少各种环境因素的影响。

2017 年，罗浆、杨松等[12]对 SESAM 锁模全保偏光纤激光器进行研究，实验搭建了驻波腔结构的全保偏光纤激光器，装置如图 5.6 所示。其中，锁模启动元件 SESAM 被贴在光纤端面上，作为该驻波腔的一个反射端镜。由中心波长 1064nm、反射率 99%、带宽 0.2nm 的光纤布拉格光栅（FBG）作为该驻波腔的另一个反射端镜。该锁模激光器由最大输出功率为 200mW、中心波长为 976nm 的半导体激光器 LD1 提供泵浦光，通过 980∶1064nm 波分复用器 WDM1 将泵浦光耦合进驻波腔内。该驻波腔的增益介质为 0.5m 长高浓度掺镱光纤，在 976nm 波长处的吸收系数约 250dB/m，其纤芯直径为 6.5μm，数值孔径为 0.11。

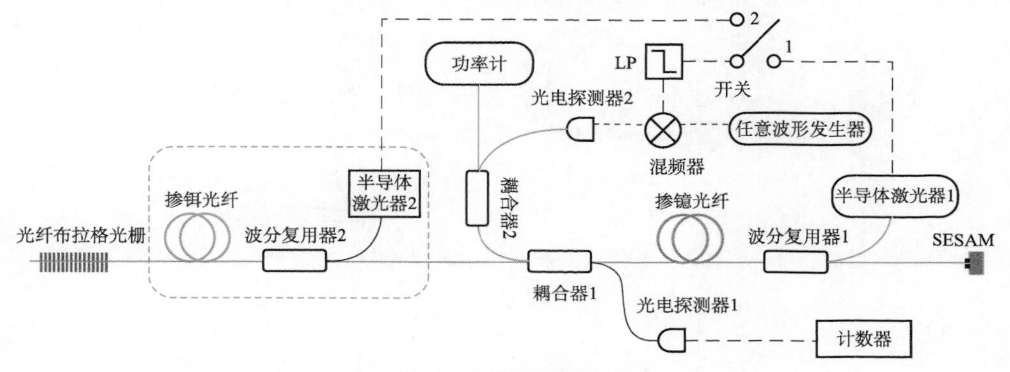

图 5.6　实验装置图

当激光器内加入 WDM2 及掺铒光纤后，激光器的重复频率约为 12.66Hz。图 5.7（a）和（b）分别为激光器输出光谱和脉冲自相关曲线。测量到的光谱半高全宽为 0.07nm，高斯拟合后的脉冲宽度为 24ps，时间带宽积为 0.44。相比于非线性偏振旋转（NPR）锁模激光器，该激光器锁模稳定，抗干扰能力强。

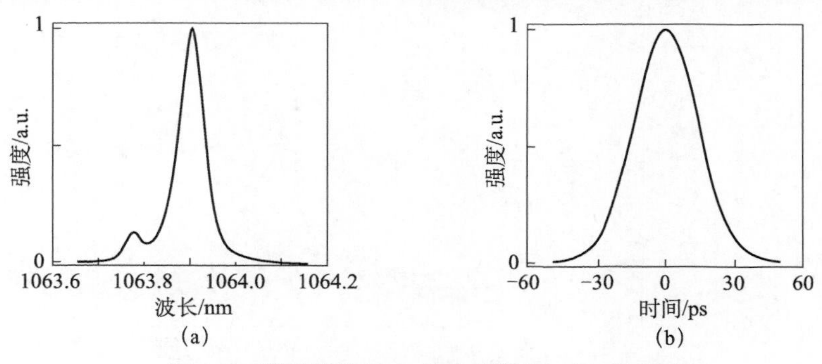

图 5.7　激光器的（a）输出光谱和（b）脉宽

2018 年，Hekmat 等[1]利用法拉第旋转镜（FRM）和 SESAM 在线形飞秒光纤激光器中产生超短脉冲，并进行了研究，在线形光纤激光器结构的两侧均采用了商用 SESAM 和标准法拉第旋转镜，以缩短脉冲宽度和抑制对偏振态的不良影响。该研究的主要目的是应用法拉第旋转镜来缩短脉冲，以及其用于补偿腔双折射。为此，采用两种不同群速度色散参数的掺铒光纤实现了腔内的最佳净群速度色散。

线形谐振腔的结构如图 5.8 所示，波分复用包含一个 50cm 长 HI1060 无源尾纤。其他光纤部件有法拉第旋转镜、输出耦合器和 SESAM，包含 100cm 的单模光纤无源尾纤，采用群速度色散（GVD）值为+15ps/(nm·km)、−25ps/(nm·km) 和−58ps/(nm·km) 的不同掺铒光纤。模拟输出谱如图 5.9（a）所示，很明显，当使用 GVD 值为正时，输出光谱会变宽，从而使输出脉冲宽度缩短。

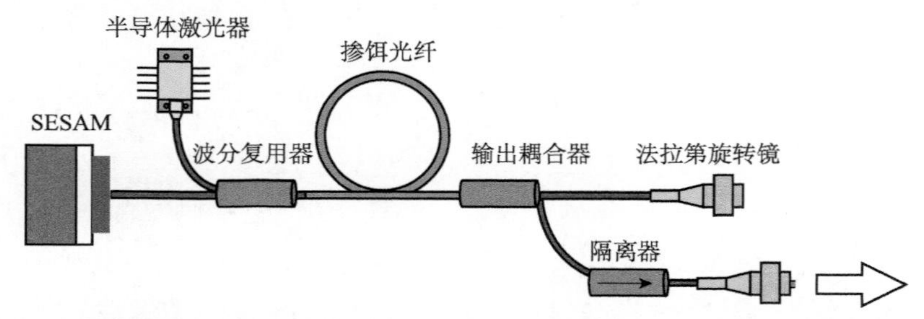

图 5.8　以法拉第旋转镜、输出耦合器和单模掺铒光纤作为增益介质的线性谐振腔结构

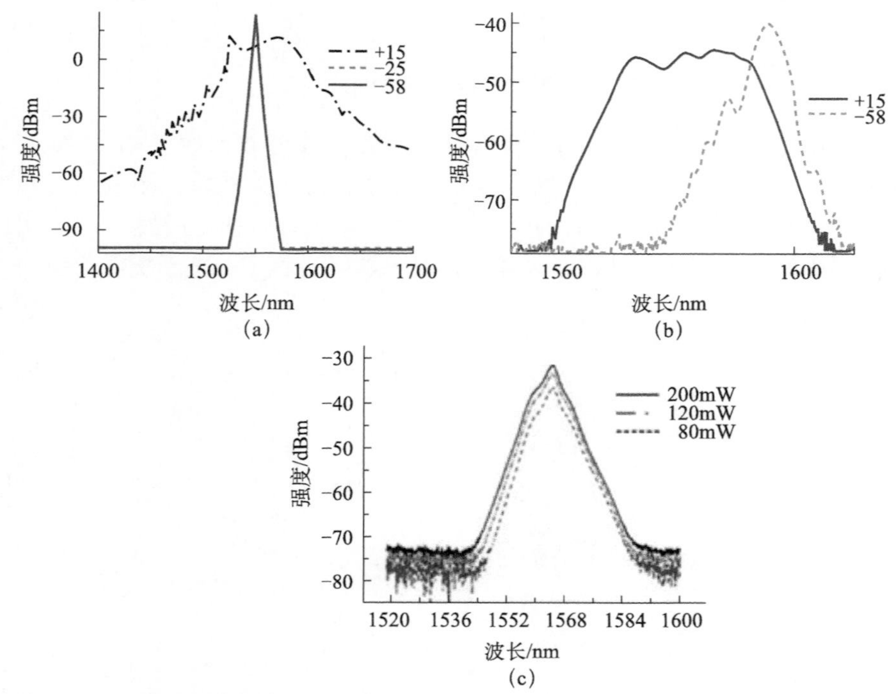

图 5.9　(a) GVD 分别为+15ps/(nm·km)、−25ps/(nm·km)、−58ps/(nm·km) 时掺铒光纤理论输出光谱；(b) 不同泵浦功率下线形腔飞秒光纤激光器的实验输出光谱；(c) 使用具有−58ps/(nm·km) GVD 参数的掺铒光纤的不同泵浦功率的线形腔飞秒光纤激光器的输出光谱

以两种GVD值分别为−58ps/(nm·km)和+15ps/(nm·km)的1m长掺铒光纤作为增益介质。腔内各器件尾纤均为标准单模光纤和HI1060，其GVD值约为17ps/(nm·km)和6ps/(nm·km)，总长分别为2.5m和1.3m。两种不同GVD值的掺铒光纤的输出光谱如图5.9（b）所示，验证了图（a）所示的模型结果。图5.9（c）为不同泵浦功率下的激光输出光谱，由于GVD是激光腔内的主导效应，自相位调制并不有效，所以当泵浦功率增加时，没有观察到光谱变化。在输出光谱中未观察到Kelly边带，表明法拉第旋转镜在激光腔体中的优越性。使用自相关器（femtochrome research，FR-103PD）测量时域的输出脉冲宽度，约为135fs，在半最大值处对应的全宽约为21.5nm。图5.10为锁模输出（a）脉冲序列与（b）频谱。

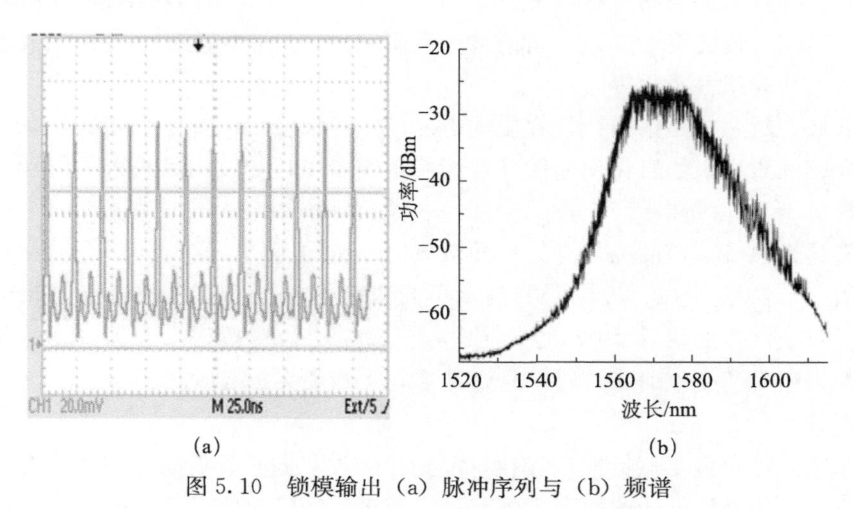

图5.10　锁模输出（a）脉冲序列与（b）频谱

5.2　二维可饱和吸收体材料锁模光纤激光器

随着激光技术的出现和发展，非线性光学逐渐兴起，成为近代物理学中最受关注的领域之一[13]。非线性光学主要研究光和物质在相互作用的过程中产生的新现象及其规律，为科学技术的应用提供了新的物理基础，极大地推动了科学技术的发展。随着非线性光学的发展，其研究对象也逐渐从稳态转向动态，从连续光转向纳秒、皮秒、飞秒甚至阿秒脉冲光。非线性光学材料也逐渐从晶体材料扩展到非晶体材料，从单一材料扩展到复合材料，从宏观材料扩展到微观纳米材料。

5.2.1　二维材料的锁模原理

在光与材料的相互作用过程中，介质的极化强度与光电场强度的关系可以表

达为

$$P=\varepsilon_0(\chi^{(1)}E+\chi^{(2)}E^{(2)}+\chi^{(3)}E^{(3)}+\cdots) \tag{5.11}$$

其中，ε_0 为真空介质常数；$\chi^{(1)}$、$\chi^{(2)}$、$\chi^{(3)}$ 分别为线性极化率、二阶非线性极化率、三阶非线性极化率。

二阶非线性极化率引起的二阶非线性光学效应包括非线性光电效应、倍频、和频、差频、参量变换、放大与振荡等，主要适用于无反演对称的介质。三阶非线性极化率引起的现象为三阶非线性光学效应，主要包括非线性吸收、非线性折射、三次谐波的产生、四波混频、受激拉曼散射、受激布里渊散射等。值得注意的是，不论介质具有何种对称特性，三阶非线性极化率的张量元素不会全部为零，总会存在某些三阶非线性光学特性。三阶非线性光学内容丰富、应用广泛，引起了研究人员的极大关注，目前被广泛研究的三阶非线性光学特性主要包括非线性折射和非线性吸收等[14]。

非线性折射，是指非线性介质的折射率随光强变化而发生变化的现象，是由通过介质的激光束的自作用而使其波面发生畸变引起的。当激光束入射到非线性光学介质上时，截面不同位置的光强不一致，导致相应的折射率不同，不同的折射率引起光束传播速度的差异，从而造成同一截面不同位置的光传播的相对超前或滞后[15]。以中心强、边缘弱的高斯型光束为例，当其通过具有正非线性光学特性（非线性折射率 $n_2>0$）的介质时，光束中心位置折射率较大，光的传播速度较小，相对于光束边缘位置的传播滞后，形成所谓的自聚焦现象，反之则为自散焦现象。

非线性吸收主要包括饱和吸收与反饱和吸收。饱和吸收描述的是材料对光的吸收率随入射光强度的增强而不断减小，直至饱和恒定的现象。当具有高强度的光入射时，材料价带中的基态电子吸收光子能量跃迁到高能级的导带，受泡利不相容原理的限制，跃迁的电子会冷却排列。随入射光强度的增加，处于基态的电子被逐步耗尽，费米能级中的电子能态被逐渐填满，材料不再吸收入射的光子，其光吸收率保持不变，此时的入射光强为饱和光强。饱和吸收一般归因于单光子吸收过程，分为直接跃迁、间接跃迁两种方式。直接跃迁过程中，在 K 空间的价带和导带对称，电子跃迁时无需横向的动量，仅涉及单光子的跃迁。间接跃迁过程中，由于导带最低能量状态的 k 值和价带最高能量状态的 k 值不同，电子跃迁时需要吸收或发射一个声子来保持横向动量守恒。此外，二维材料在其直接带隙之外也会发生饱和吸收，属于亚带隙吸收，其原因可以归结为缺陷和边缘模式吸收[16]。具有饱和吸收特性的二维材料作为可饱和吸收体被广泛应用在调 Q、锁模等激光调制领域。

与饱和吸收相反，反饱和吸收是指材料对光的吸收率随入射光强度的增强而不断减小，直至保持恒定的现象，主要包括激发态吸收和双光子吸收。激发态吸收的机理是指在非共振条件下，处于低能态的受激电子向高能电子态跃迁的过程中，大量基态上的电子受激到达激发态，导致激发态的吸收截面大于基态的吸收截面，材料对光的吸收率增加。双光子吸收则是指在高强激光激发时，材料介质吸收两个光子，价带中低能态的受激电子跃迁到高能态的过程。双光子吸收一般发生在入射光子的能量小于介质带隙的情况下。宏观上反饱和吸收表现为随入射光强的增加，材料对光的透过率减小，一般应用在光限幅领域[17]。

5.2.2　二维材料光学特性

测量材料的三阶非线性折射率和吸收系数是研究材料的三阶非线性光学特性的重要手段。目前使用的测量方法主要有自衍射法、非线性干涉法[18]、椭圆偏振法[19]、三波混频法[20]、光束畸变法[21]、Z 扫描测量法[22]等。前四种方法以非线性干涉为原理，测量灵敏度高，但实验装置复杂，并且不能得到非线性系数的正负。光束畸变法测量较为简单，能得到非线性系数的正负，但需对光束进行严格的分析，实际测量难度较大，测量灵敏度较低。Z 扫描测量方法是 1989 年由 Sheik-Bahae 等提出的一种单光束测量方法[23]，可以用同一装置测出材料的非线性吸收系数和非线性折射率，该技术具有测量装置简单、灵敏度高、能够准确测量光学材料非线性折射率的大小和符号等优点。

1. 非线性光学特性

材料的非线性光学特性实质是来源于照射在光学介质上的激光光束的振幅调制和空间相位调制。其中，振幅调制与材料的光学吸收相关，空间相位调制与材料的非线性折射相关。因此，测量材料的非线性吸收系数和非线性折射率 n_2 的本质是测量光束的振幅和空间相位的变化。Z 扫描测量中，探测得到的数据为光束的能量或功率，而能量或功率与光束的振幅有关，也就是与材料的非线性吸收相关。当调制光束传输一段距离之后，相应的相位信息可以通过能量或功率的变化反映出来，这样可以把相位信息转换为振幅信息，从而获得相位调制[24]。

Z 扫描测量法所用的实验结构如图 5.11 所示。测量过程中，光束经分束镜分为能量相等的两束，一束作为参考激光来消除激光能量波动的影响，另一束经过聚焦透镜后照射在被测样品表面，通过样品后经过小孔光阑到达能量计。样品沿激光传播的 Z 方向移动，样品移动的总距离为 10cm，中间位置处在聚焦透镜的焦点位置。样品移动过程中，透射光束在小孔光阑处会发生由材料的非线性效应导致的能量和相位的变化，此变化在焦点位置处达到最强。通过材料的光透过率与样品位置的函数关系，可以得到材料的非线性吸收系数 β 和非线性折射率 n_2[14]。

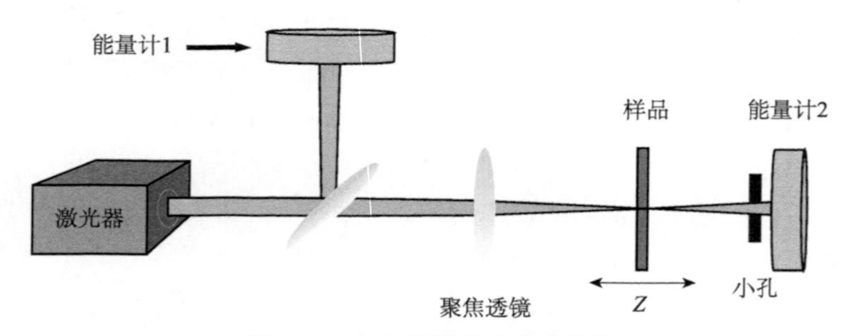

图 5.11　Z 扫描测量法实验结构

开孔 Z 扫描实验主要用来测量材料的非线性吸收系数 β，实验过程中小孔光阑完全打开，光束完全被能量计接收。随样品逐渐接近焦点位置，若材料的光透过率逐渐增大，输出能量的曲线在焦点位置及附近呈现对称的波峰，表现为饱和吸收现象。若呈现相反的波谷，则为反饱和吸收现象。闭孔 Z 扫描实验则用来测量材料的非线性折射率 n_2，实验过程中将小孔光阑调节到适当的大小，由于材料的非线性光学特性，光束会发生会聚或发散，材料的透过率随样品移动距离的变化呈现出先谷后峰或先峰后谷的规律，证明材料相应的折射率为正值或负值。

2. 动态光响应特性

二维材料作为可饱和吸收体的光纤激光器，材料的弛豫时间会直接影响激光器输出脉冲的宽度。二维材料能够在光纤激光腔中产生超短脉冲的激光锁模，材料的能级跃迁中的恢复时间必须短。恢复时间包括三个本征时间：载流子相干时间，电子热平衡时间，载流子带间跃迁和复合时间。载流子带间跃迁和复合时间主要是电子空穴对的结合以及载流子释放声子降低能量的过程，为慢恢复时间，通常在皮秒或者纳秒量级。载流子相干时间和电子热平衡时间为材料吸收光子后电子由价带跃迁至导带时，在热平衡的作用下迅速均匀分散，载流子之间散射以及声子发射等共同作用下形成的，属于快恢复时间，为飞秒量级。

3. 损伤阈值

损伤阈值是指可引起材料表面损伤的临界光功率密度。材料的损伤阈值的决定因素包括材料本身特征，材料的制作工艺，飞秒激光的脉冲宽度、脉冲频率、偏振方向等。高功率运行的光纤激光器对材料的热损伤也是一种考验。实验中可以选择热导性较好的材料或利用高导热性材料作为二维材料的衬底，来提高可饱和吸收体的抗损伤阈值。

5.2.3　二维可饱和吸收体的制备方法

随着二维材料产业化的发展需求，如何制备低成本、高质量、大规模的二维材料成为该领域的研究热点。目前制备二维材料的方法大体分为两类：自上而下法和自下而上法[25]。自上而下法，即采用自上而下从体材料上逐步剥离，因为二维材料特有的层状结构，层内为强大的化学共价键结合力，层与层之间为弱的范德瓦耳斯结合力，使剥离方法可用，如机械剥离[26]、液相剥离[27]、水热插层[28]等。机械剥离法具有成本低、操作简单等优点，适用于大部分的类石墨烯材料，剥离得到的二维层片一般具有较好的结晶性和表面清洁度，但其制备效率比较低，难以实现批量化的生产[13]。液相剥离法是将二维粉体与特定的溶剂混合，利用溶剂的表面张力，通过高功率超声振荡等方式将材料以片状的形态从相应的粉体表面剥离下来的方法，常用的溶剂有 n-甲基-2-吡咯烷酮、二甲基甲酰胺、乙醇、水等。为更好地实现材料的液相剥离，也有研究将二维粉体材料浸泡在含正丁基锂、IBr 等特定化学物质的溶液中，使离子插入二维材料的层间，从而增大层间距离，减小剥离能阻[29]。液相剥离法简单易行、成本较低、适合批量化生产，是目前常用的制备方法之一，对很多材料实现了应用[30]。

自下而上法，即生长技术，从原子途径，通过控制炉内的化学反应，在石英片等特定基底上生长单层或少层二维材料的方法。主要包括化学气相沉积法(CVD)[31]、分子束外延生长法（MBE）[32]、气-液-固生长法[33]、多元醇法[34]等。这类方法工艺比较成熟，可以得到高质量、大面积的二维材料。缺点是成本高、生产周期长，且在高温和强氧化性等条件下，有可能破坏材料的电子结构和晶体的完整性。化学气相沉积法是获得高质量二维材料的最广泛的方法之一。选择含有所需二维材料元素的单质或化合物，利用等离子体、激光、加热等外加能量使原料发生气相化学反应，在蓝宝石、云母等衬底表面上生长出目标材料。制备所得的二维材料层数可控，具有较大的尺寸，在半导体工业、光电子器件制备等多个领域有着广泛的应用[35]。

1. 力学剥离

利用力学剥离可以获得多层、少层甚至单层的二维材料，首先将光纤连接头先后用丙酮、乙醇和去离子水清洗表面确保干净；使用胶带将材料反复剥离，优化层数；然后将光纤连接头放到材料上按压，由于光纤接触端面与材料之间较强的相互作用（光纤的主要成分是 SiO_2），使力学剥离可以将材料耦合到光纤端面上[36]。力学剥离的方法的随机性较大，需要根据经验反复将制作的可饱和吸收体放入激光器中进行检验，不断优化材料的层数，达到最好的锁模效果。

2. 直接蘸取/滴涂

（1）直接蘸取二维材料悬浊液。

制作全光纤型可饱和吸收体可以采用直接蘸取二维材料纳米片悬浮液的方法。首先，制备二维材料的纳米片，将光纤连接头浸入悬浮液中，直接蘸取后将光纤连接头垂直固定。液体表面张力和地球引力的共同作用使得光纤连接头端面上的液体表面呈球面状，材料聚集在球面凹陷处，风干后可覆盖光纤纤芯，需根据不同材料的性质选择相应适合的溶剂。通过调整悬浮液的浓度和直接蘸取的次数可以改变纤芯处二维材料的厚度，但是，悬浮液的流动性以及不均匀性导致无法精确控制纤芯材料的含量，因此实验存在误差。但该方法最简单易行，是使用最为广泛的方法之一。

（2）滴涂二维材料悬浮液。

也可以采用滴涂二维材料纳米片悬浮液的方法制作可饱和吸收体[37]。如图 5.12 所示，将悬浮液滴到玻璃片（图 5.12（a）），拉锥光纤的锥区（图 5.12（b）），光纤跳线端面上（图 5.12（c））和 D 型光纤的抛光面上（图 5.12（d）），然后风干。利用旋转台可以使悬浮液在玻璃片上分布更加均匀。虽然滴涂法简单易行，但是同样存在着不可控性和随机性。主要体现在对溶液浓度、滴涂量的多少的控制和滴涂手法的依赖性上。

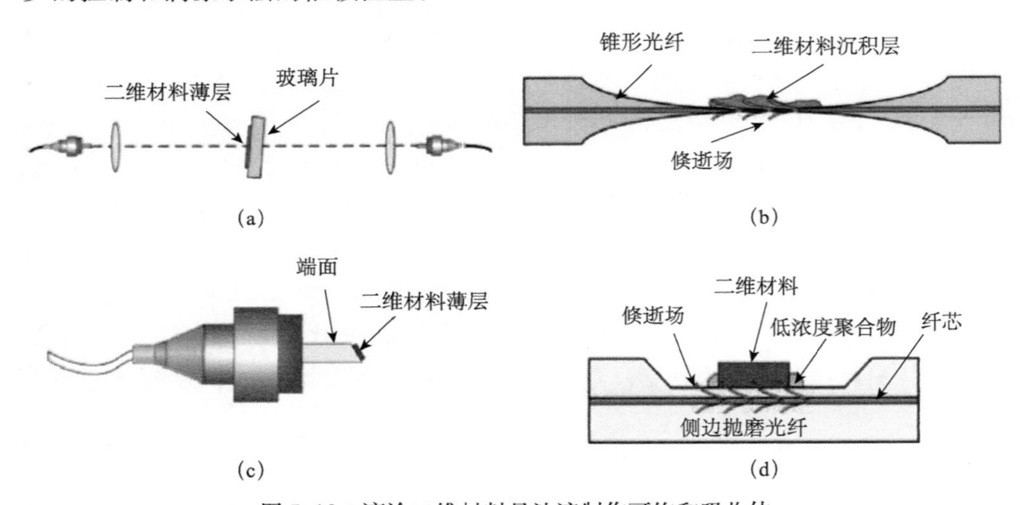

图 5.12　滴涂二维材料悬浊液制作可饱和吸收体

（a）玻璃片；（b）拉锥光纤的锥区；（c）光纤跳线端面；（d）D 型光纤的抛光面

（3）直接蘸取二维材料薄膜。

二维材料纳米片悬浮液或者二维材料薄膜适合使用直接蘸取法。例如，制备全光纤的可饱和吸收体，首先将 3～5 层生长在镍基上的石墨烯薄膜放在 $FeCl_3$ 溶液中浸泡，使石墨烯薄膜从镍基底上脱离；再将薄膜用镊子转移到去离子水中多次去除 $FeCl_3$ 溶液[38]；然后利用于范德瓦耳斯力将石墨烯薄膜粘附在紧压跳线头上；最后将另一侧干净的光纤连接头与粘附石墨烯薄膜的光纤连接头连接，得到全光纤型可饱和吸收体。但在转移过程中可能出现薄膜重叠或褶皱等现象，将直接影响性能，因此尽量选择平整未褶皱区域。

3. 光学沉积

光学沉积也可称为光沉积，利用图 5.13 实验装置进行[39]：利用分布反馈激光器输出连续激光经过掺铒光纤放大器（EDFA）后，由衰减器（ATT）控制，输出端接一个光纤跳线头；将跳线头浸入悬浮液中，然后打开光源，调节光功率到合适值开始进行光沉积，材料逐渐吸附堆积到单模光纤的端面上。光沉积过程主要有三种相关机制，分别为光学捕获效应、热诱导对流和热扩散。激光光束和石墨烯复合材料偶极矩强度梯度的相互作用导致光学捕获；悬浮液中被激光局部加热而形成热诱导对流[40]；热扩散效应使纳米片沿着温度梯度从被激光加热的悬浮液区域移动到低温的光纤表面。在光沉积中，两个主要作用力是散射力和梯度力，分别与激光的强度和梯度成比例。通过沉积时间和沉积时的光功率大小控制单模光纤端面堆积材料的面积和厚度，适用于光沉积的光功率有一个范围，一旦光功率大于这个范围，就无法实现材料沉积。除了可以在光纤连接头的端面上沉积材料，还可以在拉锥光纤区进行材料的沉积[41]。锥型光纤和 D 型光纤的抛光面上沉积的原理同上，二者是利用倏逝场与材料相互作用来调制光场实现锁模。

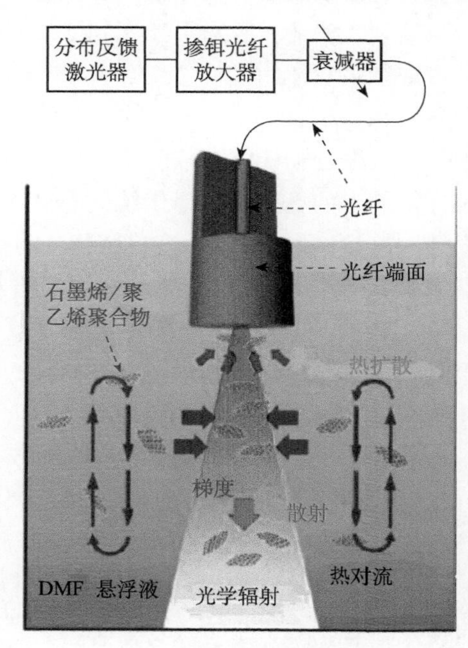

图 5.13　光沉积法制作可饱和吸收体原理

4. 填充光子晶体光纤

光子晶体光纤，又称为微结构光纤或多孔光纤，由在二维方向上周期性紧密排列且在轴向保持结构不变的空气孔构成的微型结构包层组成。根据光纤纤芯结构不同分为实芯光子晶体光纤和空芯光子晶体光纤。实芯光子晶体光纤的导光原理遵循全内反射，包层（空气）小于缺陷纤芯（玻璃）的折射率。而空芯光子晶体光纤的纤芯为空气，光场可以被束缚在纤芯中传输。

空芯光子晶体光纤与单模光纤的熔接损耗比实芯的大，因此在光纤激光器中，一般使用实芯光子晶体光纤制作可饱和吸收体。将小于光子晶体光纤孔径的二维材料纳米片悬浮液填充到光子晶体光纤的微孔中，干燥后可与单模光纤熔接，从而接入光纤激光器中。填充光子晶体光纤的方法本质上说就是要引入压力差，使用医用针管或真空泵将悬浮液压入或吸入光子晶体光纤的微孔中[42]。目前，实芯光子晶体光纤与单模光纤的熔接损耗最小值为 1dB，但操作难度较大，这是实现光子晶体光纤制作可饱和吸收体普及的主要限制因素。

5. *使用聚合物转移材料或制作复合材料*

聚合物是指众多原子或原子团之间以共价键结合，相对分子量在 10000 以上的高分子有机化合物。在二维材料可饱和吸收体的制作过程中常用到的聚合物有聚乙烯醇（PVA）、聚甲基丙烯酸甲酯（PMMA）和聚乙烯吡咯烷酮（PVP）等。这三种聚合物均具有良好的水溶性、黏结力和乳化性，同时易于成膜。制得的薄膜机械性能强韧、耐撕裂、耐磨，且对可见光到红外光波段具有非常高的透过性，从而被用于制备可饱和吸收体。

（1）使用聚合物转移层状二维材料。

在转移材料过程中，使用聚合物能够有效防止二维材料的卷曲和褶皱，可以用化学气相沉积法生长在铜基上的石墨烯解释传统的 PMMA 转移材料法[43]。首先，在金属基底的石墨烯上旋涂一层 PMMA 有机胶体（溶剂为丙酮），然后将样品烘干使胶体和石墨烯薄膜紧密结合并挥发掉胶体中的有机溶剂；随后将附有 PMMA 的石墨烯放入 $FeCl_3$ 溶液中，腐蚀掉铜基底后放入去离子水中反复清洗干净；通过范德瓦耳斯力的作用将石墨烯/PMMA 复合材料转移到一个干净的光纤连接头的端面上；把水烘干，使石墨烯和光纤连接头紧密接触；最后将光纤连接头置于丙酮溶液中腐蚀掉 PMMA 胶体，获得基于光纤连接头的石墨烯锁模器件。除了将材料转移到光纤连接头上，也可以使用聚合物将材料转移到 D 型光纤的抛光面上制作成可饱和吸收体[44]。

（2）使用聚合物制作三明治型复合材料。

除了在转移材料时使用聚合物外，也可以将聚合物和二维材料制作成复合材料直接用于制作可饱和吸收体，如图 5.14 所示。既可以提高激光器的输出性能，也可以保护易氧化潮解（如黑磷（BP））和光损伤阈值低的材料（如 MoS_2），另外也有一定的抗光功率损伤，提高可饱和吸收体损伤阈值的作用[45]。

（3）使用聚合物制作复合材料——混合型复合材料。

将聚合物和二维材料在溶液中混合制作复合材料可饱和吸收体。以 Bi_2Se_3/

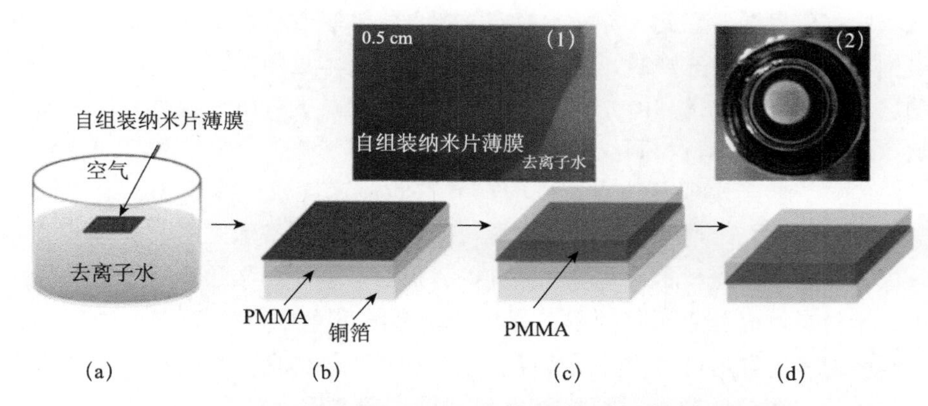

图 5.14　三明治结构复合材料可饱和吸收体制作过程示意图

(a) 去离子水表面形成的自组装 Bi_2Te_3 纳米片薄膜；(b) 将薄膜转移到覆盖 PMMA 的铜箔上；(c) 旋涂另一层 PMMA 保护层；(d) 制作成的 Bi_2Te_3/PMMA 三明治结构薄膜；(1) 去离子水表面形成的自组装 Bi_2Te_3 薄膜照片；(2) 光纤连接头上的三明治复合薄膜材料照片

PVA 复合材料为例[46]，将 Bi_2Se_3 纳米片分散到丙酮溶液中进行超声，使材料分散均匀；然后加入适当浓度的 PVA 水溶液进行超声，再次混合均匀；接着，将混合溶液滴在载玻片上常温干燥，制成 PVA-拓扑绝缘体复合材料；最后将 PVA-TI 复合材料放置在两个干净的光纤连接头中间，用活动连接器连接，制成全光纤可饱和吸收体。

(4) 使用聚合物制作复合材料——静电纺丝。

静电纺丝的原理是高分子聚合物流体的静电雾化，雾化形成的微小射流经过一段距离后固化成纤维。聚合物溶液在强电场作用下，从针头处的圆锥形（即“泰勒锥”）液体逐渐延展成为纤维细丝，在收集板上形成薄膜状复合材料。在制备 BP/PVP 静电纺丝薄膜时[47]，选择聚合物 PVP，将其溶解在乙醇溶液和富马酸二甲酯混合溶液中；溶解温度恒定，并通过充分搅拌使其分散均匀；待 PVP 完全溶解后，加入黑磷溶液并超声使其完全混合；用针管吸取混合液后，使用一台静电纺丝设备开始纺丝；优化设备的电压等参数和针管的针尖距收集板的距离，得到静电纺丝的薄膜；最后，将薄膜转移到光纤连接头的端面上，用活动连接器和另一个干净的光纤连接头相接，即可制作成一个全光纤型的可饱和吸收体。

5.2.4　二维纳米可饱和吸收材料锁模光纤激光器

SESAM 虽然广泛应用，但存在制备工艺复杂、生产成本高、设备专业化要求高等缺点。由于其带隙结构的限制，传统的可饱和吸收体具有波长敏感性，调谐波长很窄，只能在特定波长工作。同时传统可饱和吸收体的块状结构也不利于激光器的集成发展。因此，寻找具有宽波段的饱和吸收特性、制备工艺简单的新型可饱和吸收体，对脉冲激光的发展具有重要意义。近年来，二维材料由于其独特的层状平面结构和优异的光电特性而受到科研人员的青睐，成为光电领域的研究热点之一。以二维材料制成的可饱和吸收体具有工作波段宽、生产成本低、制备方法简单、便于集成等优点，同时还具有响应速度快、体积小、损耗低等特点。因此，研究二维纳米材料的宽波段可饱和吸收，制备优秀的二维材料可饱和吸收体并应用于激光技术，对脉冲激光的发展具有重要意义和实用价值。

纳米材料可以分为不同的维度。比如，零维度量子点（QD）[48]硒化镉、一维材料碳纳米管等均可以作为激光系统中饱和吸收体的良好候选材料。通过机械剥落技术可成功获得的石墨烯材料也是一种关键二维（2D）材料。真实可饱和吸收体的种类如图 5.15 所示。2009 年，来自剑桥大学和南洋理工大学的两个研究小组成功地将石墨烯作为饱和吸收体用于超快光纤激光器。之后，基于拓扑绝缘体（TI）等一系列狄拉克材料的超快速激光相继产生[49]。最近，单层过渡金属双卤族化合物（TMD）表现出惊人的强大团块式光子吸收，其化学式为 MX_2（其中 X＝S，Se，Te 等，M＝Mo，W，Nb 等），并于 2014 年被用于超快光纤激光器，可用于从可见波长到中红外波段。另一种热门的二维材料是黑磷，黑磷很容易通过机械剥离（ME）法从磷中剥离出来。与其他二维材料不同，黑磷的带隙可以通过控制不同的层数从 0.3eV(块）变为 2eV(单层)，填补了石墨烯和宽带隙 TMD 之间的“空白”。除了上述二维材料外，还有烯、铋、金属 MXene[50]等新型二维材料在超快激光中也得到了应用，而且不断有新型二维材料被应用于光纤激光器研究。

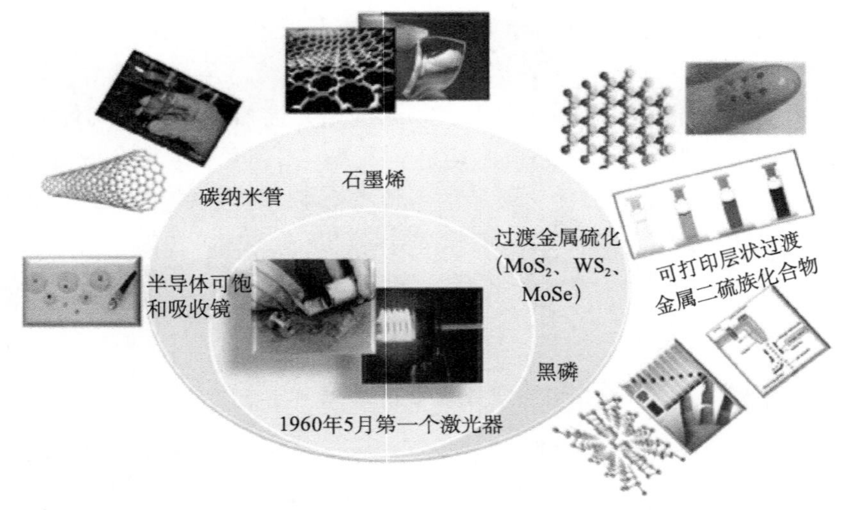

图 5.15　真实可饱和吸收体种类[51]

1. 碳纳米管可饱和吸收体

二维材料的厚度一般在 1nm 左右，而碳纳米管的直径在 1～30nm，二者都不到人类头发直径的 1/10000。碳纳米管的结构与石墨的层状结构相同，它具有优异的电性能和耐热性。碳纳米管类似于二维材料中的石墨烯，通过掺杂氮、硼等原子可以调节其电子结构和化学性质，是一种理想的电极材料。此外，它的韧性极高，是目前所能制备的强度比最高的材料，可以大大提高复合材料的性能。如图 5.16（a）所示，多壁碳纳米管（CNT）1991 年诞生于日本筑波大学 Sumio Iijima 的实验室。1993 年，该课题组又人工合成了单壁碳纳米管（SWNT），如图 5.16（b）所示。碳纳米管是一种碳的同素异形体，具有由碳原子组成的空心圆柱形结构，管身由六边形碳环微结构组成，直径为纳米量级而长度为微米量级[52]。根据碳纳米管的管径和手性排列，碳纳米管具有金属性和半导体性两种特性，具有饱和吸收特性的碳纳米管为半导体性的。以现有的技术获得的碳纳米管都是两种手性排列的混合体。一般情况下金属性碳纳米管约占 1/3，半导体性碳纳米管约占 2/3。碳纳米管的带隙宽度主要取决于管身直径，管径越大则带隙越窄。通过选择不同管径的碳纳米管来选择锁模脉冲的波长限制了碳纳米管的工作带宽。碳纳米管作为可饱和吸收体，具有较快的恢复时间、较高的损伤阈值、较低的饱和光强、能够制成与光纤兼容的调 Q 器等特点，采用碳纳米管可饱和吸收体的光纤激光器研究成果较多。

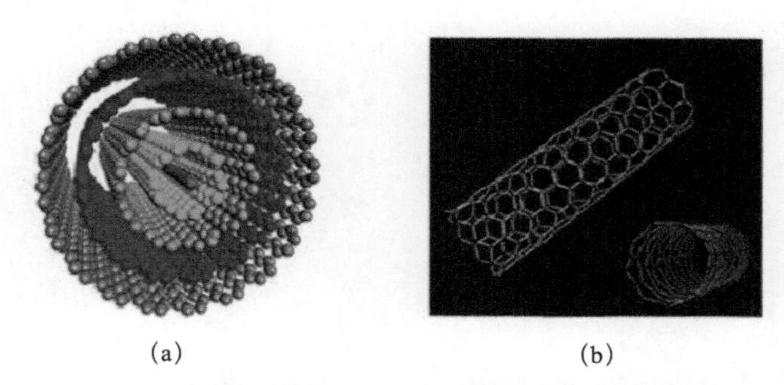

(a)　　(b)

图 5.16　(a) 多壁碳纳米管和 (b) 单壁碳纳米管的结构示意图

常用的碳纳米管的制备方法有电弧放电法（arc discharge）、化学气相沉积法（chemical vapor deposition，CVD）、激光烧蚀法（laser ablation）、高压-氧化碳还原法（Hi Pco）等[53]。不同的制备方法生成的碳纳米管的管径不同，对应光的吸收谱也不相同[6]。Kataura 等测量了碳纳米管从近红外到可见光的光谱吸收特性，发现碳纳米管的饱和吸收波段由管径决定[54]。管径为 1.1nm 左右的碳纳米管对应 1μm 的吸收波段，管径为 1.3nm 左右的碳纳米管对应 1.5μm 的吸收波段，管径为 1.5nm 左右的碳纳米管对应 2μm 的吸收波段。电弧放电法、激光烧蚀法和高压-氧化碳还原法获得的碳纳米管管径为1～1.3nm，而化学气相沉积法获得的碳纳米管管径为1.2～1.9nm。

碳纳米管可饱和吸收体集成进入光纤激光器的方式主要有透射式、反射式和倏逝场式等。常用的透射式可饱和吸收体是将碳纳米管通过法兰盘固定在两个光纤连接器之间，激光在穿透薄膜的过程中与碳纳米管相互作用实现模式锁定，如图5.17（a）所示。透射式可饱和吸收体的结构稳定，应用广泛。Nichols等采用光沉积法，将碳纳米管沉积到光纤连接头上实现模式锁定，如图5.17（b）所示[55]。反射式碳纳米管可饱和吸收体本质上和透射式碳纳米管可饱和吸收体一样。不同的是反射式是将碳纳米管沉积到反射镜上或者将碳纳米管薄膜粘贴到反射镜上，这样激光运行一个周期与碳纳米管的作用时间和作用强度为前者的两倍。利用反射式碳纳米管锁模器件作为腔镜，可以设计腔长很短的光纤激光器，得到了重频为17.2GHz的皮秒脉冲，如图5.17（c）所示[3]。倏逝场式碳纳米管锁模器件通常是将碳纳米管沉积到D型光纤或微纳光纤表面，倏逝场从D型光纤或微纳光纤表面溢出，通过碳纳米管与倏逝场的相互作用实现模式锁定。与透射式或反射式碳纳米管锁模器件相比，倏逝场式承受的泵浦功率要高很多。可以将碳纳米管薄膜涂在D型光纤的侧面，在掺铒光纤激光器中通过碳纳米管与倏逝场的相互作用实现模式锁定，如图5.17（d）所示[52]。

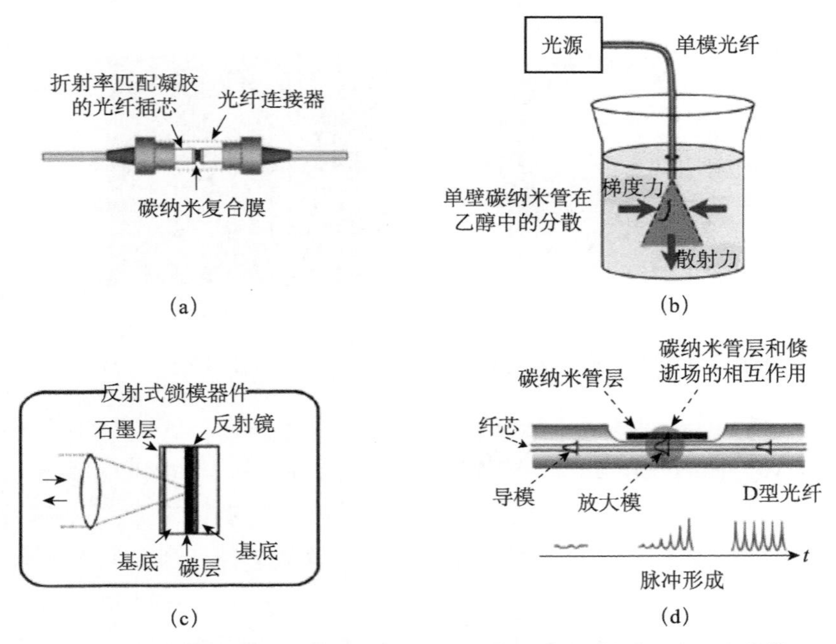

图5.17 （a）透射式可饱和吸收体；（b）光沉积法透射式可饱和吸收体；（c）反射式可饱和吸收体；（d）倏逝场式可饱和吸收体

2006 年，Song[52]等提出了一种新的被动锁模方案，该方案是由碳纳米管与 D 型光纤中传播光的倏逝场相互作用增强而进行被动锁模，具有全光纤和长的横向相互作用长度，保证了纳米管的强非线性效应。与传统方案中使用的纳米管数量相比，使用不到 30%的碳纳米管可实现锁模。实验结构图如图 5.18 所示，其中包括碳纳米管沉积的 D 型光纤作为模式锁存器，掺铒光纤放大器提供平均功率为 16dBm 的增益，隔离器确保光路单向运行，偏振控制器来调节光纤腔内的往返偏振状态。10%的腔内激光通过光纤耦合器输出；另外 90%的功率反馈到腔内。

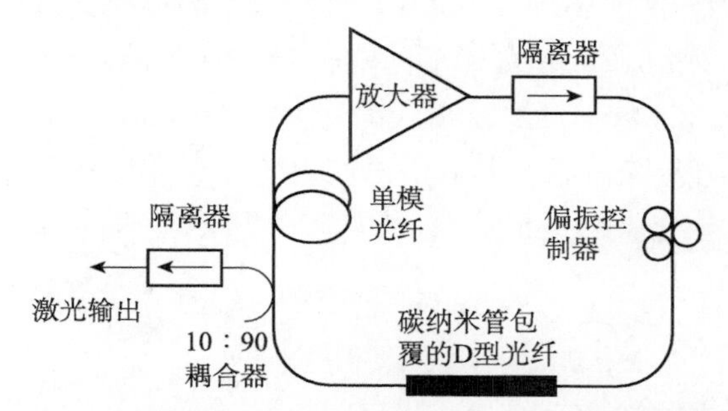

图 5.18　碳纳米管沉积在 D 型光纤上的脉冲激光锁模结构

脉冲输出的平均功率为 16dBm，图 5.19（a）为锁模激光器的光谱。中心波长为 1556.2nm，光谱半高全宽为 3.7nm，假设为变换受限 Sech2 脉冲波形时计算出脉冲宽度为 685fs。图 5.19（b）显示了分辨率为 50fs 的自相关曲线。从大约 0.47ps 的脉冲宽度发现，输出脉冲距离变换极限脉冲有点远，使用单模光纤压缩脉冲后输出的时宽积为 0.216。图 5.20 为输出的脉冲图，该图显示脉冲重频为 5.88MHz。

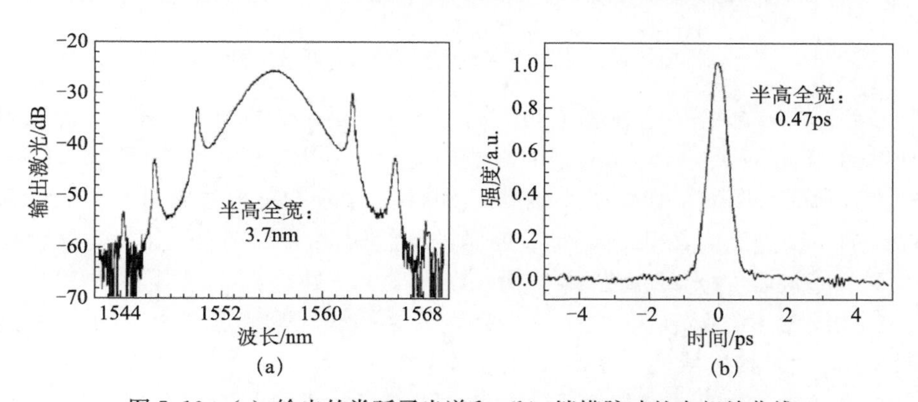

图 5.19　(a) 输出的类孤子光谱和 (b) 锁模脉冲的自相关曲线

2009 年，Hasan T 等[53]利用碳纳米管研究的可调谐光纤环形腔结构如图 5.21 所示。在增益光纤输入端放置 SWNT-CPC 锁模器，获得了最佳的调谐效果。当未加 SWNT-CPC 锁模器时，通过向增益光纤提供更大的泵浦功率，可以

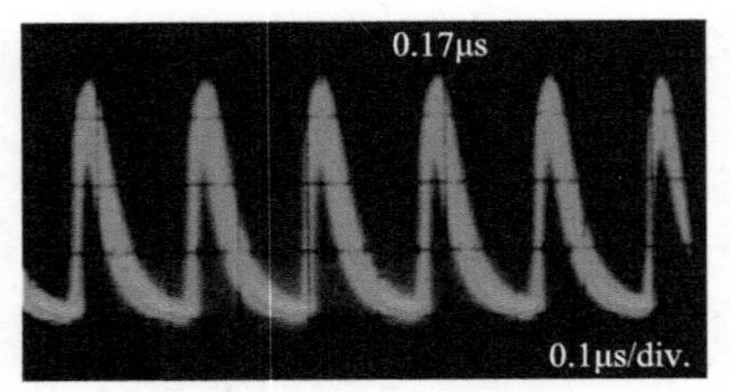

图 5.20　重频为 5.88MHz 脉冲图

将连续激光从 1518nm 扩展到 1565nm。在此结构中，波长可调谐范围为 40nm (1518～1558nm)。图 5.22 (a) 为不同中心波长的自相关曲线，调谐范围内的脉冲平均持续时间为 2.39ps，图 5.22 (b) 为不同中心波长的光谱，相当于超过 40nm 调谐范围。由于腔内滤波器的谱滤波效应，孤子边带被抑制。

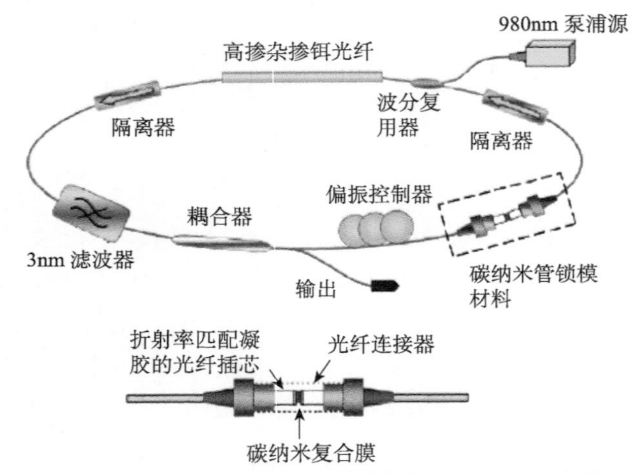

图 5.21　采用 SWNT-CPC 锁模器的光纤激光腔结构

随后，Ferrari 等又搭建了主动锁模飞秒激光器，如图 5.23 所示。当入射泵浦功率为 460mW 时，1535nm 处的峰值增益为 7.3dB。通过在光纤 FC/PC 连接器中夹入薄膜，两端用指数匹配凝胶对 SWNT 聚合物复合材料进行封装。自相关曲线的半高全宽为 2.72ps，对应的脉冲持续时间为 1.76ps。然后，又采用了无可调谐滤波器的光纤激光器结构，在 1550nm 处得到了锁模脉冲输出。如图 5.24 所示，中心波长为 1557nm，带宽为 3.2nm，脉冲宽度为 800fs，时间带宽积为 0.317，接近傅里叶变换极限的理论值 0.314。

2. *石墨烯*

二维原子晶体材料是指以石墨烯为代表的单原子层及少数原子层厚度的晶体材料[56]。与零维、一维和三维的材料相比，它们具有独特的电学、光学、机械特性和非线性光学特性[57]。其丰富的物理内涵和新奇的物理化学性质，在电子、信息、能源等领域具有广阔的应用前景[58]。

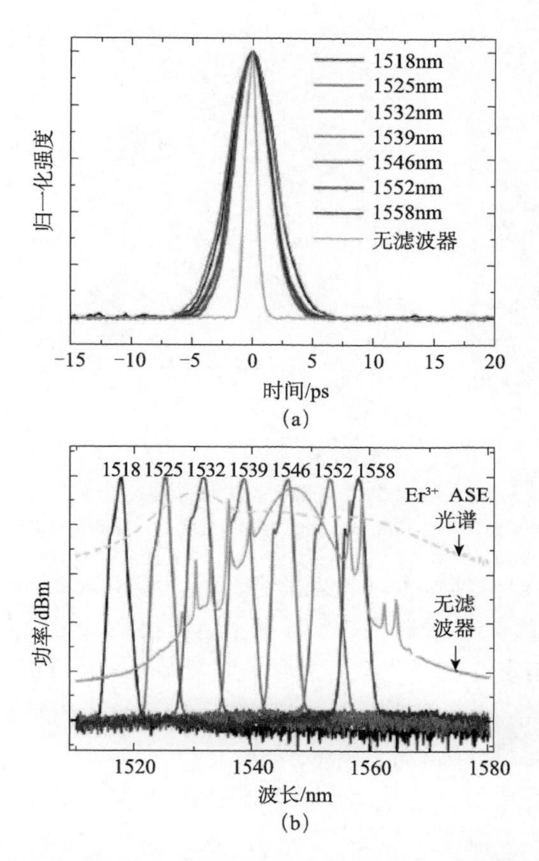

图 5.22　(a) 激光输出的不同中心波长的自相关曲线（虚线为无带通滤波器的激光输出）和 (b) 七种不同波长的输出光谱

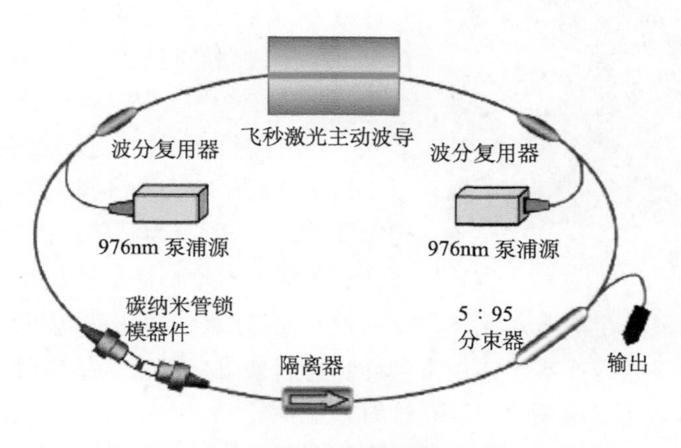

图 5.23　主动锁模光纤激光腔结构

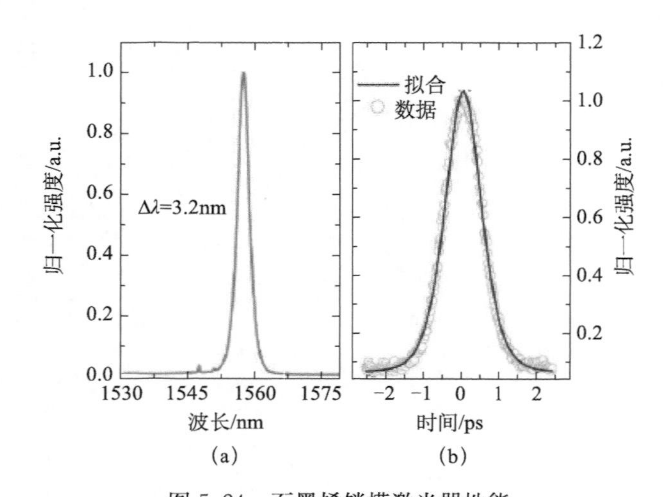

图 5.24　石墨烯锁模激光器性能

(a) 输出光谱，峰值 1557nm；(b) 输出自相关图，脉冲持续时间为 800fs

2004 年，英国曼彻斯特大学物理学家 Geim 和 Novoselov 成功地在实验中从石墨中分离出石墨烯[59]，并证明石墨烯在室温下仍是稳定存在的二维量子体系，并因此获得 2010 年诺贝尔物理学奖。石墨烯（graphene）同碳纳米管一样，也是一种碳的同素异形体，是一种单层片状结构的新材料，是由碳原子以 sp^2 杂化轨道组成六角形呈平面二维蜂巢晶格的平面薄膜，厚度仅为一个碳原子那么厚，是世界上最薄的纳米材料。单层石墨烯几乎是完全透明的，厚度仅有 0.335nm，对光的吸收仅有 2.3%[60]。在室温下，单层石墨烯的电阻率为 $10^{-6}\Omega\cdot cm$，比银和铜的电阻率都低，是世界上电阻率最小的材料，电子迁移率为光速的 1/300[61]。它的导热系数比金刚石和碳纳米管更高，达到 5300W/(m·K)，单层与单层之间的距离为 0.34nm，C—C 键的键长为 1.42Å[62]。石墨烯内部原子的连接很柔软，当有外力作用时，它就会变形为波浪形，但是碳原子不会重新排列，因此结构很稳定，如图 5.25 所示为石墨烯的平面结构。

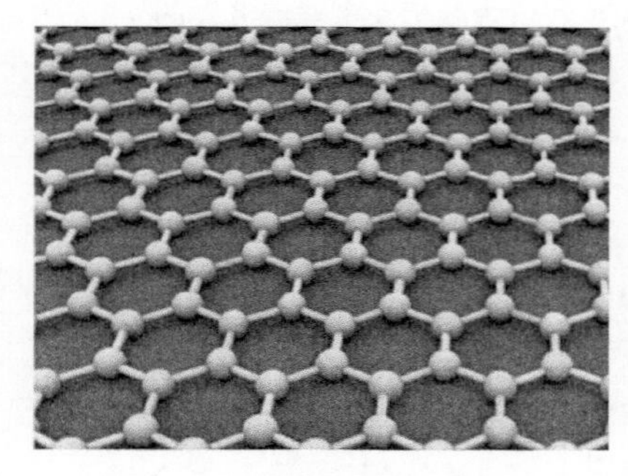

图 5.25　石墨烯的平面结构[62]

石墨烯的六角形蜂巢状二维晶格结构单元是有机材料中最稳定的苯六元环，是构成其他石墨材料的基本单元。当单层石墨烯形成球状时，就构成零维结构富勒烯。卷起来成一个管状结构时，就构成了一维的碳纳米管。层层堆积成层状结构时，就构成了三维结构的石墨。

在石墨烯内，碳原子最外层的四个价电子中的三个连接成牢固的 σ 键，构成稳定的六边形结构，另外一个在石墨烯面外形成 π 键的 p_z 轨道电子。石墨烯内

的 σ 键中的3个电子不参与导电，因此只考虑位于 π 键上的一个电子来计算石墨烯的能带结构[62]。石墨烯中的狄拉克电子在狄拉克点附近呈现线性能量-动量色散关系，使石墨烯对在紫外-可见-红外-太赫兹波段的超宽带光谱范围里任何频率的光子都具有共振的光学响应。单层石墨烯的线性光学吸收不依赖于光频率，对任何低强度光波约2.3%的吸收，且正比于石墨烯的层数[59]。当强光辐照于石墨烯上时，发生显著增强的非线性光学效应，比如三次谐波产生、四波混频、非线性饱和吸收、双光子吸收等[14]。除此之外，实验表明石墨烯具有大的非线性折射率，其数值大约是普通石英材料的 10^9 倍。而且，随着入射光强度的逐渐增强，石墨烯的非线性光克尔系数会逐渐趋近于饱和，但其下降的速率要低于随光强度增加而降低的石墨烯光吸收速率，这意味着石墨烯的品质因子随着光强的增加而显著地提高。由于石墨烯中不存在禁带，其导带和价带彼此相交，故石墨烯对全波段的光都具有可饱和吸收作用，可以作为宽光谱可饱和吸收体。具有支持超快脉冲产生的超短饱和弛豫时间，拥有比普通电介质大一亿倍以上的超大非线性系数。而且，石墨烯的非线性光克尔系数几乎跟石墨烯层数无关，可被认为是石墨烯的本征非线性光学物理量[14]。此外，石墨烯超快的载流子-载流子和载流子-声子碰撞散射使其具有超快的载流子弛豫动力学过程。在超短脉冲激发下，其带内热平衡弛豫时间约100fs，带间跃迁弛豫时间约几个皮秒[63]。

石墨烯作为可饱和吸收体集成进光纤激光器，方式与碳纳米管相同。石墨烯作为脉冲激光的调制元件[64]，与以往的可饱和吸收体相比，吸收损耗较低，每一层石墨烯仅有2.3%的吸收损耗。此外，还具有许多优点，例如，饱和光强度低、调制深度大、损伤阈值高、恢复时间快等。更重要的是，由于石墨烯的零带隙结构，可以实现全频带的调制，适用于工作在不同波长的激光器[65]。工作在1μm和1.5μm附近的石墨烯锁模光纤激光器已有很多研究[66]，锁模光纤激光器的输出功率较低，一般在几十毫瓦[67]。为了获得更高的输出功率，石墨烯锁模的全固态激光器实现了几百毫瓦的功率输出[68]。

当强光穿过石墨烯时，石墨烯对光的吸收不再是线性的，而是依赖于光强的非线性，随着光强的增加，石墨烯的吸收在经历一段非线性上升后缓慢达到饱和，这种光吸收的现象称为可饱和吸收。最初时刻，价带上的电子吸收了入射光子的能量跃迁到导带，而后载流子能量降低到平衡态。如果光能量足够强，电子跃迁的速率大于带间弛豫速率，电子吸收的光子能量对应的激发态以下的能态都被填满，带间跃迁被阻断，这种泡利阻断效应使石墨烯被漂白，脉冲中能量较高的部分在漂白时间内无损耗通过。在上述电子被激发到导带后的动力学过程中，存在两个超快的弛豫时间：带间跃迁弛豫时间，以及带内载流子散射和复合弛豫时间[63]。前者为0.4～1.7ps，能够起到启动锁模的作用，后者为70～120fs，可以有效压缩脉宽，稳定锁模。

2009 年，新加坡国立大学的 Bao 等[69]首次将石墨烯作为锁模器件运用到光纤激光器中，其激光器的结构如图 5.26 所示。激光器的结构采用的是简单的环形腔，1480nm 的激光光源作为泵浦，1480：1550 的波分复用器将泵浦光注入腔内，6.4m 的掺铒光纤作为增益介质，石墨烯饱和吸收体用来实现锁模，隔离器保证激光在腔内单向运行，耦合器中的 10%端用来提取腔内的能量，从而观察差腔内光脉冲的运行状态。偏振器和腔内偏振相关元件均未在腔内使用，因此激光器中不存在由非线性偏振旋转（NPR）引起的自启动锁模。众所周知，如果将自相位调制和负群速度色散之间的平衡所引起的孤子脉冲整形加入激光的作用中，锁模激光器会发出稳定的超短脉冲。在实验中发现，与 SESAM 或 SWNT 相比，原子层石墨烯表现出了非常大的正常色散，可能与二维晶格中的强电子-光子相互作用有关。因此，为了获得光纤激光器孤子模式锁定的明确证据，即孤子边带的出现，在腔内加入了 100m 单模光纤来补偿石墨烯的正常色散，使净腔色散变为负色散。

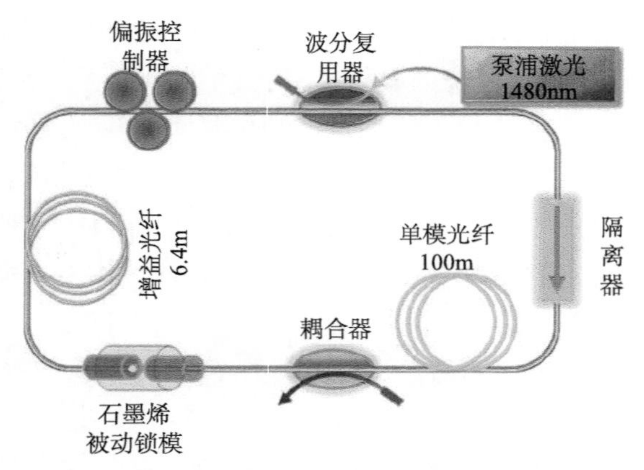

图 5.26　石墨烯锁模激光器实验结构

在耦合泵浦功率增加到 8mW 时启动锁模，腔内实现多脉冲锁模，产生了 1.79MHz 的脉冲串（图 5.27（a））。在基本锁模状态下，激光器的输出功率为 0.1mW。脉冲频谱中心波长为 1565nm，带宽为 5nm。在光谱上可以清楚地看到孤子边带，这是激光谐振腔内周期孤子扰动的结果，表明激光器工作在孤子状态。

激光器的锁模脉冲的射频频谱如图 5.28（a）所示，它的基波峰值位于重复频率（1.79MHz）处，信噪比达 65dB，说明孤子脉冲位于稳定状态。锁模脉冲的自相关轨迹如图 5.28（b）所示，很好地符合了 $sech^2$ 曲线，半高全宽为 1.17ps。根据自相关轨迹的半高全宽与去相关因子相乘得到实际脉冲宽度，对于 $sech^2$ 曲线的去相关因子为 0.648，经计算得到实际脉冲宽度是 756fs。

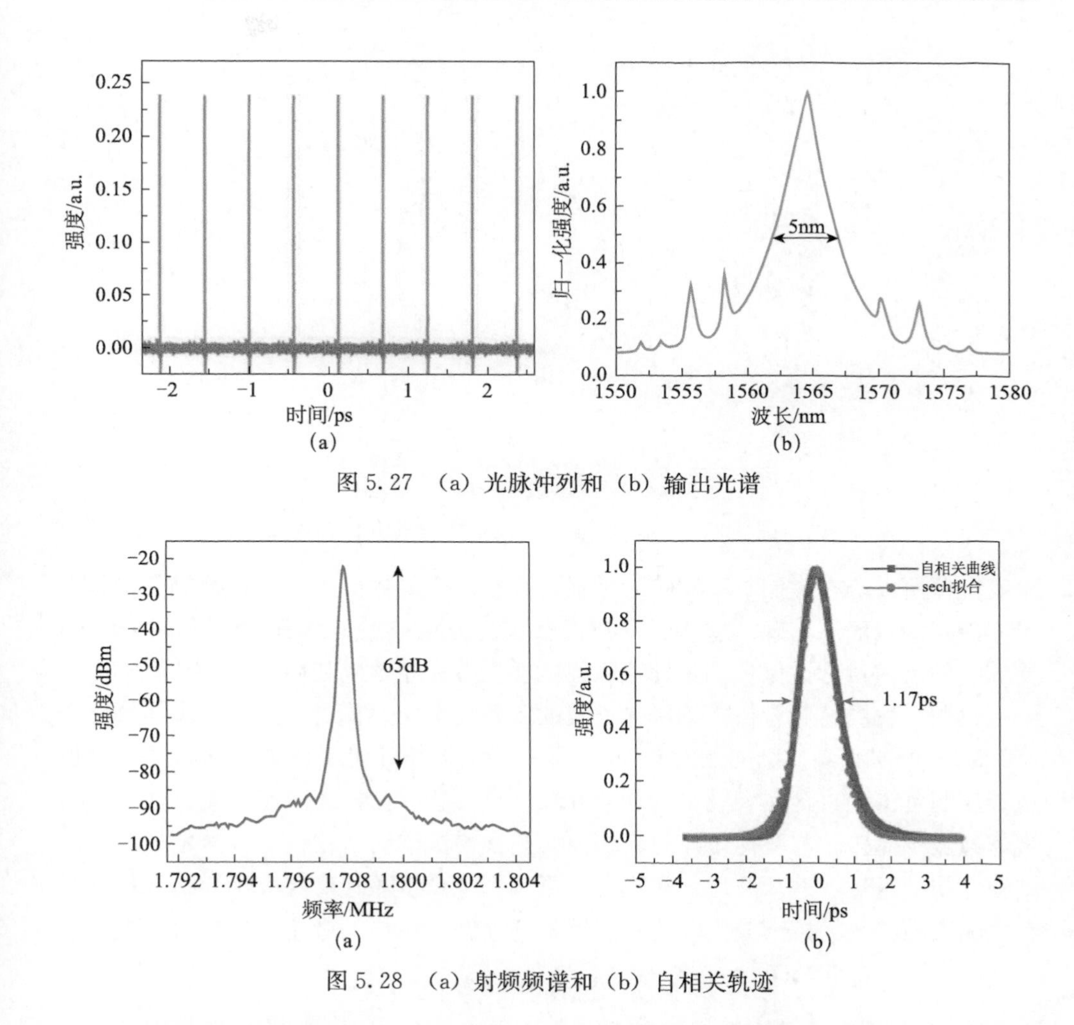

图 5.27　(a) 光脉冲列和 (b) 输出光谱

图 5.28　(a) 射频频谱和 (b) 自相关轨迹

锁模脉冲的平均输出功率与泵浦功率的变化呈线性关系，如图 5.29 所示，随着泵浦功率的增加，输出功率也逐渐增加。在泵浦功率为 100mW 时，输出功率为 2mW，斜率效率为 2%。结果可与 SWNT 锁模光纤激光器相比，自启动阈值范围是 8～40mW。

3. 拓扑绝缘体

按照电子态结构的不同，材料通常被分为“金属”和“绝缘体”两大种类。由于自旋轨道耦合作用，拓扑绝缘体是一类具有全新量子特性的物质形态[70]。所有绝缘体在费米能处都存在着一定大小的能隙，没有自由载流子。从理论上讲，拓扑绝缘体体内的能带结构就是典型的绝缘体类型，在费米能处存在着能隙，然而其表面又总是存在着穿越能隙的狄拉克型的电子态，导致表面总是金属性。在强烈的自旋-轨道耦合作用下，拓扑绝缘体的能带拓扑性具有非零的拓扑

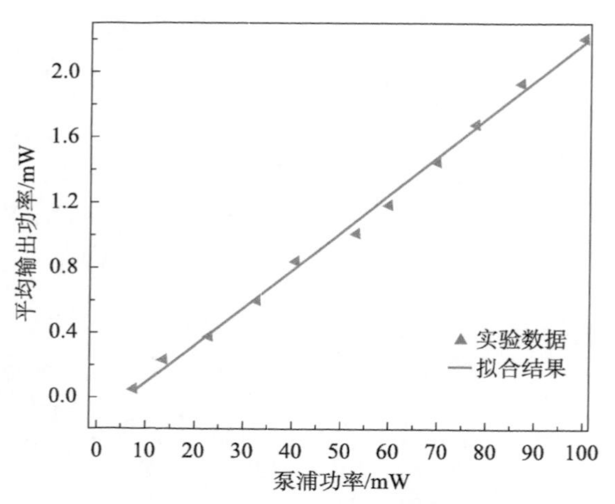

图 5.29　平均输出功率与泵浦功率变化曲线

不变量。所以，在它们与不同绝缘体或者真空形成的界面上，拓扑性的突变导致了零能隙的界面态出现。这些界面态由狄拉克方程描述，具有线性的能带关系。受到时间反演对称性保护，拓扑绝缘体能够抵抗无序效应和局域扰动[71]。

目前，发展高质量拓扑绝缘体材料的制备技术尤为重要。拓扑绝缘体硒化铋（Bi_2Se_3）的层状晶体结构如图 5.30 所示。传统的拓扑绝缘体材料通常通过高温烧结法制备得到，存在大量本征缺陷并被严重掺杂，拓扑表面态的新奇性质容易被体载流子掩盖。与块体单晶材料相比，拓扑绝缘体纳米材料，尤其是二维纳米结构（如纳米带、纳米薄片、薄膜等）更具优势：①随着尺度减小，纳米材料具有大的表面积；②掺杂或化学改性能够显著地调控拓扑绝缘体纳米材料的电学性

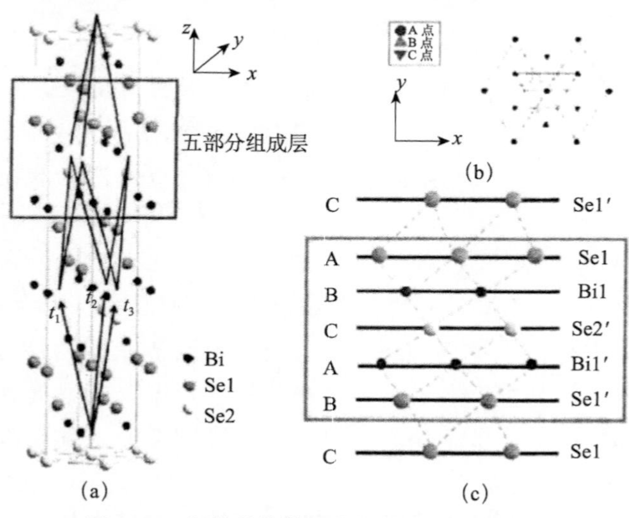

图 5.30　拓扑绝缘体硒化铋的层状晶体结构

质；③高质量的拓扑绝缘体低维纳米材料具有确定的晶体结构和组分，便于研究器件中存在的材料和界面问题；④拓扑绝缘体材料载流子浓度可利用外场来调控，便于器件加工和集成。

相对于拓扑绝缘体的电学特性及其应用研究来说，拓扑绝缘体的光学特性及其在光子学领域的应用研究才刚刚起步。拓扑绝缘体材料具有显著的非线性光学吸收特性，基于其非线性吸收特性，实现了不同波段的调 Q 及锁模激光输出[27]。由于拓扑绝缘体和石墨烯相近的能带结构，可以统称其为狄拉克材料。对于拓扑绝缘体，非线性吸收可以通过图 5.31 表示。对于拓扑绝缘体的体态，任何光子只要能量大于其能带间隙，均能够将电子从价带激励到导带。在弱光作用下，拓扑绝缘体通过吸收大于能带间隙的光子，发生能级间的跃迁。当入射光的光强进一步加强时，电子不断地被激励到导带，当光生载流子密度增大至远高于室温下拓扑绝缘体本征的电子、空穴载流子密度时，价带和导带边缘区域对应光子能量的子带完全被电子和空穴占据。根据泡利不相容原理，不能有两个或两个以上的粒子处于完全相同的状态，所以无法进一步吸收光子，这时光能够无损耗地通过拓扑绝缘体，从而使拓扑绝缘体达到饱和或漂白状态。对于拓扑绝缘体的表面或者边缘态，其呈现一种有线性色散关系、无能带间隙且受到拓扑保护的金属态，当入射光子的能量低于能带间隙时，它就开始发挥作用，起到可饱和吸收作用。

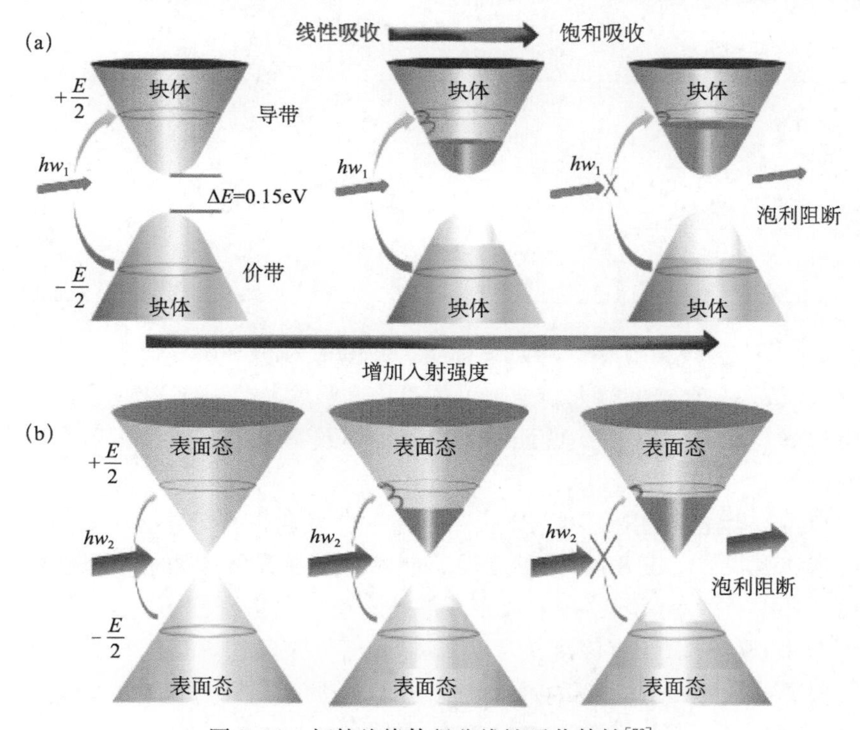

图 5.31　拓扑绝缘体得非线性吸收特性[72]

由于拓扑绝缘体的表面态是由材料内部体电子态的拓扑结构和对称性决定的，与表面具体的结构无关，所以基本不受杂质、外部环境和其他无序因素的影响。

另外，基于 Z 扫描方法也获得了拓扑绝缘体 Bi_2Se_3 的非线性折射率（约 $10^{-14}m^2/W$）[73]。这些结果表明，拓扑绝缘体是一种优异的宽带非线性光学材料。在拓扑绝缘体超快特性方面，ρ 型 Bi_2Se_3 体态和表面态的激发和弛豫过程证明其表面态弛豫时间大于 10ps[74]，该拓扑绝缘体表面态具有皮秒量级的超快特性[75]。

2012 年，比利时布鲁塞尔自由大学 Bernard 和 Zhang 等报道了拓扑绝缘体碲化铋（Bi_2Te_3）在通信波段具有可饱和吸收效应[75]，实现超快锁模和调 Q 激光输出[76]。表 5.1 为基于拓扑绝缘体的锁模和调 Q 结果，从这些结果可以看出，拓扑绝缘体和石墨烯一样，具有宽带的饱和吸收效应和超快的响应。除此之外，拓扑绝缘体具有高于石墨烯和 SESAM 的调制深度和开关比。2012 年，首次基于碲化铋纳米材料实现了通信波段的皮秒脉冲光纤激光输出[27]。

表 5.1　基于拓扑绝缘体的锁模和调 Q 结果

		饱和吸收体	工作波长	重复频率	脉冲宽度	脉冲能量
锁模	光纤	Bi_2Te_3	1.55μm	1.2MHz	1.21ps	0.4nJ
		Bi_2Se_3	—	1.2MHz	1.57ps	0.5nJ
		Sb_2Te_3	—	4.75MHz	1.85ps	0.1nJ
		Bi_2Te_3	—	4.88MHz	1.22ps	—
		Bi_2Se_3	—	12.5MHz	660fs	—
调 Q	光纤	Bi_2Se_3	1.06μm	29.1kHz	1.95μs	17.9nJ
		Bi_2Se_3	1.55μm	12.88kHz	13.4μs	13.3nJ
		Bi_2Te_3	—	2.15kHz	13.0μs	1.53μJ
		Bi_2Se_3	2.0μm	8.4kHz	4.18μs	313nJ
	固体	Bi_2Se_3	1.0μm	547kHz	660ns	58.5nJ
		Bi_2Se_3	1.65μm	40.7kHz	6.3μs	5.3μJ

目前，已经获得了拓扑绝缘体在 800nm、1064nm、1550nm、1645nm、2000nm 波长，甚至在低端太赫兹波段的可饱和吸收特性[77]，实现了宽波段的超快锁模和调 Q 激光输出[78]，也证明拓扑绝缘体具有高的非线性折射率和超快的时间响应[75]。

2013 年，唐定远团队[79]提出了一种基于自组装拓扑绝缘体 Bi-Se 膜的新型光学可饱和吸收体。Bi-Se 的强黏度使其能够附着在光纤端面上，用于实际的光电应用。采用平衡双探测器技术对该器件的饱和吸收参数进行了表征，其饱和强度为 101.8mW/cm，调制深度为 41.2%。通过将该器件置于光纤激光器谐振腔中，获得了重频为 8kHz、脉冲持续时间为 14μs 的稳定调 Q 脉冲，通过对激光泵浦强度和腔内双折射的微调，可以将调 Q 脉冲重频从 4.508kHz 大幅度改变为

12.88kHz，脉冲宽度 13.4～36μs，激光波长 1545.0～1565.1nm。通过提高腔内双折射率，实现了双波长被动调 Q。

实验装置如图 5.32 所示，腔长约 34.7m，由一根 GVD 为－20ps²/km 的 1m 高掺铒光纤、一根－23ps²/km 的 25m 单模光纤和数根无源光纤组成。激光由波长 975nm 的半导体激光源泵浦，用 980∶1550 波分复用器将泵浦光耦合到腔中，用10%光纤耦合器输出信号。采用偏振无关隔离器（PI-ISO）来实现环形腔的单向工作，并采用偏振控制器对环形腔内的双折射进行微调。

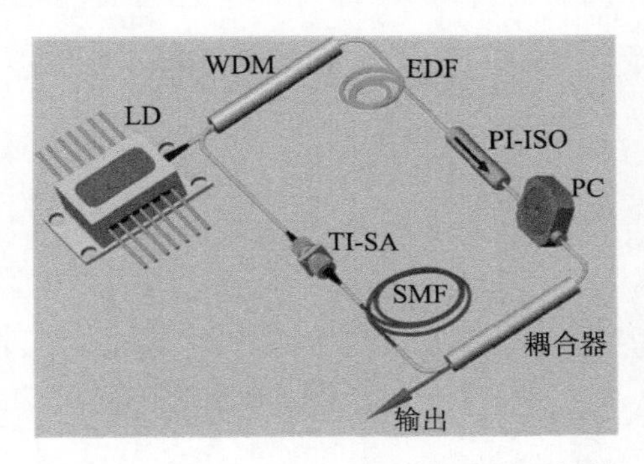

图 5.32　TI-SA 调 Q 光纤环形激光器结构

WDM：波分复用器；EDF：掺铒光纤；PC：偏振控制器；PI-ISO：偏振无关隔离器；SMF：单模光纤；TI-SA：拓扑绝缘体饱和吸收器

测试了不含拓扑绝缘体可饱和吸收体（TI-SA）的光纤激光器的工作特性，在 41.3mW 的入射泵浦功率下，激光器实现了调 Q 运转。图 5.33 总结了 68.4mW 泵浦功率下光纤激光器发出的调 Q 脉冲的特性。图 5.33（a）显示了重频为 8.865kHz 的光纤激光器的典型稳定调 Q 脉冲序列。图 5.33（b）显示了单个脉冲的放大，脉冲持续时间约为 14μs。调 Q 脉冲的光谱如图 5.33（c）所示，它的 3dB 光谱带宽为 0.88nm，中心波长为 1565.14nm。在固定腔偏振设置下，通过不断增加泵浦光功率，脉冲重复次数增加，而脉冲串仍然保持均匀的强度分布，没有明显的失真，如图 5.33（d）所示。实验结果表明，采用双硒可饱和吸收体的光纤激光器具有很高的被动调 Q 性能。

图 5.34 总结了输出平均功率、调 Q 脉冲的重率和脉冲持续时间与不同入射泵浦功率之间的关系。在图 5.34（a）中，平均输出功率几乎随入射泵浦功率线性增加，单脉冲能量在 11.4～13.3nJ 变化。图 5.34（b）显示了调 Q 脉冲的重频和持续时间。随着入射泵浦功率从 41.3mW 增加到 84.3mW，调 Q 脉冲的重频从 4.508～12.88kHz 呈线性增加，而脉冲持续时间从 36～13.4μs 呈非线性下降。但泵浦功率超过 62.5mW，几乎保持不变。

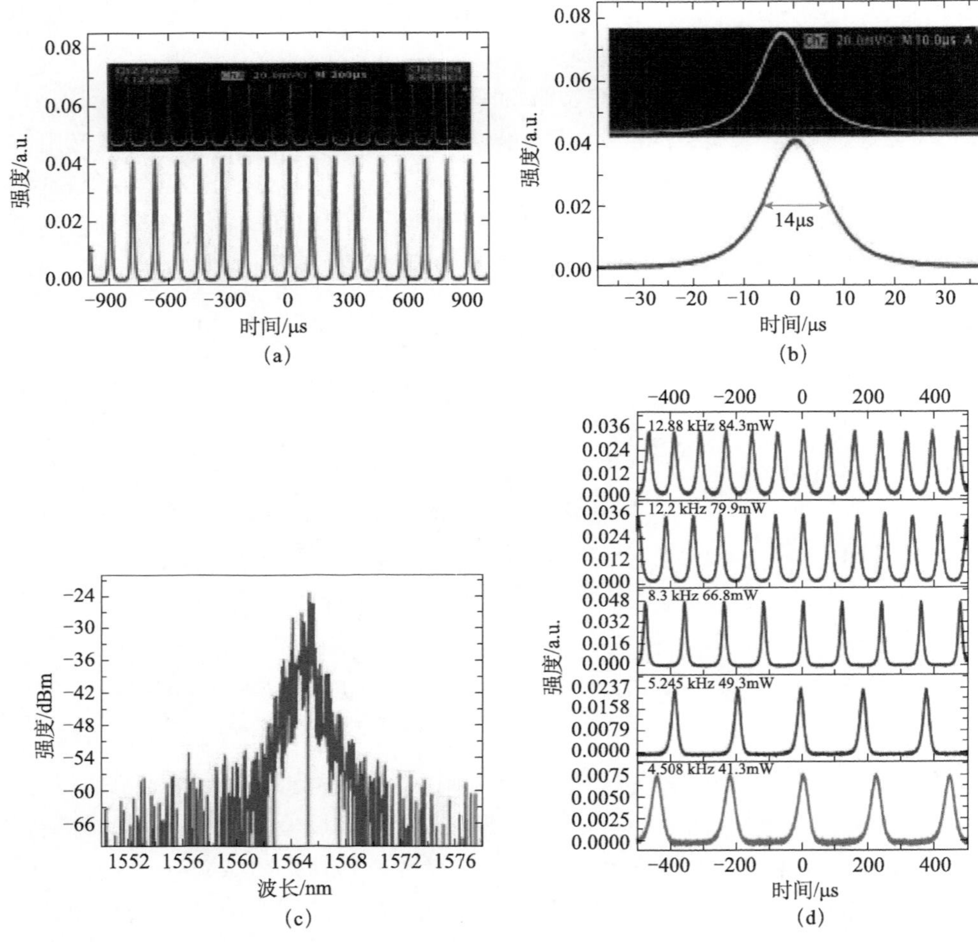

图 5.33　(a) 调 Q 脉冲序列，(b) 单脉冲波形，(c) 在 68.4mW 泵浦功率下获得的相应输出光谱和 (d) 在不同的泵浦功率下得到的各种脉冲序列

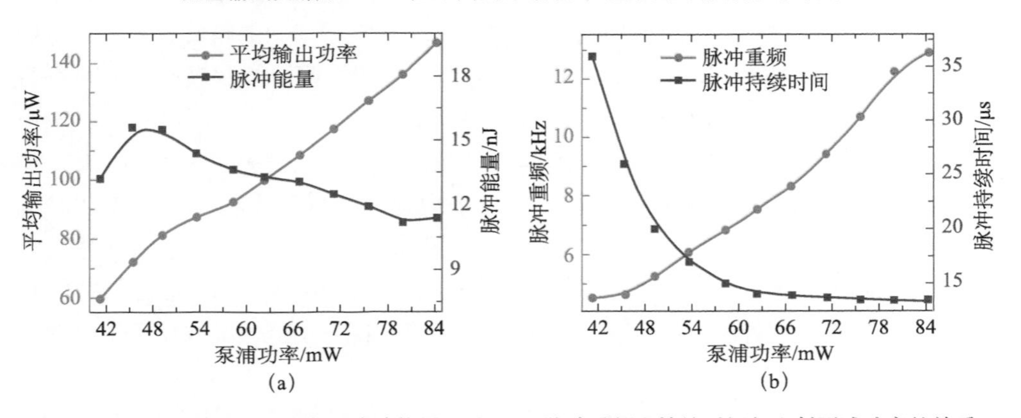

图 5.34　(a) 平均输出功率和脉冲能量以及 (b) 脉冲重频和持续时间与入射泵浦功率的关系

图5.35显示了调 Q 脉冲的波长调谐，因为腔内偏振控制器连续旋转，而所有其他腔参数不变。调 Q 脉冲的中心波长可以从1565.1nm调谐到1545.0nm。在波长调谐过程中，始终可以观察到调 Q 脉冲。通过调节偏振控制器，甚至可以观察到波长分别为1545.85nm和1565.84nm的双波长调 Q 操作，如图5.36所示。实验发现，在最长波长1565.1nm处，输出平均功率为112μW，当波长向短波方向移动时，输出激光功率逐渐减小，在最短波长1545nm处，输出功率约为99μW。

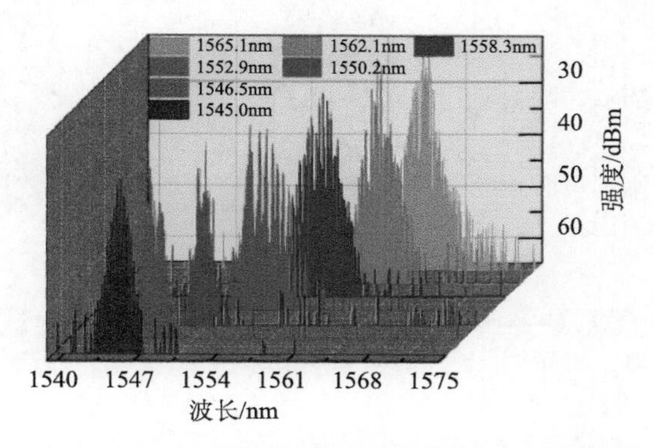

图5.35　随着腔内双折射的改变输出的光谱

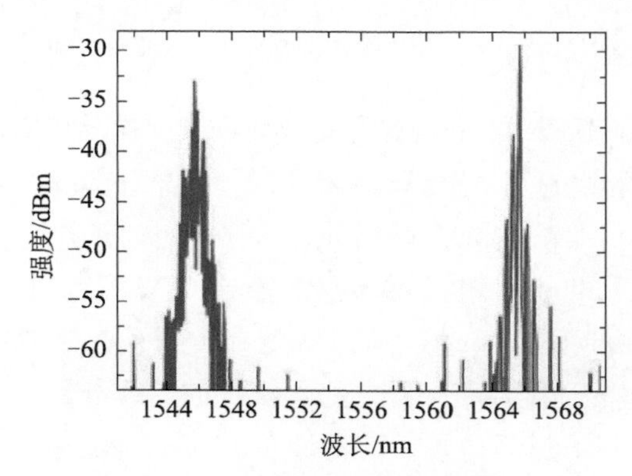

图5.36　双波长调 Q 激光光谱

2013年，Luo等[80]首次采用液相剥离法制备了少量拓扑绝缘体（TI：Bi_2Se_3）（2～4层厚度），采用 Z 扫描技术测量了其低饱和光强（53mW/cm^2）；采用光学沉积技术将溶液中的少量拓扑绝缘体引入光纤套圈中，成功地制备了光纤集成拓扑绝缘体基可饱和吸收体。通过将该可饱和吸收体插入掺镱光纤激光腔，实现了1.06μm的稳定调 Q。调 Q 脉冲的最大脉冲能量为17.9nJ，脉冲重频为8.3～29.1kHz，脉冲持续时间最短为1.95μs。结果表明，拓扑绝缘体作为可饱和吸收体在1μm波段也可用，显示了它作为另一种宽带可饱和吸收体（如石墨烯）的潜力。实验装置如图5.37（d）所示。紧凑的线形腔由一个20cm高浓度掺镱光纤，两个光纤布拉格光栅（FBG1 和 FBG2）组成。啁啾 FBG1 在 1067.01～1068.20nm 范围内的反射率大于 99.9%，如图 5.37（a）所示，FBG2 具有 1067.66nm 和 1067.92nm 两个反射波长，分别为 98.0%和 97.8%。因此，可以从 FBG2 中提取 2%的腔内光作为激光输出。

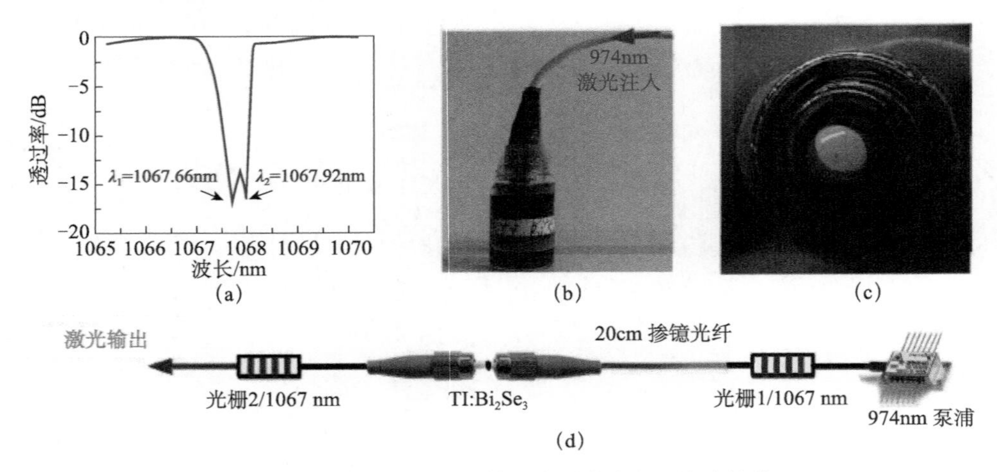

图 5.37　钛基被动调 Q 掺镱光纤激光器的实验结构

（a）FBG2 的透射光谱；（b）光学沉积装置；（c）沉积拓扑绝缘体纳米片后光纤套圈刻面的图像；（d）谐振腔结构

拓扑绝缘体（TI:Bi_2Se_3）的可饱和吸收体在实验中起着重要作用，使用光学沉积技术将悬浮液中的几层拓扑绝缘体纳米片诱导到光纤套圈上。光学沉积装置如图 5.37（b）所示，当 974nm 的 20mW 激光注入光纤时，拓扑绝缘体悬浮液中的光纤套圈开始光学沉积约 30min，然后移出悬浮液在 60℃蒸发 3h。在光学沉积过程之后，从光纤套圈刻面的图 5.37（c）可以清楚地看到一些钛纳米片成功地沉积在光纤芯上。最后，通过光适配器将拓扑绝缘体沉积的光纤卡套与另一个卡套连接，构成了光纤兼容的 TI:Bi_2Se_3 调 Q 器。该器件在 1067nm 处的插入损耗为 1.9dB。

在实验中，掺镱光纤激光器在 36.7mW 的泵浦功率下开始出现连续光，然后在 42.5mW 的泵浦功率下过渡到 Q 开关工作，当泵浦功率从 42.7mW 逐渐增加到 106.2mW 时，如图 5.38 所示，观察到不同重率的稳定脉冲列，这是被动调 Q 的典型特征。在泵浦功率为 77.7mW 时，图 5.39 总结了 Q 开关操作的典型特征。图 5.39（a）中的输出光谱具有 1067.66nm 和 1067.91nm 的两个激光波长，对应于 FBG2 的再注入波长。图 5.39（b）显示了调 Q 脉冲串的示波器轨迹，脉冲序列的周期为 51.3μs，脉冲强度函数小于 6%。图 5.39（c）描绘了具有对称高斯形状的典型脉冲包络，脉冲持续时间为 2.71μs。图 5.39（d）中的频谱表明，调 Q 脉冲的重频为 19.5kHz，与图 5.39（b）中测量的 51.3μs 的脉冲周期一致。此外，射频信噪比高达 48dB，图 5.39（d）插图中的宽带射频频谱显示没有频谱调制，表明被动调 Q 的重复频率非常稳定。

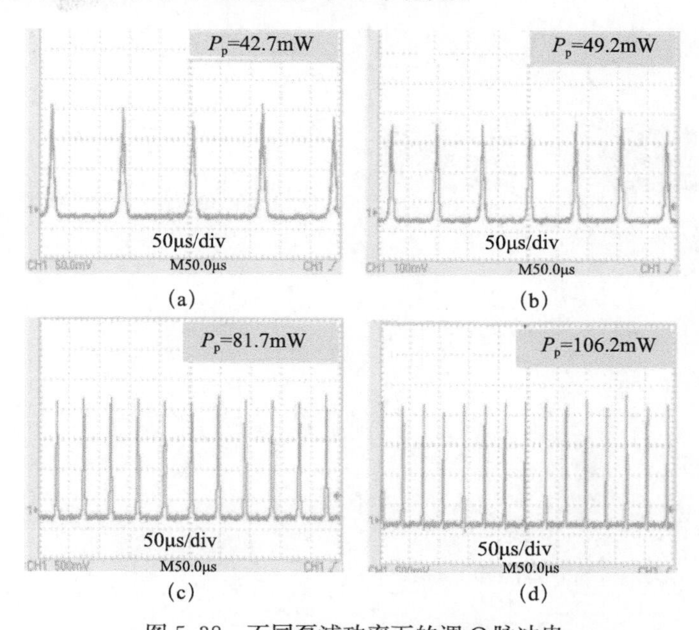

图 5.38　不同泵浦功率下的调 Q 脉冲串

(a) P_p=42.7mW；(b) P_p=49.2mW；(c) P_p=81.7mW；(d) P_p=106.2mW

如图 5.40（a）所示，显示了脉冲重率和脉冲持续时间作为泵浦功率的函数。随着泵浦功率从 42.5mW 增加到 106.2mW，调 Q 脉冲的重复频率从 8.3kHz 增加到 29.1kHz，脉冲宽度从 8.3μs 压缩到 1.95μs，通过优化参数可以进一步缩小脉冲宽度，包括：①缩短腔长；②提高 TI:Bi_2Se_3 调 Q 器的调制深度。此外，如图 5.40（b）所示，平均输出功率几乎与输入泵浦功率呈线性关系，当泵浦功率为 106.2mW 时，最大平均输出功率为 0.46mW。从图 5.40（b）可以看出，脉冲能量在初始阶段线性增长，但当泵浦功率超过 90mW 时，脉冲能量明显饱和，最大脉冲能量为 17.9nJ。

4. 过渡金属硫化物

受石墨烯研究的启发，各种新纳米材料层出不穷，具有类石墨烯结构且具有很强光学非线性的层状金属二硫化物备受关注[81]。如二硫化钼（molybdenum disulphide，MoS_2）、二硫化钨（tungsten disulphide，WS_2）、二硫化铼（rhenium disulphide，ReS_2）、二硫化锡（tin disulphide，SnS_2）等。其中，MoS_2 与 WS_2 是典型的过渡金属硫族化物，单层的 MoS_2（WS_2）是由三层原子层构成的，其中上下两层为 S 原子层，中间一层为 Mo(W) 原子层。每一层的原子之间通过作用力极强的原子键相连接，而层与层之间由作用力较弱的范德瓦耳斯力相连，

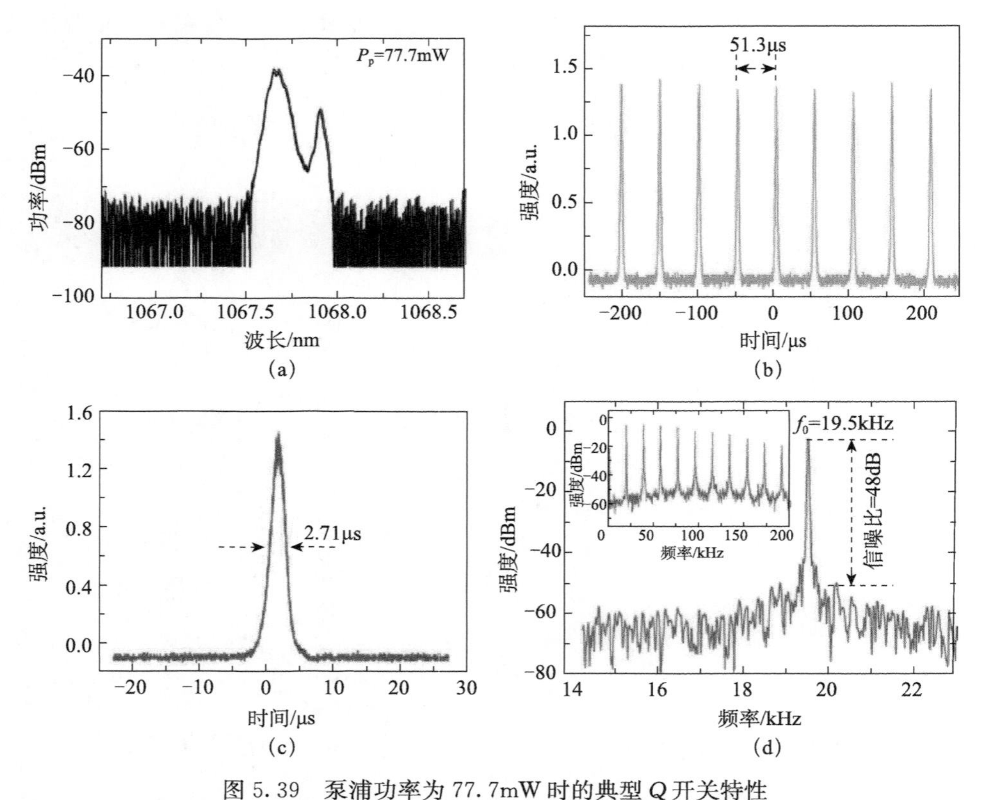

图 5.39　泵浦功率为 77.7mW 时的典型 Q 开关特性

(a) 输出光谱；(b) 调 Q 脉冲串的示波器轨迹；(c) 单脉冲包络；(d) 窄带频谱（插图：宽带频谱）

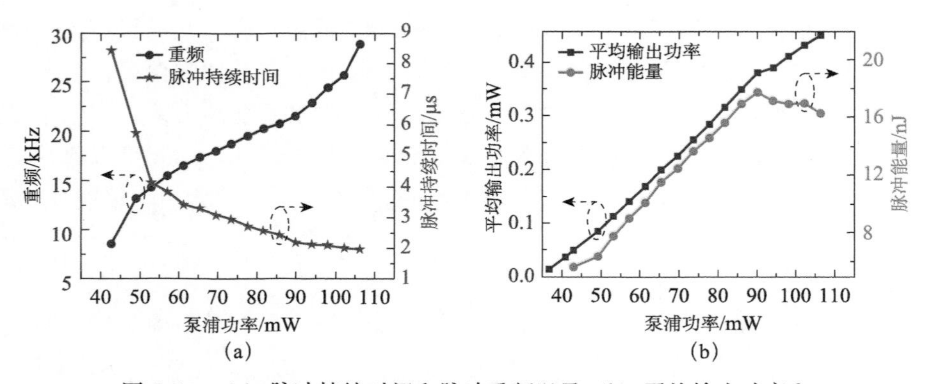

图 5.40　(a) 脉冲持续时间和脉冲重频以及 (b) 平均输出功率和脉冲能量随泵浦功率变化

所以，它们经机械剥离很容易获得少层或者单层的薄膜材料。相比于块状材料，单层或者少层的 MoS_2（WS_2）具有更强的非线性系数，针对其超快非线性可饱和吸收特性，已经开展了大量的实验研究工作[82]。

类石墨烯 MoS_2 是由六方晶系的单层或多层 MoS_2 组成的具有"三明治夹心"层状结构的化合物[83]，为具有金属光泽的铅灰色固体粉末，莫氏硬度为1～1.5，熔点为1185℃，分解温度为1375℃，空气中初始氧化温度约为315℃，不溶于弱酸、碱以及有机溶剂。MoS_2 属于六方晶系，一般具有三种常见的晶体结构，即1T-MoS_2、2H-MoS_2、3R-MoS_2[84]。其中2H-MoS_2 在三种构型中具有最高的稳定性，因而广泛存在于自然界中。这种构型中Mo原子的配位方式为三棱柱配位，两个位于相邻分子层中的S-Mo-S单元构成一个晶胞。而在3R相的结构中同样为三棱柱配位，每个晶胞由三个连续分子层的S-Mo-S单元组成。以上两种结构因为不同分子层之间堆砌方式的差异，导致不同层间的原子排列具有相互对应的排布方式。不同于前面两种三棱柱构型的配位方式，1T-MoS_2 是以八面体的方式进行配位，层与层之间距离较大，因而相邻的 MoS_2 层基本保持独立，不存在相互影响，其晶胞组成为单个S-Mo-S单元结构，呈现半导体特性，1T-MoS_2 表现出了较强的金属性因而展现出较强的金属导电性，基于此特点在很多领域得到广泛的研究。

MoS_2 的结构如图5.41所示，单层 MoS_2 的结构同石墨烯类似，为六边形结构，Mo原子将六边形中两个S原子隔开，分子层内S原子同Mo原子以共价键的形式相连，这种强的相互作用赋予了 MoS_2 层内高的机械强度，良好的光、热稳定性和耐腐蚀性[85]。而层间恰恰相反，通过微弱的范德瓦耳斯力结合，层间距为0.65nm，因此较容易分离成单层[86]。由于其独特的结构特点使得单层或者少层 MoS_2 能够通过一定的技术手段得到，同时也基于这种弱的相互作用使得材料沿 c 轴方向（垂直于面方向）具有一定的拉伸和收缩特性。作为一类重要的二维层状纳米材料，MoS_2 在催化、能量存储、复合材料、场效应晶体管、传感器、光电器件等领域应用广泛。与二维层状结构的石墨烯不同，MoS_2 具有特殊的带隙结构。图5.41（b）为 MoS_2 的带隙结构，布里渊区的能带是一个平面，面上的每一个点与布里渊区中心的连线都构成一波数矢量，而且每一个波数矢量都有与之相对应的能级。由于量子效应的制约，MoS_2 能带结构强烈地依赖于材料的层数。当由块状变为单层二维结构时，电子带隙结构变为直接带隙，相应的禁带宽度由～1.2eV变为～1.9eV[87]。对于半导体材料来说，直接影响其对光的吸收和发散的是带隙结构，并且直接带隙对光的利用更彻底。其中 MoS_2 晶体的带隙为 E_g=1.29eV，电子跃迁方式为非竖直跃迁；当层数降低时，由于量子限域效应，能隙不断扩大，单层 MoS_2 的带隙达到了1.9eV，同时电子的跃迁方式变为竖直跃迁。作为典型的二维材料，MoS_2 层内以共价键的形式相结合，并且这些层通过弱的范德瓦耳斯力相连接。由于其具有宽的吸收带、可调节的带隙、良好的稳定性等特点，被认为是一种非常有潜力的可饱和吸收体[88]。一般的化学、物理法难以制备出具有层状结构的 MoS_2，采用脉冲激光溅射方法制备，层数均匀、稳定性高、响应光谱范围宽，有望成为新一代非线性光学可饱和吸收体。

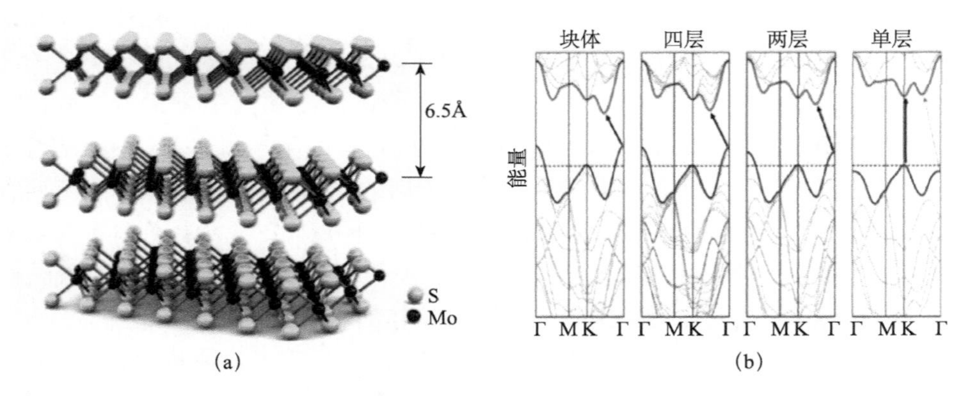

图 5.41 (a) MoS_2 的结构示意图和 (b) 不同层数 MoS_2 的带隙结构

MoS_2 是同时具有宽带可饱和吸收特性、低饱和吸收阈值、大的调制深度、高的热/光损伤阈值，且造价低廉的新型二维材料可饱和吸收体，通过泵浦探测系统测量 MoS_2 的弛豫过程，发现 MoS_2 存在三个载流子弛豫过程，弛豫时间分别为 0.35ps、50ps 和 180ps[89]。

2014 年，通过优化激光腔内的色散，Liu 等[90]利用 MoS_2 作为可饱和吸收体，在腔内加入反常色散光纤首次实现了被动锁模飞秒脉冲输出，其激光器的结构如图 5.42 所示。4.8m 的掺铒光纤作为增益介质，一个 980∶1550 的波分复用器将 976nm 的泵浦光耦合进增益光纤，利用一对偏振控制器对激光腔内的偏振状态进行调节。一个偏振无关隔离器用来保证激光腔单向工作，10∶90 的耦合器中 10%端用来提取腔内的脉冲能量进行观察。

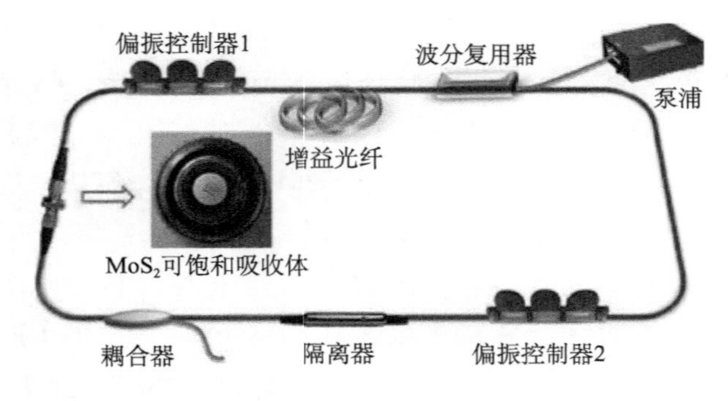

图 5.42 基于 MoS_2 的可饱和吸收体光纤激光器结构

当泵浦功率达到22mW时，激光器开始出现自启动，继续增加泵浦功率，当泵浦功率达到46mW时，激光腔达到稳定运行状态。如图5.43（a）所示，光谱的中心波长为1569.5nm，3dB光谱谱宽为4nm。光谱上有明显的Kelly边带，此时激光器处于孤子状态，Kelly边带的出现是由孤子脉冲在激光谐振腔内循环时周期性扰动造成的。图5.43（b）是此时光谱对应的脉冲序列，重频为12.09MHz，与17m的腔长相对应。腔内的平均输出功率是1.78mW，脉冲序列均匀分布，说明激光腔处于稳定工作状态。继续增加泵浦功率达到150mW，可以观察到多脉冲序列现象，如图5.43（b）中插图所示。图5.43（c）是脉冲的自相关轨迹，插图是大范围的自相关曲线，可以发现，没有明显的基底，根据双曲正割函数拟合，脉冲宽度为710fs，经计算，时间带宽积为0.346，与双曲正割函数的极限变换值比较，说明激光腔内有轻微的啁啾。图5.43（d）是采用300Hz分辨率测量的射频频谱。射频频谱的峰值位移基本重复频率为12.09MHz，信噪比为60dB，激光腔运行处于低振幅波动状态和高稳定性。插图中2GHz范围的射频频谱没有出现调制，表明在连续波状态下，激光腔也运行良好。

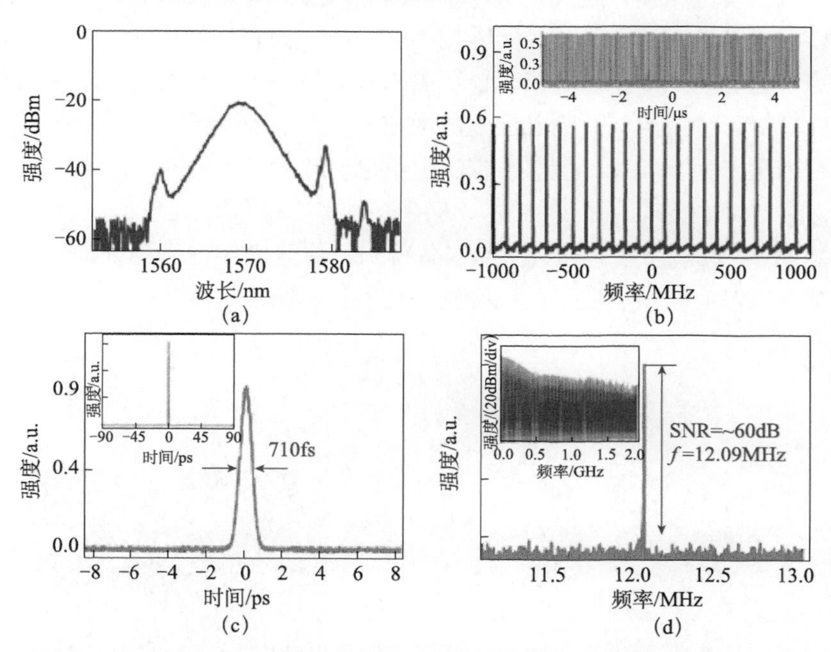

图5.43　(a) 锁模频谱，(b) 对应的脉冲序列（插图：脉冲序列跨度10μs），(c) 对应的自相关跟踪（插图：自相关全范围扫描），(d) 射频频谱（插图：2GHz的射频频谱）

为了证明MoS_2的饱和吸收体在腔内起到锁模作用，实验中，将饱和吸收体取出，再进行实验。结果发现，大范围调节偏振控制器和增加泵浦功率都不能出现锁模现象，对比表明，MoS_2在腔内起到锁模作用。

5. 黑磷

磷是自然界中较为广泛存在的一种元素，也是人体不可或缺的元素之一，它位于元素周期表第15位。磷元素具有多种同素异形体，如黄磷、红磷及白磷等。可采用在高压高温下转化白磷的方法制得黑磷[91]。黑磷（black phosphorus，BP）是一种具有黑色金属光泽的晶体。在磷的同素异形体中，黑磷在空气中不会被点燃，反应活性最弱。然而，由于黑磷在空气中易被氧化，所以一般放入惰性气体中保存。典型的二维半导体材料黑磷也具有优异的非线性光学性能[92]。目前已经知道的黑磷有四种：斜方、菱形、立方和无定形。其中，无定形的黑磷在125℃向红磷转变。黑磷具有导电性，具有与石墨烯类似的层片状结构，这类晶体的本身性质是，晶体内不光有共价键，还有离子键和范德瓦耳斯力[93]。层内的原子由共价键连接，结构较稳定，而层之间是范德瓦耳斯力相连，相较于层内结构较为松散。

黑磷是一种由原子层堆叠而成的层状物质，每一层内各磷原子与其周围的三个磷原子以共价键相连，组成一个稳定的褶皱六边形蜂窝状构造，如图5.44（a）所示。多层黑磷纳米片中，层间间隔约为0.5nm。与石墨烯不同，三个共价键占据了磷原子所有的三个价态电子，单层黑磷（磷烯）被预测为直接带隙约为2eV的半导体。对于少层黑磷，随着层数的增加，层间插入降低了能带的带隙，块体黑磷能带带隙降为0.3eV，且直接带隙也由单层时第一布里渊区中的Γ点移动到Z点。为获得块体黑磷的能带结构，可用角分辨光电仪器发射谱（ARPES）测量，如图5.44（b）所示。通过对新制备得到的块体黑磷进行测量，发现黑磷的能带带隙与在没有经验参数下的混合泛函密度计算曲线高度吻合[94]。

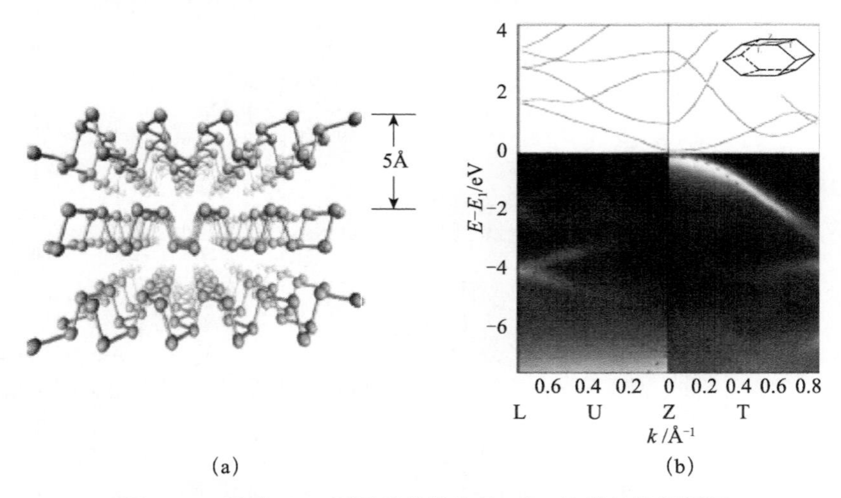

图5.44 黑磷（a）原子晶体结构及（b）能带结构侧视图

作为层状二维材料，黑磷在纳米光电子学中有着许多重要的应用。它的能带随着层数的变化有着一定的变化范围（单层 2.0eV，多层 0.3eV），在零带隙的石墨烯和大带隙的过渡金属硫化物（1.5～2.5eV）之间，黑磷建立了一座桥梁，有效填补了石墨烯和 TMDC 之间的带隙空缺（0～1eV）。在中红外波段，由于石墨烯和 TMDC 材料在该波段下光吸收较弱，始终难以获得性能优异的可饱和吸收器件，此时黑磷成为最好的选择。与 TMDC 相比，黑磷具有易剥离、低非饱和损耗等优势，因此黑磷可饱和吸收体（BP-SA）首先被证明可以用于实现自启动、稳定的固体锁模激光器。层状黑鳞的能带构造表明，在 1～5μm 波段范围之间将会具有较强的光电特征，在诸如发光二极管、调制解调器、光探测器等光电领域有着很强的潜力。

黑磷在光电领域的应用已初见成效，Buscema 和 Engel 等分别报道了薄层黑磷在光探测器[95]和光学成像上的功能实验。通过改变施加在黑磷上的应力可以改变其带隙[96]，并且不同层数黑磷的光学特性也随之改变，并对单层和少层黑磷的带隙可调节性质作出预测，可以从块状的 0.3eV 到单层的 2.0eV 范围内变化调节[97]。在 Xia 等的实验中观测到的吸收峰位置在 2700cm^{-1}（0.3eV），对应于多层黑磷的带隙[98]。Liang 等通过使用场发射透镜电子显微镜（STEM）测量到单层黑磷的带隙值为 2.05eV[99]。此外，当单层或者少层的黑磷受到压缩或者拉伸等应变时，能带构造会发生明显改变[100,101]。黑磷和电磁波的相互作用较为明显，所以能够在国防、医疗医药、通信、热成像技术方面有应用潜力，且黑磷具有较宽的光响应波段，可覆盖从可见光区到中红外波段。

黑磷与石墨烯和大多半的过渡族金属硫系化合物存在明显差异，其具有较高的电子迁移率和开关比。少层黑磷在光电领域里的第一个应用就是场效应管，而迁移率和开关比是关键参数。目前，在已经发现的一些二维材料中，不同波段均表现出相应的迁移率和开关比，如图 5.45 所示[102]，石墨烯是一种具有超高电子迁移率的材料，但是它在晶体管中的开关比性质远不如其他几种二维层状半导体材料。黑磷在场效应管的研究中，均表现出了不错的迁移率和开关比，这也是它作为场效应管所具备的核心性能。

在黑磷场效应管的研究中，必须要同时兼顾黑磷的电子传导特性和导电层的保护[47]。黑磷暴露在空气环境下，因为空气中含有大量的水蒸气及氧气，它很容易发生氧化反应。为此，在制备黑磷场效应管的过程中，需要对黑磷导电层做出保护覆盖。Wood 等报道过使用氧化铝作为黑磷保护层，不仅可以有效降低晶体管的噪声水平，而且可以防止黑磷在空气中接触水和氧气后被分解[103]。作为新型二维层状纳米材料，黑磷已经在纳米光电子器件领域崭露头角，在将来的超薄二维纳米电子技术中将有更大的应用前景。

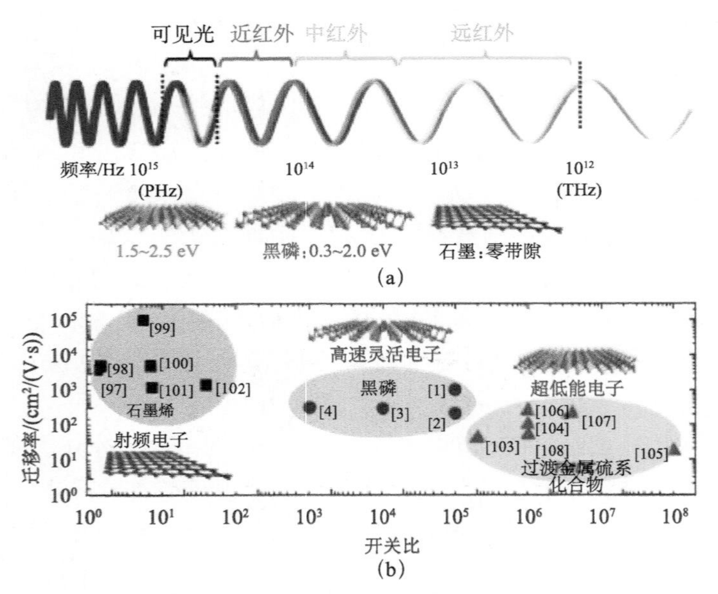

图 5.45　几种层状材料的（a）频谱图和（b）迁移率-开关比

在非线性光学方面，张晗团队发现了多层黑磷材料的宽带可饱和吸收特性[92]，并展望了它们在超快激光中的应用。随后，国外的爱尔兰圣三一学院的 Hanlon 等报道了少层黑磷具有的宽带可饱和吸收特性，并发现它比零带隙的石墨烯有更加优越的非线性光学吸收性能[13]。国防科技大学发表了黑磷在 800nm 波段的非线性吸收和非线性折射率系数的报告[104]，并发现黑磷在高光强激发下具备的光限幅效应[105]。

2015 年 5 月，最先报道了黑磷在 1571.45nm 波段掺铒光纤激光器中的调 Q 应用，并成功产生了 94.3nJ 的脉冲[106]。同年 8 月，唐定远团队报道了黑磷在 1046nm 波段固体激光器中的应用[107]。上海交通大学的钱列加团队报道了黑磷在 2.8μm 波段 Er：ZBLAN 光纤激光器中的调 Q 应用[108]，如图 5.46 所示，由分辨率为 0.22nm 的中红外光谱分析仪（Ocean Optics，SIR 5000）测量，脉冲光谱峰位于 2779nm 处，半高全宽为 4.6nm。山东大学 Yu 等实现了黑磷在 639nm、1064nm、2100nm 波段处的调 Q 激光[109]。芬兰 Aalto 大学实现了黑磷在光纤激光器中 1550nm 附近的调 Q，并重点讨论了偏振的影响[110]。2016 年 1 月，山东大学报道了黑磷在 2.4μm 固体激光器中的调 Q 应用[111]。

2018 年，黑磷在光纤激光器 1550nm 波段附近的锁模应用见到报道[112]，得到了飞秒级别的超快脉冲输出，其激光器的结构如图 5.47 所示。激光器腔的设计采用的是环形腔，一个 980nm 的激光二极管作为泵浦源，经一个 980：1550 的波分复用器将泵浦光耦合进腔内，4.05m 长的掺铒光纤作为增益介质，一个偏

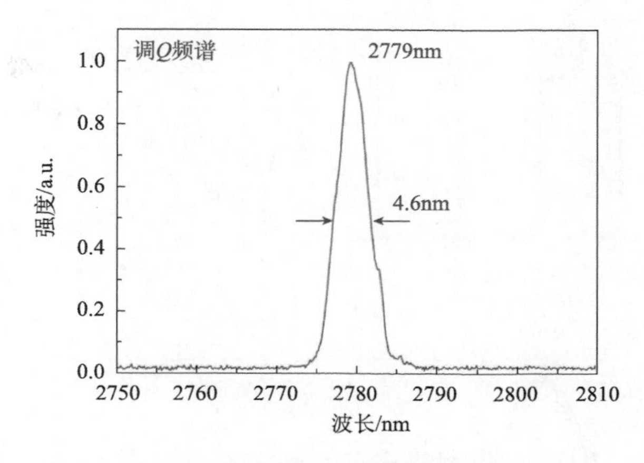

图 5.46 最大输出功率时的调 Q 脉冲

振无关的隔离器保证激光器单向运行。将 1mm×1mm 黑磷可饱和吸收体插入光纤连接处，用来实现锁模，20：80 的耦合器中的 20%端用来提取腔内的能量以观察光脉冲的运行状态，一个三环偏振控制器用来调节腔的偏振状态。腔内未使用偏振器和偏振相关元件，因此激光器中不存在由非线性偏振旋转引起的自启动锁模。整个腔长 8.6m，净腔色散为−0.01ps^2。

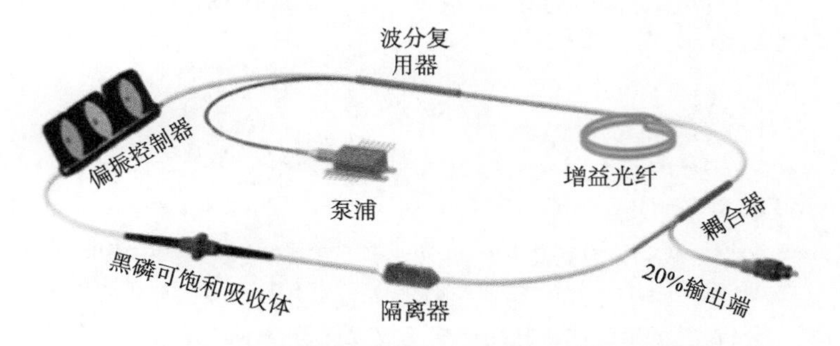

图 5.47 基于黑磷可饱和吸收体的光纤激光器结构

当泵浦功率达到 34mW 时，激光器开始出现自启动，腔的基频为 23.9MHz (对应的时间间隔为 41.9ns，如图 5.48 (a) 所示)，输出功率为 1.7mW。图 5.48 (b) 显示了脉冲的光谱，中心波长为 1555nm，半高全宽为 40nm，对应于高斯形状下 88fs 的极限脉冲持续时间。如图 5.48 (c) 所示，脉冲的实际脉宽为 102fs。经计算，时间带宽积为 0.51，比变化极限值为 0.441，说明腔内啁啾较低，可能是由腔内未补偿的高阶色散引起的。如图 5.48 (d) 所示，在 500kHz 的范围内，测得的基本射频频谱图显示了信噪比大于 60dB，说明激光器腔有良好的锁模特性。

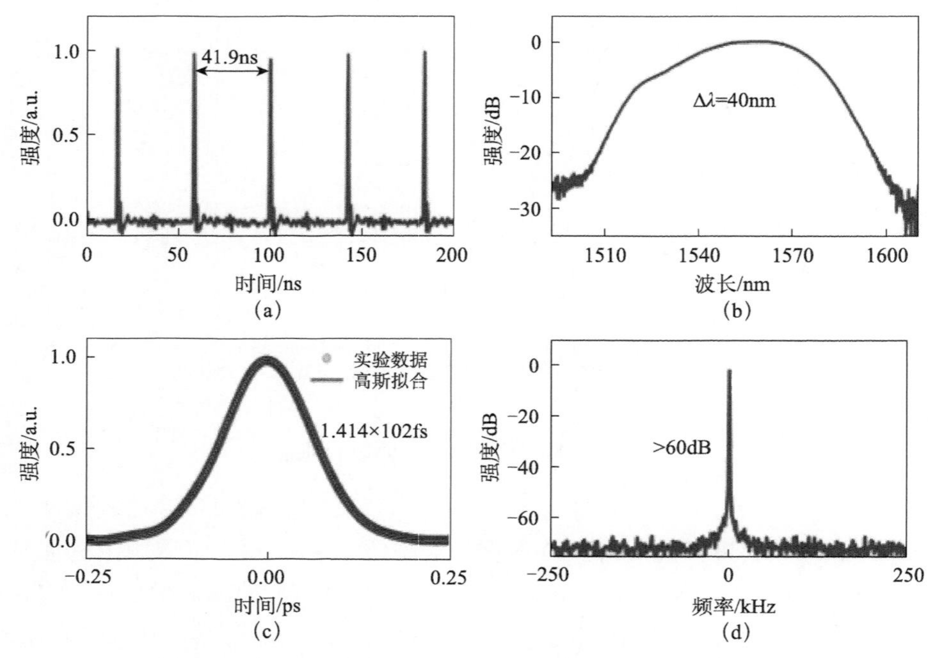

图 5.48 (a) 示波器轨迹图，(b) 光谱，(c) 自相关轨迹和 (d) 500kHz 范围内的射频频谱 (30Hz 分辨率带宽)

参考文献

[1] Hekmat M J, Gholami A, Omoomi M, et al. Ultra-short pulse generation in a linear femtosecond fiber laser using a Faraday rotator mirror and semiconductor saturable absorber mirror [J]. Laser Physics Letters, 2018, 15 (2): 025101.

[2] 路桥. 基于光纤激光的窄带皮秒脉冲产生与放大关键技术研究 [D]. 合肥：中国科学技术大学，2019.

[3] Set S Y, Yaguchi H, Tanaka Y, et al. Ultrafast fiber pulsed lasers incorporating carbon nanotubes [J]. IEEE Journal of Selected Topics in Quantum Electronics, 2004, 10 (1): 137-146.

[4] Keller U. Recent developments in compact ultrafast lasers [J]. Nature, 2003, 424 (6950): 831-838.

[5] Gomes L A, Orsila L, Jouhti T, et al. Picosecond SESAM-based ytterbium mode-locked fiber lasers [J]. IEEE Journal of Selected Topics in Quantum Electronics, 2004, 10 (1): 129-136.

[6] 韩小祥. 基于可饱和吸收体锁模光纤激光器的实验与器件研究 [D]. 西安：中国科学院大学（中国科学院西安光学精密机械研究所），2017.

[7] Okhotnikov O G, Jouhti T, Konttinen J, et al. 1.5-microm monolithic GaInNAs semiconductor saturable-absorber mode locking of an erbium fiber laser [J]. Opt. Lett., 2003, 28 (5): 364-346.

[8] Keller U. Ultrafast solid-state laser oscillators: a success story for the last 20 years with no end in sight [J]. Applied Physics B, 2010, 100 (1): 15-28.

[9] Hnninger C, Paschotta R, Morier-Genoud F, et al. *Q*-switching stability limits of continuous-wave passive mode locking [J]. Journal of the Optical Society of America B, 1999, 16 (1): 46-53.

[10] Loh W H, Atkinson D, Morkel P R, et al. Passively mode-locked Er^{3+} fiber laser using a semiconductor nonlinear mirror [J]. IEEE Photonics Technology Letters, 1993, 5 (1): 35-37.

[11] 王旌,张洪明,张鋆,等.基于饱和吸收镜的被动锁模光纤激光器 [J]. 中国激光,2007,(02):163-165.

[12] 罗浆,杨松,郝强,等.SESAM锁模全保偏光纤激光器重复频率的精确锁定 [J]. 光学学报,2017,37 (02):70-75.

[13] 王梦霞.二维层状材料的非线性光学特性及其在脉冲激光器中的应用研究 [D]. 济南:山东大学,2019.

[14] Zhang H, Virally S, Bao Q, et al. *Z*-scan measurement of the nonlinear refractive index of graphene [J]. Opt. Lett., 2012, 37 (11): 1856-8185.

[15] 詹勇军,王锋,白黎,等.*Z*扫描技术及其在材料学中的应用 [J]. 材料导报,2007,(08):99-102.

[16] Qiu H, Xu T, Wang Z, et al. Hopping transport through defect-induced localized states in molybdenum disulphide [J]. Nat. Commun., 2013, 4, 2642.

[17] Zhou F, Ji W. Two-photon absorption and subband photodetection in monolayer MoS_2 [J]. Opt. Lett., 2017, 42 (16): 3113-3116.

[18] Weber M J, Milam D, Smith W L. Nonlinear refractive index of glasses and crystals [J]. Optical Engineering, 1978, 17 (5): 463-469.

[19] Owyoung A. Ellipse rotation studies in laser host materials [J]. IEEE Journal of Quantum Electronics, 1973, 9 (11): 1064-1069.

[20] Adair R, Chase L L, Payne S A. Nonlinear refractive index measurement of glasses using three-wave frequency mixing [J]. Journal of the Optical Society of America B, 1978, 4 (6): 875.

[21] Williams W E, Soileau M J, van Stryland E W. Optical switching and n_2 measurements in CS_2 [J]. Optics Communications, 1984, 50 (4): 256-260.

[22] Sheik-Bahae M, Said A A, Wei T H, et al. Sensitive measurement of optical nonlinearities using a single beam [J]. IEEE Journal of Quantum Electronics, 1990, 26 (4): 760-769.

[23] Sheik-Bahae M, Said A A, van Stryland E W. High-sensitivity, single-beam *n* (2) measurements [J]. Opt. Lett., 1989, 14 (17): 955-957.

[24] Zheng J, Zhang H, Dong S, et al. High yield exfoliation of two-dimensional chalcogenides using sodium naphthalenide [J]. Nat. Commun., 2014, 5: 2995.
[25] 郭强兵，刘小峰，邱建荣．局域表面等离子体纳米结构的超快非线性光学及其应用研究进展 [J]. 中国激光，2017，44（07）：79－88.
[26] Zhao S Y F, Beekman C, Sandilands L J, et al. Fabrication and characterization of topological insulator Bi_2Se_3 nanocrystals [J]. Applied Physics Letters, 2011, 98: 14.
[27] Zhao C, Zhang H, Qi X, et al. Ultra-short pulse generation by a topological insulator based saturable absorber [J]. Applied Physics Letters, 2012, 101: 21.
[28] Zhang H, Lu S B, Zheng J, et al. Molybdenum disulfide (MoS_2) as a broadband saturable absorber for ultra-fast photonics [J]. Opt. Express, 2014, 22 (6): 7249－7260.
[29] 杜娟．类硫化钼材料的超快激光应用 [D]. 长沙：湖南大学，2017.
[30] Bourlinos A B, Georgakilas V, Zboril R, et al. Liquid-phase exfoliation of graphite towards solubilized graphenes [J]. Small, 2009, 5 (16): 1841－1845.
[31] Kim K S, Zhao Y, Jang H, et al. Large-scale pattern growth of graphene films for stretchable transparent electrodes [J]. Nature, 2009, 457 (7230): 706－710.
[32] Zhang Y, He K, Chang C Z, et al. Crossover of the three-dimensional topological insulator Bi_2Se_3 to the two-dimensional limit [J]. Nature Physics, 2010, 6 (8): 584－548.
[33] Peng H, Lai K, Kong D, et al. Aharonov-Bohm interference in topological insulator nanoribbons [J]. Nat. Mater., 2010, 9 (3): 225－229.
[34] Zhang J, Peng Z, Soni A, et al. Raman spectroscopy of few-quintuple layer topological insulator Bi_2Se_3 nanoplatelets [J]. Nano. Lett., 2011, 11 (6): 2407－2414.
[35] Xiu F, He L, Wang Y, et al. Manipulating surface states in topological insulator nanoribbons [J]. Nat. Nanotechnol., 2011, 6 (4): 216－221.
[36] Hulman M, Haluska M, Scalia G, et al. Effects of charge impurities and laser energy on Raman spectra of graphene [J]. Nano. Lett., 2008, 8 (11): 3594－3597.
[37] Sobon G. Mode-locking of fiber lasers using novel two-dimensional nanomaterials: graphene and topological insulators [Invited] [J]. Photonics Research, 2015, 3 (2): A56－63.
[38] Kim H, Cho J, Jang S Y, et al. Deformation-immunized optical deposition of graphene for ultrafast pulsed lasers [J]. Applied Physics Letters, 2011, 98 (2): 021104.
[39] Meng Y, Zhang S, Li X, et al. Multiple-soliton dynamic patterns in a graphene mode-locked fiber laser [J]. Opt. Express, 2012, 20 (6): 6685－6692.
[40] Smith P W, Ashkin A, Tomlinson W J. Four-wave mixing in an artificial Kerr medium [J]. Optics Letters, 1981, 6 (6): 284－286.
[41] Wang H, Chen B, Zhang X, et al. Ethanol catalytic deposition of MoS_2 on tapered fiber [J]. Photonics Research, 2015, 3 (3): 102－107.
[42] 杜江兵．基于材料填充的光子晶体光纤设计及应用研究 [D]. 天津：南开大学，2008.
[43] Zheng G, Chen Y, Huang H, et al. Improved transfer quality of CVD-grown graphene by ultrasonic processing of target substrates: applications for ultra-fast laser photonics [J].

ACS Appl. Mater. Interfaces，2013，5 (20)：10288 - 10293.

[44] Khazaeinezhad R，Hosseinzadeh Kassani S，Jeong H，et al. Femtosecond soliton pulse generation using evanescent field interaction through tungsten disulfide film [J]. Journal of Lightwave Technology，2015，33 (17)：3550 - 3557.

[45] Wang Q，Chen Y，Miao L，et al. Wide spectral and wavelength-tunable dissipative soliton fiber laser with topological insulator nano-sheets self-assembly films sandwiched by PMMA polymer [J]. Opt. Express，2015，23 (6)：7681 - 7693.

[46] Liu H，Zheng X W，Liu M，et al. Femtosecond pulse generation from a topological insulator mode-locked fiber laser [J]. Opt. Express，2014，22 (6)：6868 - 6673.

[47] Mu H，Lin S，Wang Z，et al. Black phosphorus-polymer composites for pulsed lasers [J]. Advanced Optical Materials，2015，3 (10)：1447 - 1453.

[48] Vallaitis T，Koos C，Bonk R，et al. Slow and fast dynamics of gain and phase in a quantum dot semiconductor optical amplifier [J]. Opt. Express，2008，16 (1)：170 - 178.

[49] Miao L，Yi J，Wang Q，et al. Broadband third order nonlinear optical responses of bismuth telluride nanosheets [J]. Optical Materials Express，2016，6 (7)：2244.

[50] Li J，Zhang Z，Du L，et al. Highly stable femtosecond pulse generation from a MXene $Ti_3C_2T_x$ (T=F，O，or OH) mode-locked fiber laser [J]. Photonics Research，2019，7 (3)：260 - 264.

[51] Zhang M，Wu Q，Zhang F，et al. 2D black phosphorus saturable absorbers for ultrafast photonics [J]. Advanced Optical Materials，2019，7 (1)：1 - 18.

[52] Song Y W，Yamashita S，Goh C S，et al. Carbon nanotube mode lockers with enhanced nonlinearity via evanescent field interaction in D-shaped fibers [J]. Opt. Lett.，2007，32 (2)：148 - 150.

[53] Hasan T，Sun Z，Wang F，et al. Nanotubeâ polymer composites for ultrafast photonics [J]. Advanced Materials，2009，21 (9)：3874 - 3499.

[54] Jain A，Homayoun A，Bannister C W，et al. Single-walled carbon nanotubes as near-infrared optical biosensors for life sciences and biomedicine [J]. Biotechnol. J.，2015，10 (3)：447 - 459.

[55] Nicholson J W，Windeler R S，Digiovanni D J. Optically driven deposition of single-walled carbon-nanotube saturable absorbers on optical fiber end-faces [J]. Opt. Express，2007，15 (15)：9176 - 9183.

[56] Grzegorz S，Jaroslaw S，Joanna J，et al. Graphene oxide vs. reduced graphene oxide as saturable absorbers for Er-doped passively mode-locked fiber laser [J]. Optics Express，2012，20 (17)：19463 - 19473.

[57] 吴熳．基于二维原子晶体的被动调Q光纤激光器研究 [D]. 长沙：湖南大学，2014.

[58] Geim A K，Grigorieva I V. Van der Waals heterostructures [J]. Nature，2013，499 (7459)：419 - 525.

[59] Nair R R，Blake P，Grigorenko A N，et al. Fine structure constant defines visual trans-

parency of graphene [J]. Science, 2008, 320 (5881): 1308.

[60] Novoselov K S, Geim A K, Morozov S V, et al. Electric field effect in atomically thin carbon films [J]. Science, 2004, 306 (5696): 666-669.

[61] Zhang Y, Tan Y W, Stormer H L, et al. Experimental observation of the quantum Hall effect and Berry's phase in graphene [J]. Nature, 2005, 438 (7065): 201-204.

[62] Avouris P, Dimitrakopoulos C. Graphene: synthesis and applications [J]. Materials Today, 2012, 15 (3): 86-97.

[63] Breusing M, Ropers C, Elsaesser T. Ultrafast carrier dynamics in graphite [J]. Phys. Rev. Lett., 2009, 102 (8): 086809.

[64] Zhang H, Bao Q, Tang D, et al. Large energy soliton erbium-doped fiber laser with a graphene-polymer composite mode locker [J]. Applied Physics Letters, 2009, 95 (14): 141103.

[65] Popa D, Sun Z, Torrisi F, et al. Sub 200fs pulse generation from a graphene mode-locked fiber laser [J]. Applied Physics Letters, 2010, 97 (20): 203106.

[66] Lin G R, Lin Y C. Directly exfoliated and imprinted graphite nano-particle saturable absorber for passive mode-locking erbium-doped fiber laser [J]. Laser Physics Letters, 2011, 8 (12): 880-886.

[67] Luo Z Q, Wang J Z, Zhou M, et al. Multiwavelength mode-locked erbium-doped fiber laser based on the interaction of graphene and fiber-taper evanescent field [J]. Laser Physics Letters, 2012, 9 (3): 229-233.

[68] Liu J, Wang Y G, Qu Z S, et al. Graphene oxide absorber for 2μm passive mode-locking Tm: $YAlO_3$ laser [J]. Laser Physics Letters, 2012, 9 (1): 15-19.

[69] Bao Q, Zhang H, Wang Y, et al. Atomic-layer graphene as a saturable absorber for ultrafast pulsed lasers [J]. Advanced Functional Materials, 2009, 19 (19): 3077-3083.

[70] Hasan M Z, Kane C L. Colloquium: topological insulators [J]. Reviews of Modern Physics, 2010, 82 (4): 3045-3067.

[71] 李辉，彭海琳，刘忠范. 拓扑绝缘体二维纳米结构与器件 [J]. 物理化学学报，2012，28 (10): 2423-2435.

[72] Chen S, Zhao C, Li Y, et al. Broadband optical and microwave nonlinear response in topological insulator [J]. Optical Materials Express, 2014, 4 (4): 587-596.

[73] Lu S, Zhao C, Zou Y, et al. Third order nonlinear optical property of Bi_2Se_3 [J]. Opt. Express, 2013, 21 (2): 2072-2082.

[74] Sobota J A, Yang S, Analytis J G, et al. Ultrafast optical excitation of a persistent surface-state population in the topological insulator Bi_2Se_3 [J]. Phys. Rev. Lett., 2012, 108 (11): 117403.

[75] Hajlaoui M, Papalazarou E, Mauchain J, et al. Ultrafast surface carrier dynamics in the topological insulator Bi_2Te_3 [J]. Nano. Lett., 2012, 12 (7): 3532-3536.

[76] Lu D, Pan Z, Zhang R, et al. Passively Q-switched ytterbium-doped $ScBO_3$ laser with

black phosphorus saturable absorber [J]. Optical Engineering，2016，55 (8)：081312.

[77] Dou Z，Song Y，Tian J，et al. Mode-locked ytterbium-doped fiber laser based on topological insulator：Bi_2Se_3 [J]. Optics Express，2014，22 (20)：24055-24061.

[78] Lee J，Koo J，Jhon Y M，et al. A femtosecond pulse erbium fiber laser incorporating a saturable absorber based on bulk-structured Bi_2Te_3 topological insulator [J]. Opt. Express，2014，22 (5)：6165-6173.

[79] Chen Y，Zhao C，Huang H，et al. Self-assembled topological insulator：Bi_2Te_3 membrane as a passive Q-switcher in an erbium-doped fiber laser [J]. Journal of Lightwave Technology，2013，31 (17)：2857-2863.

[80] Luo Z，Huang Y，Weng J，et al. 1.06μm Q-switched ytterbium-doped fiber laser using few-layer topological insulator Bi_2Se_3 as a saturable absorber [J]. Opt. Express，2013，21 (24)：29516-29522.

[81] 杨慧苒. 基于纳米材料的被动锁模光纤激光器的实验研究 [D]. 西安：中国科学院大学(中国科学院西安光学精密机械研究所)，2017.

[82] Mu H，Lin S，Wang Z，et al. Black phosphorus-polymer composites for pulsed lasers [J]. Advanced Optical Materials，2015，3 (10)：1447-1453.

[83] 任军. 新型二维材料的制备、结构表征、光学性质研究及应用 [D]. 北京：北京工业大学，2018.

[84] 井涞荥. MoS_2 复合材料的可控制备及其能源存储和转换性能的研究 [D]. 济南：山东大学，2019.

[85] 王祎然. 拓扑绝缘体及其他二维材料的可饱和吸收特性研究 [D]. 济南：山东大学，2019.

[86] Radisavljevic B，Radenovic A，Brivio J，et al. Single-layer MoS_2 transistors [J]. Nat. Nanotechnol.，2011，6 (3)：147-150.

[87] Wang K，Wang J，Fan J，et al. Ultrafast saturable absorption of two-dimensional MoS_2 nanosheets [J]. ACS Nano.，2013，7 (10)：9260-9267.

[88] Splendiani A，Sun L，Zhang Y，et al. Emerging photoluminescence in monolayer MoS_2 [J]. Nano. Lett.，2010，10 (4)：1271-1275.

[89] Kumar N，He J，He D，et al. Charge carrier dynamics in bulk MoS_2 crystal studied by transient absorption microscopy [J]. Journal of Applied Physics，2013，113 (13)：1-6.

[90] Liu H，Luo A P，Wang F Z，et al. Femtosecond pulse erbium-doped fiber laser by a few-layer MoS_2 saturable absorber [J]. Opt. Lett.，2014，39 (15)：4591-4594.

[91] 葛颜绮. 基于新型二维材料的超短脉冲光纤激光器研究 [D]. 深圳：深圳大学，2018.

[92] Lu S B，Miao L L，Guo Z N，et al. Broadband nonlinear optical response in multi-layer black phosphorus：an emerging infrared and mid-infrared optical material [J]. Opt. Express，2015，23 (9)：11183-11194.

[93] Suess R J，Jadidi M M，Murphy T E，et al. Carrier dynamics and transient photobleaching in thin layers of black phosphorus [J]. Applied Physics Letters，2015，107 (8)：

081103.

[94] 唐莎娜．新型二维材料黑磷的非线性光学吸收特性研究 [D]. 深圳：深圳大学，2017.

[95] Buscema M，Groenendijk D J，Blanter S I，et al. Fast and broadband photoresponse of few-layer black phosphorus field-effect transistors [J]. Nano. Lett.，2014，14 (6)：3347 - 3352.

[96] Rodin A S，Carvalho A，Castro Neto A H. Strain-induced gap modification in black phosphorus [J]. Physical Review Letters，2014，112 (17)：176801.

[97] Engel M，Steiner M，Avouris P. Black phosphorus photodetector for multispectral，high-resolution imaging [J]. Nano. Lett.，2014，14 (11)：6414 - 6417.

[98] Xia F，Wang H，Jia Y. Rediscovering black phosphorus as an anisotropic layered material for optoelectronics and electronics [J]. Nat. Commun.，2014，5：4458.

[99] Liang L，Wang J，Lin W，et al. Electronic bandgap and edge reconstruction in phosphorene materials [J]. Nano. Lett.，2014，14 (11)：6400 - 6406.

[100] Li Y，Yang S，Li J. Modulation of the electronic properties of ultrathin black phosphorus by strain and electrical field [J]. The Journal of Physical Chemistry C，2014，118 (41)：23970 - 23976.

[101] Ezawa M. Topological origin of quasi-flat edge band in phosphorene [J]. New Journal of Physics，2014，16：11.

[102] Ling X，Wang H，Huang S，et al. The renaissance of black phosphorus [J]. Proc. Natl. Acad. Sci. USA，2015，112 (15)：4523 - 4530.

[103] Wood J D，Wells S A，Jariwala D，et al. Effective passivation of exfoliated black phosphorus transistors against ambient degradation [J]. Nano. Lett.，2014，14 (12)：6964 - 6970.

[104] Zheng X，Chen R，Shi G，et al. Characterization of nonlinear properties of black phosphorus nanoplatelets with femtosecond pulsed *Z*-scan measurements [J]. Opt. Lett.，2015，40 (15)：3480 - 3483.

[105] Zhang F，Wu Z，Wang Z，et al. Strong optical limiting behavior discovered in black phosphorus [J]. RSC Advances，2016，6 (24)：20027 - 20033.

[106] Chen Y，Jiang G，Chen S，et al. Mechanically exfoliated black phosphorus as a new saturable absorber for both *Q*-switching and Mode-locking laser operation [J]. Opt. Express，2015，23 (10)：12823 - 12833.

[107] Ma J，Lu S，Guo Z，et al. Few-layer black phosphorus based saturable absorber mirror for pulsed solid-state lasers [J]. Opt. Express，2015，23 (17)：22643 - 22648.

[108] Qin Z，Xie G，Zhang H，et al. Black phosphorus as saturable absorber for the *Q*-switched Er：ZBLAN fiber laser at 2.8μm [J]. Opt. Express，2015，23 (19)：24713 - 24718.

[109] Zhang R，Zhang Y，Yu H，et al. broadband black phosphorus optical modulator in the spectral range from visible to mid-infrared [J]. Advanced Optical Materials，2015，3 (12)：1787 - 1792.

[110] Li D，Jussila H，Karvonen L，et al. Polarization and thickness dependent absorption properties of black phosphorus：new saturable absorber for ultrafast pulse generation [J]. Sci. Rep.，2015，5：15899.

[111] Wang Z，Zhao R，He J，et al. Multi-layered black phosphorus as saturable absorber for pulsed Cr：ZnSe laser at 2.4μm [J]. Opt. Express，2016，24（2）：1598－1603.

[112] Jin X，Hu G，Zhang M，et al. 102fs pulse generation from a long-term stable，inkjet-printed black phosphorus-mode-locked fiber laser [J]. Opt. Express，2018，26（10）：12506－12513.

第 6 章　主动锁模超快光纤激光器

实现超快光纤激光器的一种重要手段就是使用主动锁模来产生高重频的超短脉冲。在超快光纤激光器的输出特性中，除了超短脉冲的脉宽、单脉冲能量、峰值功率三个参数，另外一个重要的参数是超短脉冲的重复频率。基于主动锁模的光纤激光器具有脉冲宽度窄、峰值功率高、波长调谐性强、易于集成等优点。与被动锁模相比，主动锁模光纤激光器更易于实现超高的重复频率，且重复频率、波形可控，这使其在大容量高速光通信、宽带信号处理、高速光学频率梳产生等领域具有重要的应用价值。

6.1　强度调制主动锁模光纤激光器

6.1.1　强度调制主动锁模原理

主动锁模光纤激光器主要是指在激光腔内插入主动调制器件或者外界有锁模脉冲注入，利用这些主动因素对激光腔内的光波进行调制来实现锁模。主动调制普遍利用马赫-曾德尔型 $LiNbO_3$ 波导电光幅度或相位调制器[1,2]。图 6.1 为典型的主动锁模环形腔光纤激光器的结构，激光腔内的增益器件为半导体激光器泵浦的掺铒光纤，调制器在在射频信号驱动下产生周期性变化，这种周期性的变化与腔内循环的脉冲相互作用导致了锁模脉冲序列的产生。

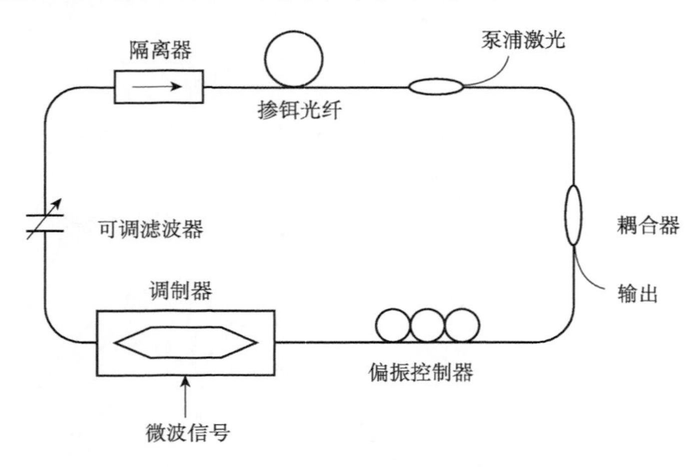

图 6.1　主动锁模环形腔光纤激光器结构

由于 $LiNbO_3$ 调制器属于偏振敏感器件，所以常在调制器前安置一个偏振控制器来调节激光的中心波长。光隔离器用来确保主动锁模光纤环形腔激光器处于单向运转，并消除某些光学元件上产生的反射波带来的不利影响。延迟线可以精确地调节腔长使其与调制频率相匹配，并可有效地抑制超模噪声。腔内运行的锁模脉冲经光纤耦合器输出。

调制器在高频微波信号的驱动下对入射光的强度进行调制，一般 $LiNbO_3$ 强度调制器的调制曲线可以表示为

$$T=(1-\alpha_{\mathrm{M}})\frac{1+\sin\left(\dfrac{\tau}{\tau_{\pi}}\pi\right)}{2} \tag{6.1}$$

其中，α_{M} 为调制器的插入损耗；τ_{π} 为调制器的半波电压；τ 为外加在调制器上的损失工作电压，调制器在时域内的强度透过率为

$$T=(1-\alpha_{\mathrm{M}})\frac{1+\sin\left[\left(b+\dfrac{m}{2}\cos\omega_{\mathrm{m}}t\right)\pi\right]}{2} \tag{6.2}$$

其中，m 为调制深度；b 为相对偏置；ω_{m} 为调制信号角频率，通常调制器在大部分情况下工作于特性曲线的线性区域，以保证其在一个调制周期内不出现多个透过峰，一般可取 $b=0.5$，$m=1$。

6.1.2　强度调制主动锁模光纤激光器

图 6.2 展示了常见的主动锁模光纤激光器结构。锁模的长期稳定性取决于腔内极化和频率失谐，而频率失谐是由锁模器的温度变化和频率漂移引起的。可以通过调整偏振控制器来调节激光器的腔内偏振。图 6.2（a）为整体激光器的结构，图 6.2（b）为实验中设计的一种相位误差探测结构。

2018 年，长春理工大学马万卓等利用 1.93μm 的光纤激光器作为泵浦源，采用电光调制技术实现主动锁模，在 2.05μm 处获得了重复频率 5.039GHz 的锁模脉冲[3]。图 6.3 为 2.05μm 波段波长可调谐主动锁模光纤激光器的结构图。

采用掺钬光纤（HDF）的反向放大自发辐射（ASE）光对其透射特性进行测试，从图 6.4（a）中可以看出随着法布里-珀罗（F-P）滤波器中心波长从 2034nm 至 2049nm 移动，透射光谱均呈近似高斯状，当波长逐渐增加至 2040nm 时，透射光谱的峰值强度达到最高并逐渐趋于平稳，这是由掺钬光纤反向 ASE 的平坦性决定的。对应得到的可调谐激光光谱如图 6.4（b）所示，可以看出当输出波长小于 2037nm 时，激光的峰值强度较低，此时在 1W 的泵浦功率下无法达到主动锁模阈值，输出激光为连续光状态。而当波长位于 2037～2050nm 时，激光光谱的峰值强度较高且随着波长的变化波动较小，输出激光为主动锁模状态。

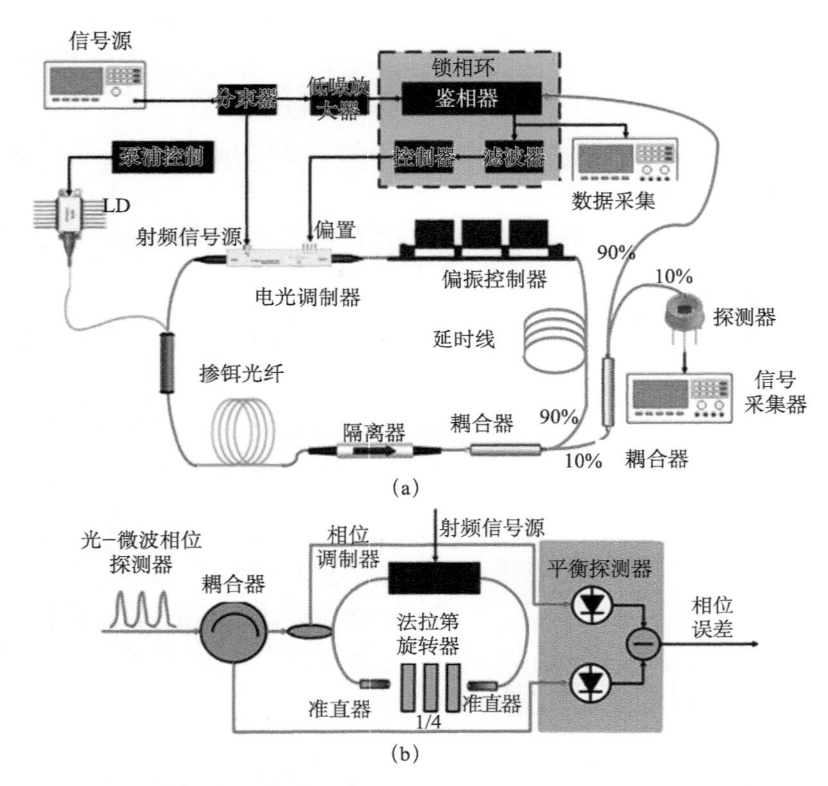

图 6.2　(a) 长期稳定主动锁模光纤激光器结构和 (b) 光-微波相位探测器结构

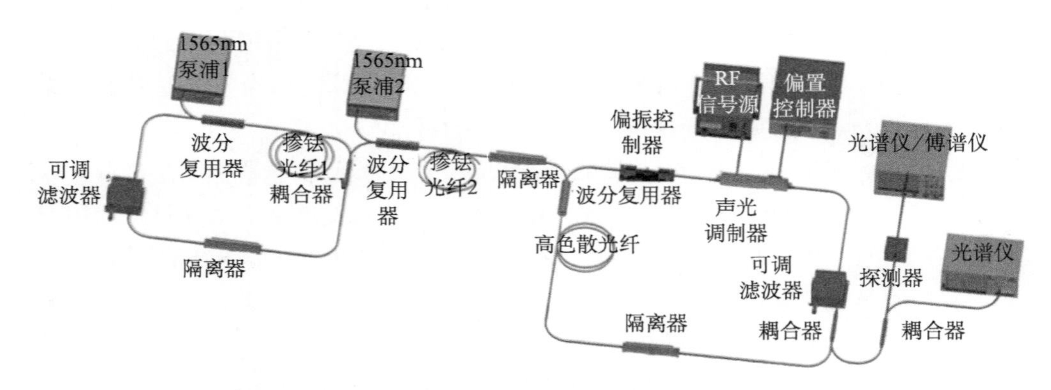

图 6.3　2.05μm 波段波长可调谐主动锁模光纤激光器结构

图 6.5 (b) ～ (d) 分别展示了重复频率为 253.3MHz、1.56GHz、5.039GHz 的主动锁模脉冲，分别对应谐波锁模阶数为 16、99、319。从相应的插图中可以看出，在 200ns 的扫描范围内，高重复频率锁模脉冲序列具有较小的峰值强度波动，说明主动锁模脉冲保持了良好的功率稳定性。

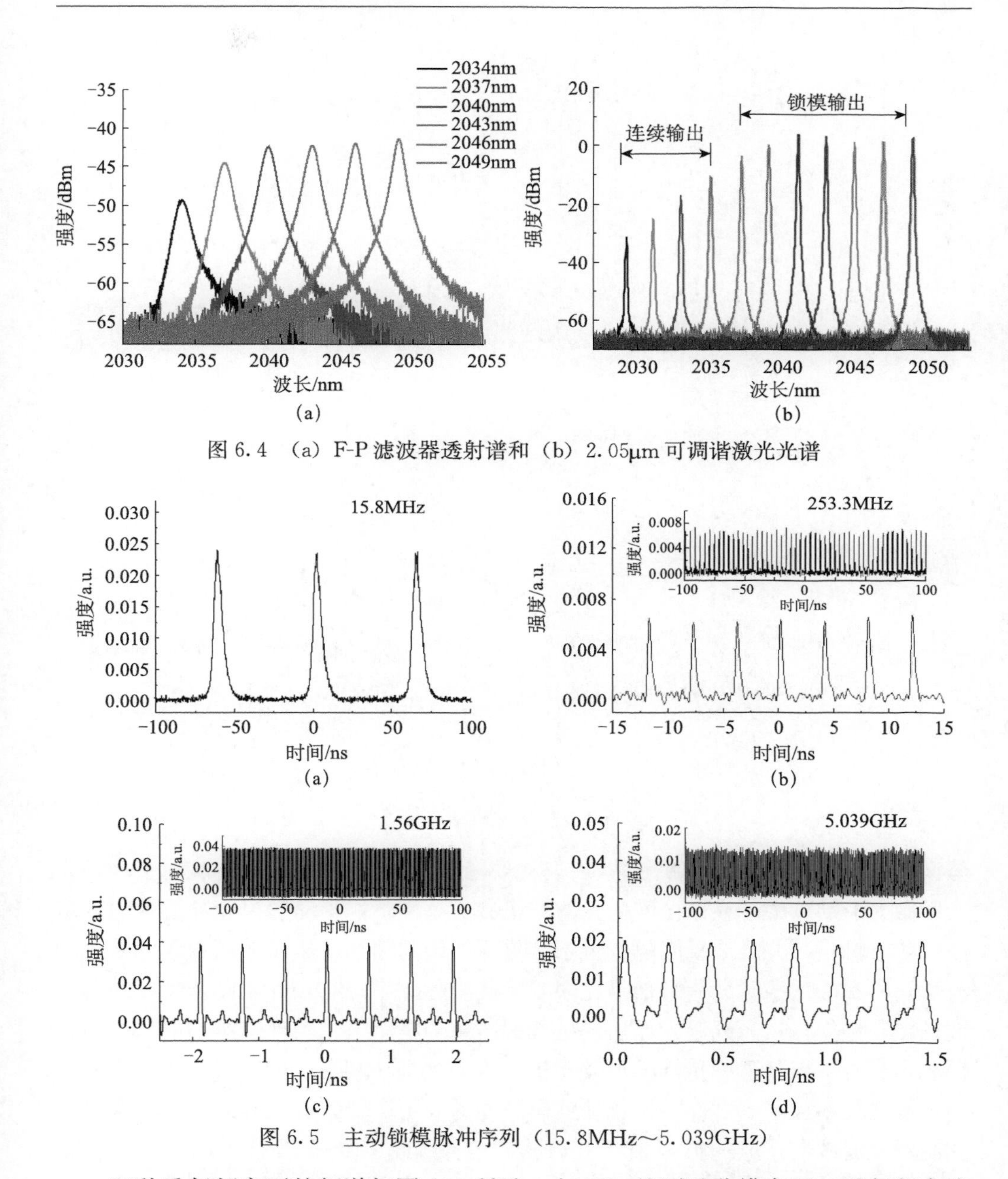

图 6.4　(a) F-P 滤波器透射谱和 (b) 2.05μm 可调谐激光光谱

图 6.5　主动锁模脉冲序列（15.8MHz～5.039GHz）

四种重复频率下的频谱如图 6.6 所示，在 3Hz 的测试分辨率下，重复频率为 15.8MHz、253.3MHz、1.56GHz、5.039GHz 的主动锁模脉冲的频谱信噪比均可达到 55dB 以上，说明锁模脉冲工作在较低的噪声环境中，这受益于 F-P 滤波器的窄带滤波效应和电光调制器（EOM）无失真的调制透射特性。

高重复频率的主动锁模光纤激光器在波分复用等通信系统中具有重要的应用，而增加主动锁模脉冲的输出波长数可增加信道数量，从而提升通信系统的整

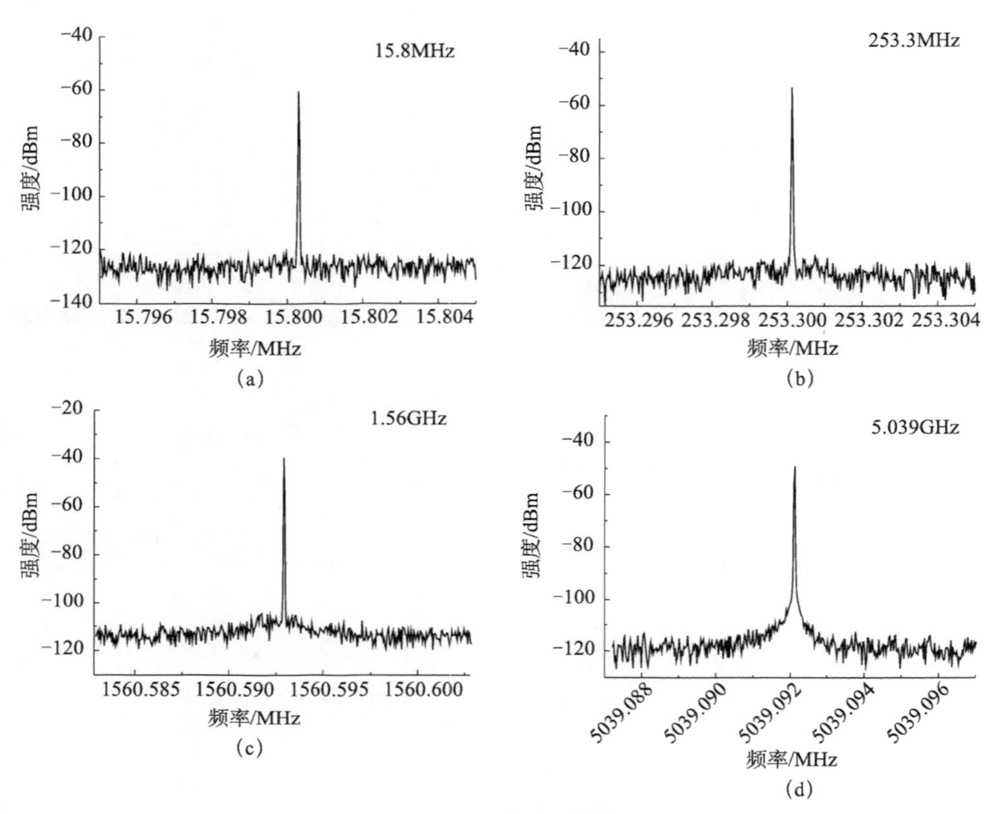

图 6.6 主动锁模脉冲频谱

体调制速率，因此实现多波长主动锁模脉冲是十分有意义的。在传统的主动锁模光纤激光器结构中，在谐振腔内无滤波机制的条件下，主动锁模脉冲通常呈现多波长状态输出，并且波长间隔取决于信号源的调制频率，然而随调制频率变化的波长间隔和较低的脉冲信号信噪比限制了其实际应用。2.1μm 波段全光纤结构多波长主动锁模掺钬光纤激光器实验结构如图 6.7 所示[4]。实现多波长的前提是谐振腔内具有平坦且强度足够的增益光谱，由该实验中可知，1W 泵浦功率不足以满足重复频率大于 5.039GHz 主动锁模脉冲的稳定运转条件。因此，为克服电光调制器及滤波器造成的插入损耗并获得更高重复频率的多波长主动锁模脉冲输出，我们将掺铥光纤激光器（TDFL）泵浦种子源经过 3dB 耦合器分为功率相同的两束，并分别通过掺铥光纤放大器（TDFA）放大，掺铥光纤放大器 1 和掺铥光纤放大器 2 的最大输出功率均为 1W，放大后的泵浦光通过 WDM 双向泵浦掺钬光纤（HDF）。此外，将可调谐 F-P 滤波器更换为由偏振控制器 2 和一段 8m 长保偏光纤（PM1950）构成的光纤双折射 Lyot 滤波器，其余结构均保持不变，由于谐振腔结构的改变，总腔长被增加至 30.4m。

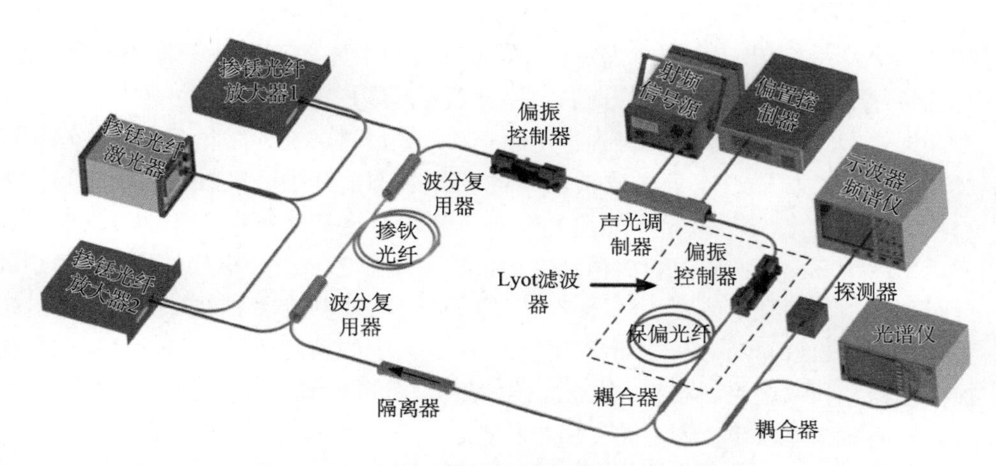

图 6.7　多波长主动锁模掺钬光纤激光器结构

Lyot 滤波器是产生多波长激光输出的关键元件，它可以作为谐振腔内的梳状滤波器对高色散光纤的反向 ASE 谱进行周期调制，如图 6.8（a）所示。Lyot 滤波器的调制周期与双折射光纤的长度成反比，同样采用高色散光纤反向 ASE 对其透射谱进行测试，当保偏光纤长度为 8m 时，对应滤波周期为 1.5nm，将保偏光纤长度增加至 11m，滤波周期随之减小至 1.1nm，因此多波长激光的波长间隔可以通过改变保偏光纤的长度进行精确选择。Lyot 滤波器的另一个重要透射特性是滤波深度可以通过调节偏振控制器状态而大幅度变化，如图 6.8（b）和（c）所示，在多波长光纤激光器中，梳状滤波器的滤波深度的调节可以用来改变输出激光的波长数。

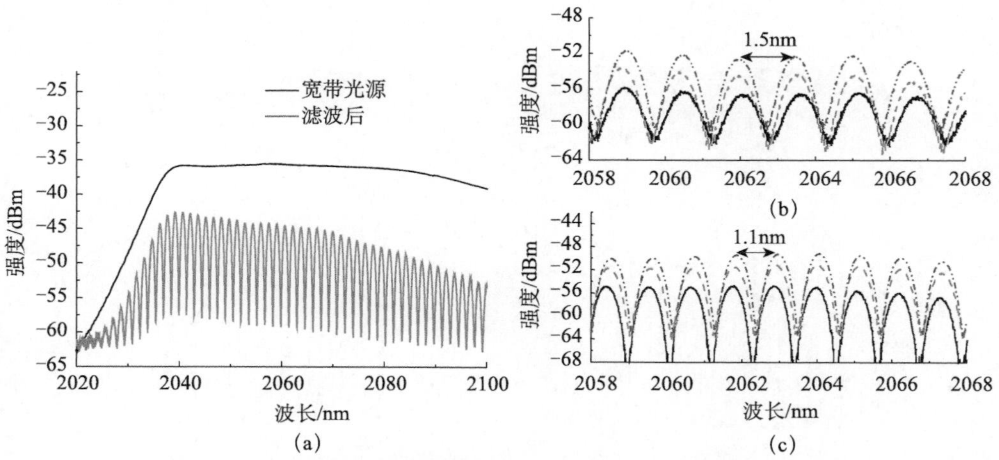

图 6.8　(a) 经 Lyot 滤波器滤波前后的掺钬光纤 ASE，以及 PMF 长度为 (b) 8m 和 (c) 11m 时的 ASE 透射谱

为实现稳定的高重复频率主动锁模脉冲输出，将掺铥光纤放大器（$TDFA_1$和$TDFA_2$）的输出功率同时固定在1W，此时的泵浦功率远高于基频锁模阈值。在此条件下，将射频信号源的调制频率设置为基频的整数倍，通过调节偏振控制器和偏置电压，可以很容易得到稳定的主动锁模脉冲。在通常情况下，主动锁模脉冲的输出光谱更趋向于单波长输出的工作状态，其中心波长位于2070nm附近，光谱信噪比约为50dB，如图6.9（a）所示。当调制频率小于8GHz时，在光谱中无法观测到调制边带的精细结构，这是受限于光谱分析仪0.05nm的频域分辨率，当调制频率达到10GHz时，可以看到光谱中包含了等间隔且独立的边带，对应的边带间隔为0.14nm，如图6.9（a）中的插图所示。通过仔细调节偏振控制器2和偏振控制器1，使滤波器的滤波深度增加的同时减小谐振腔内的损耗，输出激光可以转变为多波长锁模状态。此外，调节偏置电压同样可以产生多波长激光输出，这是因为，通过设置偏置电压可以增加通过电光调制器的光场透过率，这个变化过程可以通过对电光调制器的透射光场进行光电转换，并在示波器上观测到，具体变化趋势为正弦调制信号峰峰值的提高。独立或同时对偏振控制器和偏置电压调谐，当总泵浦功率固定在2W时，可以实现输出波长数的精确调谐，在稳定的主动锁模运转条件下，能够得到的最大波长数为27，其中信噪比大于5dB的波长信道被看作是有效的，如图6.9（d）所示。多波长激光光谱的中心波长始终保持在2070nm，波长间隔为1.5nm，与Lyot滤波器的调制周期一致。

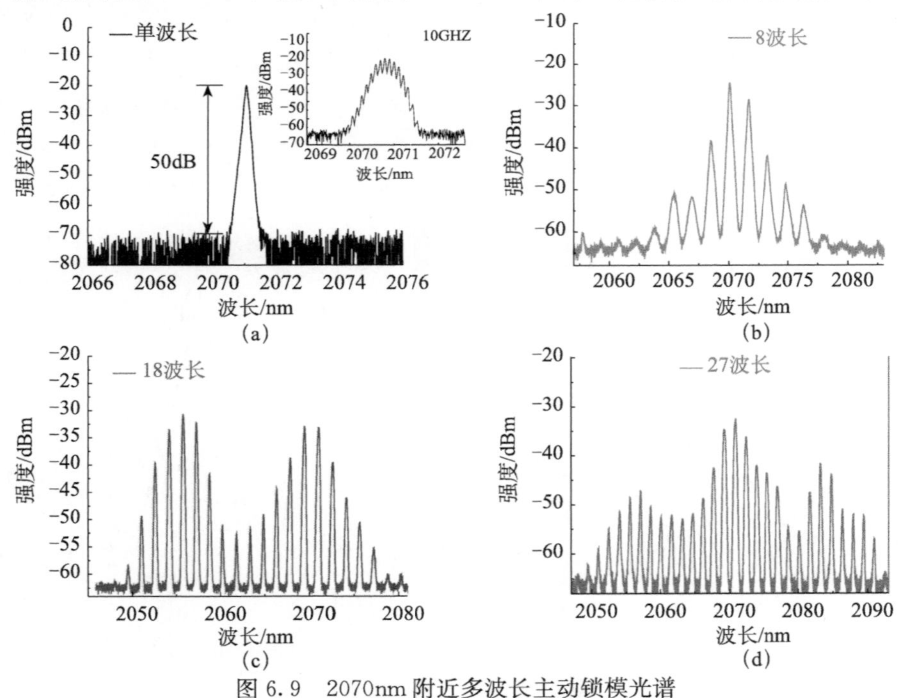

图6.9　2070nm附近多波长主动锁模光谱

谐振腔的总腔长为 30.4m，对应 6.78MHz 的基频频率，然而信号源可输出的正弦信号最低频率为 10MHz，因此实验中仅可以通过将信号源的频率调节至基频的整数倍，得到谐波锁模脉冲。图 6.10（a）、(c)、(e)、(g) 分别展示了重复频率为 20.35MHz、251.16MHz、2.2GHz、10.078GHz 的谐波锁模的脉冲序列，分别对应 3 阶、37 阶、324 阶、1486 阶的谐波阶数。可以看出，在示波器 200ns 的扫描范围内，谐波锁模脉冲在较低的强度抖动下保持了持续运转。从图 6.10（a）和图 6.10（c）、(e)、(g) 的插图中可以看出四种重复频率下的相邻脉冲间隔分别为 49ns、4ns、0.45ns、0.099ns，与其各自的重复频率严格对应。随着重复频率的增加，锁模脉冲宽度逐渐减小，由图 6.10（b）和图 6.5（d）的示波器曲线可知，当重复频率从 20.35MHz 增加至 251.16MHz 时，脉冲宽度从 5.36ns 减小至 0.43ns，随着重复频率提高至 GHz 量级，锁模脉宽宽度逐渐接近探测器的探测极限。重复频率为 2.2GHz 和 10.078GHz 的锁模脉冲宽度通过自相关仪测量，输入自相关仪的锁模脉冲平均功率达到 50mW 以上，自相关曲线如图 6.10（f）和（h）所示，通过高斯拟合，计算出其脉冲宽度分别为 44ps 和 16ps。

频谱仪的扫描范围为 400kHz，分辨率为 500Hz，不同重复频率下锁模脉冲的频谱信号如图 6.11 所示。可以看出当重复频率为 20.35MHz 时，频谱信号的信噪比为 57dB，并且没有明显的边模信号产生。然而当重复频率增加至 251.16MHz、2.2GHz、10.078GHz 时，频谱信号的信噪比逐渐减小至 50dB、41dB、33dB，说明随着重复频率的增加，超模噪声的强度也随之增加。对于主动锁模结构，高重复频率下的脉冲稳定性可以通过进一步优化泵浦源的功率稳定性及 PMF 的长度实现，稳定性优化还需要抑制谐振腔抖动等问题。

保持主动锁模脉冲为单波长运转状态，此时不同重复频率的锁模脉冲的平均输出功率与泵浦功率的关系如图 6.12（a）所示。可以看出，随着重复频率的增加，输出激光的阈值和斜率效率均有轻微的增加，这是因为当泵浦功率固定时，重复频率的增加会导致单脉冲的增益减小，因此需要更高的泵浦功率来维持稳定点的锁模运转状态。20.35MHz、251.16MHz、2.2GHz、10.078GHz 四种重复频率状态下的具体锁模阈值分别为 650mW、675mW、712mW、769mW。将锁模脉冲的重复频率固定在 20.35MHz，此时不同输出波长的锁模脉冲的平均输出功率与泵浦功率的关系如图 6.12（b）所示。波长数为 1、8、19、27 时的稳定锁模的启动功率分别为 650mW、749mW、973mW、1263mW，可以看出不同波长数的锁模阈值相差较大，这是由于，波长的增加导致谐振腔内需要更高的泵浦功率用来保证全部波长均被同时相位锁定。当泵浦功率小于对应的启动功率时，

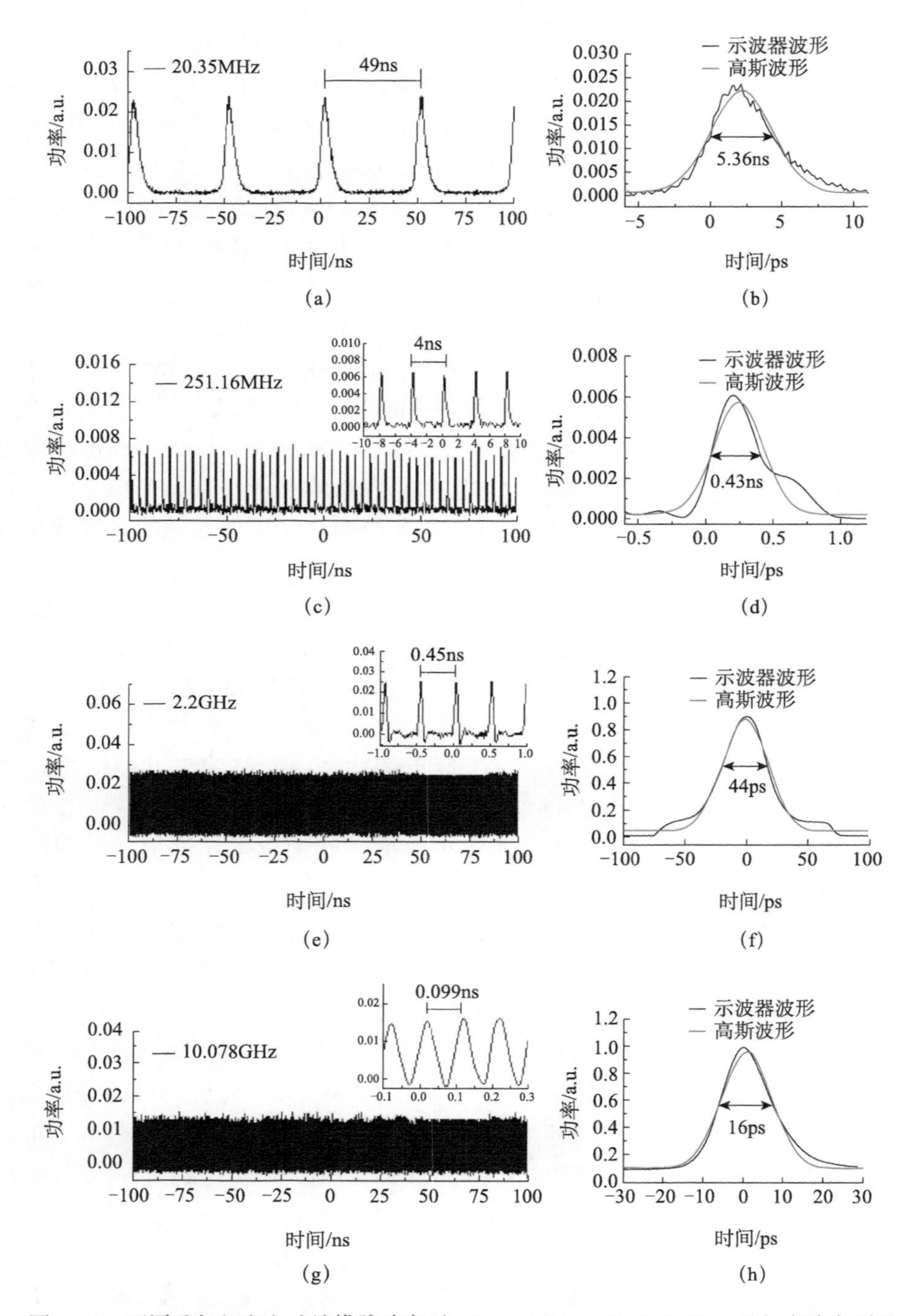

图 6.10　不同重复频率主动锁模脉冲序列（20.35MHz～10.078GHz）及相应脉宽测试

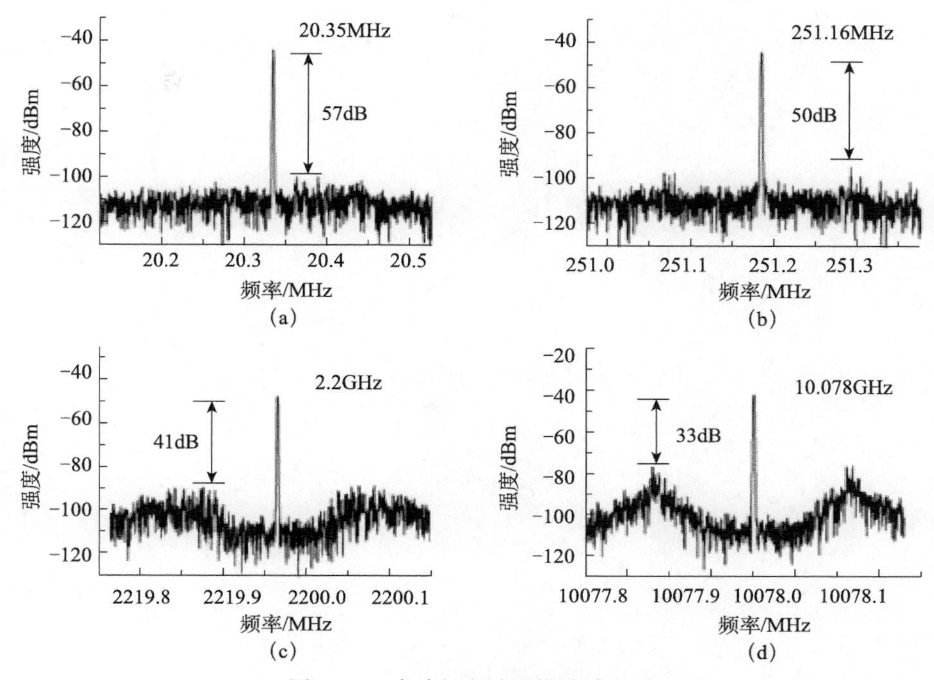

图 6.11　多波长主动锁模脉冲频谱

同样可以得到相同甚至更多的波长数，然而此时的脉冲序列通常具有强烈的峰值强度抖动，频谱信号中也存在着杂乱无章的噪声，说明此时部分波长处的激光并没有被相位锁定，输出激光中存在大量连续光成分，对锁模脉冲的稳定性造成干扰。将总泵浦功率固定在 2W，调节偏置电压和偏振控制器，最大波长数随着重复频率的增加逐渐减小，如图 6.12（c）所示，当重复频率达到 10.078GHz 时，最大波长数仅为 3，说明当泵浦功率固定时，重复频率的增加会限制输出波长数量，而实验中为了保护电光调制器中的电光晶体，未采用更高功率的泵浦。

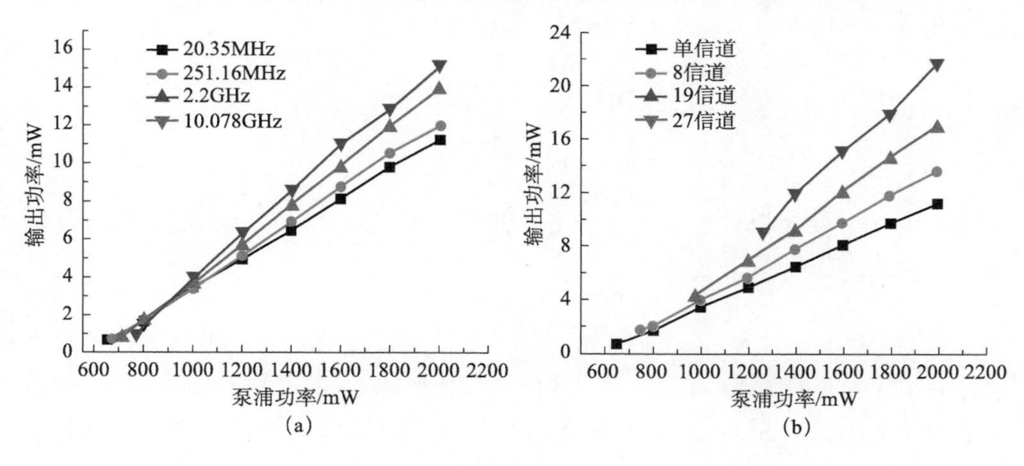

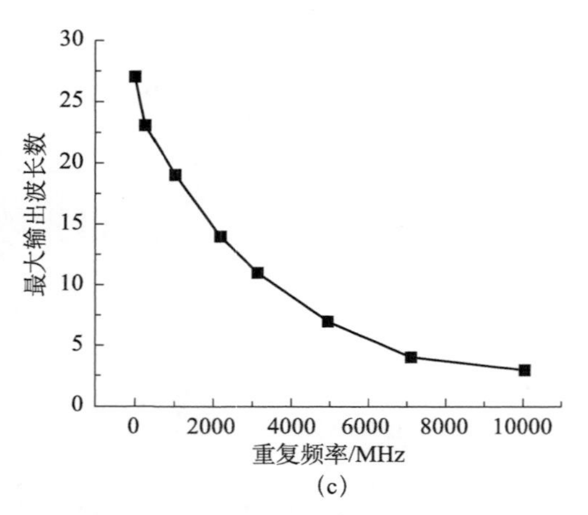

(c)

图 6.12　多波长主动锁模脉冲输出功率特性

(a) 单波长运转时输出功率与泵浦功率的关系；(b) 不同波长数条件下输出功率与泵浦功率的关系；
(c) 总泵浦功率为 2W 时最大输出波长数与重复频率的关系

6.2　相位调制主动锁模光纤激光器

6.2.1　相位调制主动锁模原理

相比于强度调制锁模，相位调制锁模不需要直流偏置，可以避免因直流偏置波动所带来的不利影响[5]。以 $LiNbO_3$ 电光相位调制器为例，来说明相位调制的工作原理。

当 $LiNbO_3$ 受到周期性信号调制时，由于电光效应，光波在不同的时刻通过调制器便有不同的相位延迟。设光沿 y 方向传播，沿 z 方向施加调制信号电压，即采用横向运用方式，则晶体的折射率变化满足下式：

$$n_x' = n_o - \frac{1}{2} n_o^3 \gamma_{13} E_z \tag{6.3}$$

$$n_z' = n_o - \frac{1}{2} n_e^3 \gamma_{33} E_z \tag{6.4}$$

式中，n_o 为寻常光折射率；n_e 为非寻常光折射率；γ_{13} 和 γ_{33} 为电光系数；E_z 为在 z 方向施加的电场。

$$E_z = \frac{V_0}{d} \cos\omega_m t \tag{6.5}$$

其中，d 为 z 方向晶体的长度，V_0 为外加电压振幅；ω_m 为调制角频率。如果晶体在 y 方向的长度为 1，设电矢量与 z 轴平行，则光波通过晶体后产生的相位延

迟为

$$\Delta\varphi(t)=\frac{2\pi}{\lambda}l\Delta n(t)=\frac{\pi}{\lambda}\frac{l}{d}\gamma_{33}n_e^3\cos(\omega_m t) \tag{6.6}$$

由于相位变化对时间的微分即为频率的变化，故

$$\Delta\omega(t)=\frac{d\varphi(t)}{dt}=\frac{\pi}{\lambda}\frac{l}{d}\gamma_{33}n_e^3\sin(\omega_m t) \tag{6.7}$$

相位调制器的作用可理解为一种频移，使光波的频率向高（或低）的方向移动。脉冲每经过调制器一次，就受到一次频移，直至被移到增益曲线范围之外，这部分光波就从腔内消失掉[6]。只有那些在与相位变化的极值点（极大或极小）相对应的时刻通过调制器的光信号，其频率未发生移动，才能在腔内保存下来，不断得到放大，从而形成锁模脉冲序列。

同样，可从频率持性来进行分析。假设未调制的光场为 $E(t)=A_C\cos(\omega_t t)$，则调制后的光场为

$$E(t)=A_c\cos[\omega_c+m_\varphi\cos(\omega_m t)] \tag{6.8}$$

式中，$m_\varphi=\frac{\pi}{\lambda}\frac{l}{d}\gamma_{33}n_e^3V_0$，为相位调制系数。在 $m_\varphi\ll1$ 时，式（6.8）可以展开为

$$E(t)=A_c\cos(\omega_c)+\frac{A_c}{2}[\cos(\omega_c+\omega_m)t]-\frac{A_c}{2}[\cos(\omega_c-\omega_m)t] \tag{6.9}$$

调制后的光场频谱由载频 ω_c 与两个边频（$\omega_c+\omega_m$）组成。如果调制信号的角频率 ω_m 与相邻纵模的频率间隔相同，在激光器中，一旦增益曲线中某个角频率的模式形成振荡，将同时激起相邻两个模式的振荡。这两个模式又将激起它们相邻的模式振荡，如此继续下去，直至所有纵模均被耦合达到锁模状态。

相位调制锁模的机制如图 6.13 所示[7]，光波经过相位调制器产生相移，从而导致光载波发生频移，产生频移的光载波经过腔内其他元件产生损耗，当回到增益光纤时，载波频率没有产生位移并获得最大增益。因此在损耗和增益达到平衡时，便可形成稳定的脉冲序列。

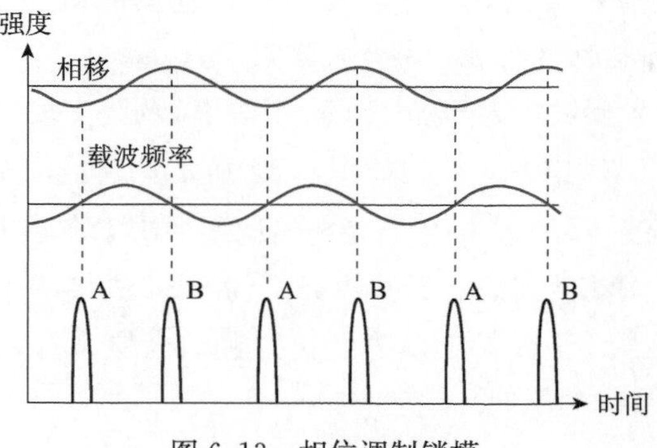

图 6.13　相位调制锁模

6. 2. 2　相位调制主动锁模激光器

使用新型的多谐波相位调制技术对光纤环形激光器进行主动锁模，通过将基波腔频率的两个谐波混合并用该信号驱动相位调制器。如图 6. 14 所示[8]，激光腔采用了掺铒光纤放大器，偏振控制器用于改变和优化偏振方向，光纤耦合器用于激光输出。为了产生光脉冲，将相位调制器插入空腔中用于主动锁模。该方案的相位调制器射频信号是两个频率的弱混合，达到锁模状态。

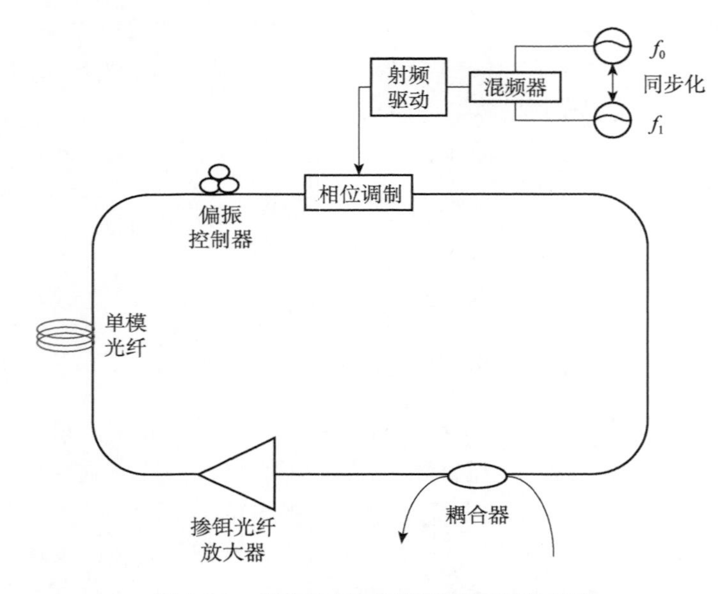

图 6. 14　多谐波相位调制锁模光纤激光器

图 6. 15（a）和图 6. 15（b）显示了调制深度 m 为 2.5×10^{-2} 时激光输出的波形和光谱。使用具有 30GHz 光电二极管的采样示波器，可以观察到一个重复频率为 2. 52GHz 的脉冲序列，两个连续脉冲之间的间隔为 400ps。通过分辨率 0. 07nm 的光谱分析仪观测光谱，半极大宽度为 20ps。

2004 年，加拿大渥太华大学的 Yang 利用相位调制实现重复频率 40GHz，脉冲宽度 1. 37ps 的主动锁模[9]。结构如图 6. 16 所示，增益由 7m 长的掺铒光纤提供，40GHz 带宽的波导型 $LiNbO_3$ 电光相位调制器用于在腔中引入相位扰动。使用带宽为 5nm 的可调滤波器来选择掺铒光纤的 ASE 光谱的平坦区域，该区域约为 1560nm。通过使用 150m 长单模光纤作为色散介质来补偿线性啁啾，两个隔离器用于确保环形腔中的单向传输。

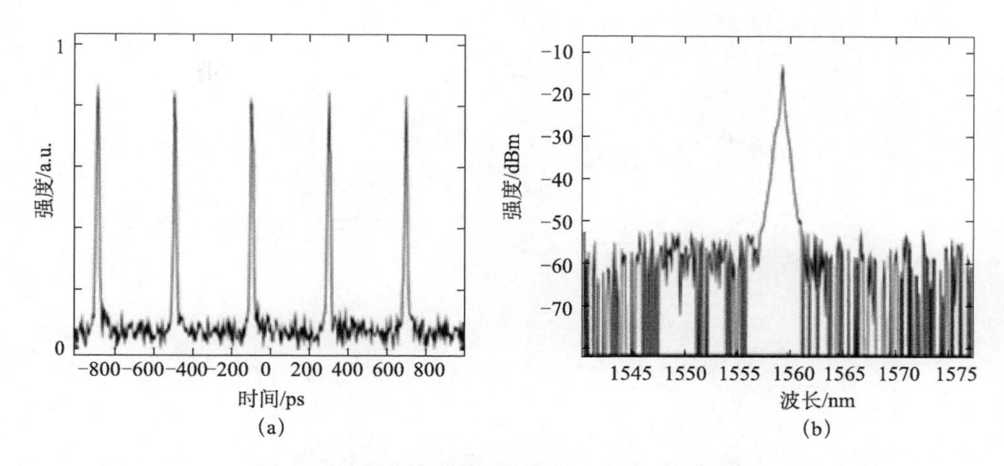

图 6.15　激光输出的时间轨迹（a）和光谱（b）

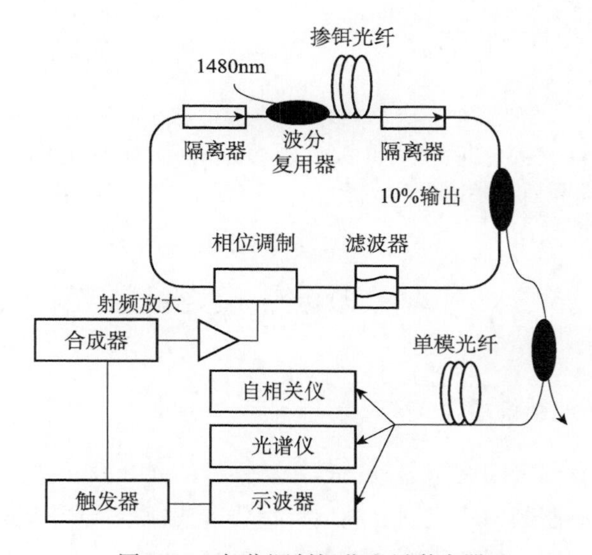

图 6.16　相位调制振荡光纤激光器

在时域中，激光器的输出光是具有瞬时频率正弦波扫描的连续波，如图 6.17（a）所示。在该实验中，使用具有反常群速度色散（GVD）的标准单模光纤补偿色散，发现补偿 3.96nm 宽光谱的最佳长度约为 150m。输出脉冲的强度自相关曲线显示在图 6.17（b）和（c）中。如图 6.17（b）所示，脉冲半极大宽度为 1.93ps，接近高斯拟合曲线。由于自相关器的扫描范围限制（约 50ps），在该范围内看不到更多脉冲。为了测量脉冲间隔，可以调整自相关仪臂长，以使两个脉冲可以在中间部分被扫描。测得脉冲间隔约为 25ps，因此脉冲重复频率为 40GHz。图 6.17（d）所示为重复频率为 40GHz 脉冲序列波形。

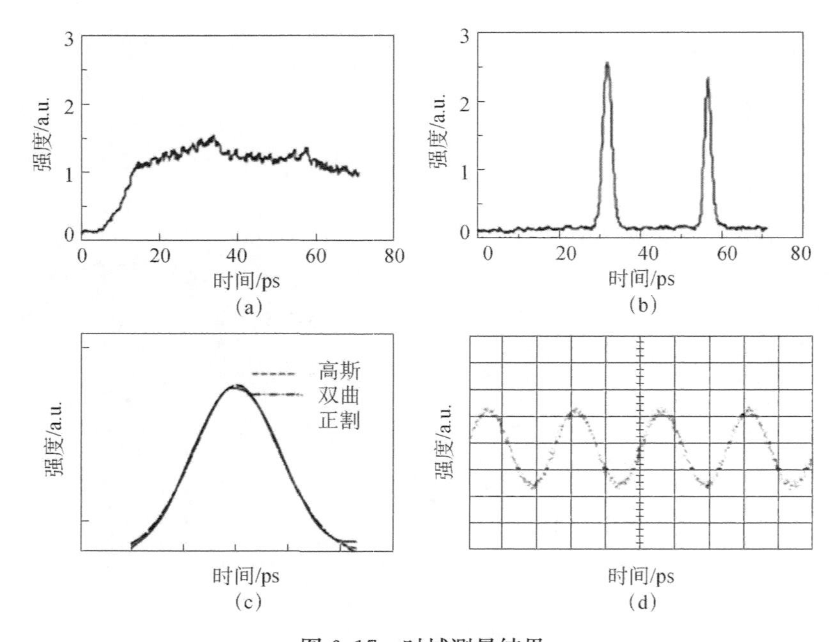

图 6.17　时域测量结果

(a) 和 (b) 外腔啁啾补偿前后的自相关，在 (b) 中，第一个脉冲是脉冲自身的相关迹线，第二个脉冲是两个相邻脉冲的相关迹线；(c) 单个脉冲的自相关；(d) 脉冲序列的波形

6.3　有理数谐波锁模光纤激光器

6.3.1　有理数谐波锁模原理

一般传统的直接采用调制器来进行主动锁模的光纤激光器，脉冲序列的重复频率受到调制器调制频率的限制。利用有理数谐波锁模 (RHML) 技术则能够突破这一限制，使利用较低调制频率获得高重复频率的脉冲成为可能，是获得超高重复频率脉冲的重要手段。

有理数谐波锁模技术是基于调制器的锁模技术的改进方案[10-13]，令激光器腔体的主动调制频率为基频的 $n+(m/p)$ 倍 (n、p、m 为正整数，$m<p$ 且 m 与 p 互为质数)，只要使该谐波分量足够大，或者腔内能够提供足够的增益，就有可能达到 p 倍频的脉冲输出。如果暂时不考虑脉冲的稳定性，利用有理数谐波锁模技术的锁模光纤激光器能够得到重复频率最高为 200GHz 的脉冲。

有理数谐波主动锁模激光器中，锁模脉冲产生的过程可以通过相位进行分析，要形成 p 倍脉冲锁模，脉冲在激光器中每转动一周，相位会产生 $2\pi/p$ 的变化，如果想要将相位还原成初始时的值，就要使光脉冲旋转 p 圈。也可以解释为，在激光器的环形腔中，循环 p 圈才能使光脉冲达到足够大的增益，形成锁模。

6.3.2　有理数谐波锁模实验

在传统的谐波锁模方案中，调制频率 $f_m=nf_c$（n 为大于零的整数，f_c 为激光纵模间隔或腔频），输出脉冲的重复频率也为 f_m，调制频率与重复频率均为腔频的整数倍。有理数谐波锁模的基本结构与谐波锁模的区别并不大，只是射频信号的频率调制范围不尽相同。有理数谐波激光器中采用的调制频率不是腔频的整数倍，相应地输出脉冲序列，其重复频率与腔频也不相等。调制频率（锁模频率）与激光腔频之间的关系为 $f_m=(n+m/p)f_c$（其中 n、p、m 为正整数，f_c 为基础腔频），输出光脉冲的重复频率为 $f_m=(n+m/p)f_c$，就实现了重复频率 p 倍的增长。图 6.18 为有理数谐波锁模激光器的基本结构。

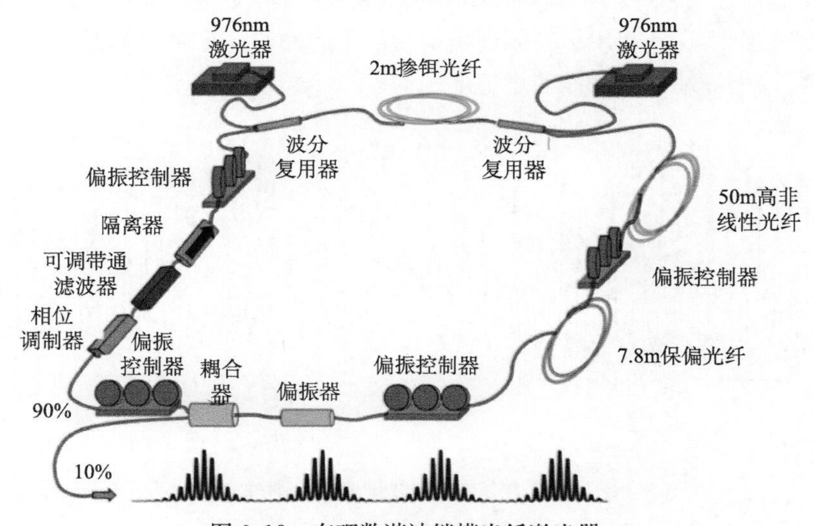

图 6.18　有理数谐波锁模光纤激光器

在参数相同的情况下，有理数谐波锁模可在调制频率较小的情况下达到倍频的效果，得到较高的重复频率。因此，有理数谐波锁模技术是获得高重复频率脉冲的一个非常有效的方法，阶数越高获得的脉冲序列的重复频率就越高，但锁模脉冲也就越难达到稳定状态。

2004 年，Kim 提出并演示了使用双驱动马赫-曾德尔调制器在有理谐波锁模半导体环形激光器中进行脉冲幅度均衡的简单方法[13]，如图 6.19 所示。

脉冲幅度均衡是通过调节施加在调制器两臂上的电压来实现的，从而使每个锁模脉冲在调制器的传输曲线中都具有相同的传输系数。用这种方法，成功地获

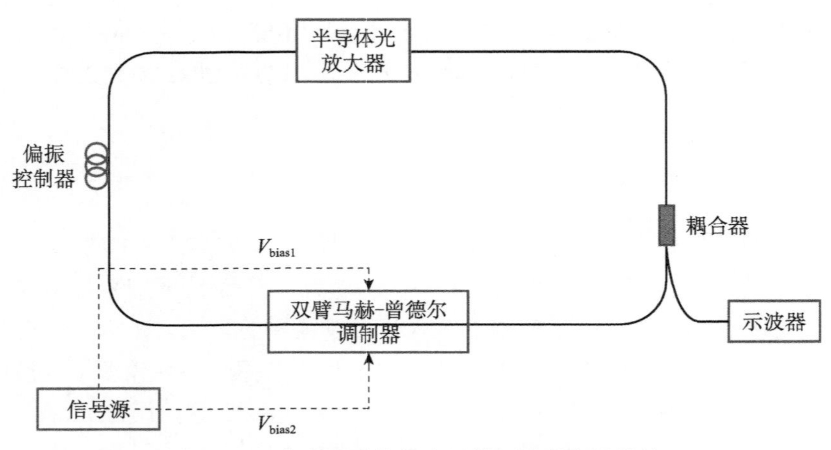

图 6.19　有理谐波锁模半导体环形激光器结构

得了振幅均衡的脉冲串，其重复频率约为 7.42GHz（三次有理谐波）和约为 12.34GHz（五次有理谐波），而环形激光器本身没有任何附加功能。图 6.20 为三次有理数谐波在不使用脉冲幅度均衡与使用脉冲幅度均衡的情况下的对比，脉冲均衡可以很好地增加脉冲的平整度。

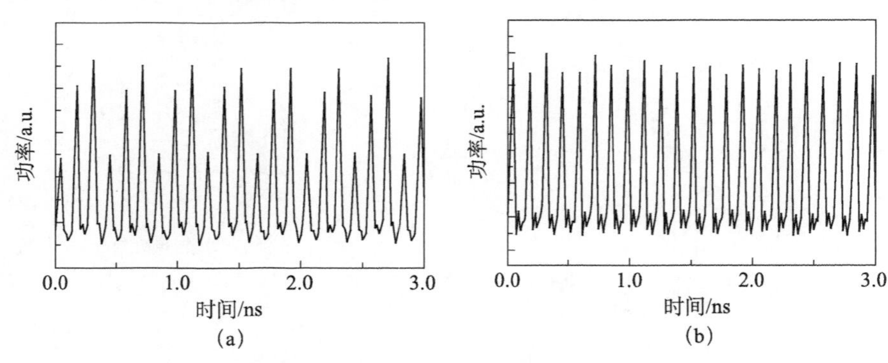

图 6.20　三次有理数谐波的光脉冲序列

（a）不使用脉冲幅度均衡；（b）使用脉冲幅度均衡

6.4　同步泵浦锁模光纤激光器

6.4.1　同步泵浦锁模原理

同步泵浦锁模就是调节泵浦光的重复频率使之等于激光器纵模间隔的整倍数。这种技术最初用于染料激光器产生短脉冲，后来在光纤激光器中也获得了应用。

在平面波近似条件下，泵浦光脉冲和产生的飞秒脉冲相互作用时可用非线性薛定谔方程来描述激光脉冲的线性和非线性传输过程[14]

$$\frac{\partial A_g}{\partial z}+\frac{\alpha}{2}A_g k_1(\omega_g)\frac{\partial A_g}{\partial t}+\frac{\mathrm{i}k_2(\omega_g)}{2}\frac{\partial^2 A_g}{\partial t^2}=\mathrm{i}r_g|A_g|^2A_g+2\mathrm{i}r_g|A_p|^2A_g \tag{6.10}$$

其中，A_g 和 A_p 分别表示激光脉冲和泵浦光在慢变近似条件下的光场振幅；k_1 和 k_2 分别代表频率为 ω_g 时的二阶、三阶群速度色散系数；α 代表非共振介质吸收系数；r_g 是非线性系数，与 A_g 和 A_p 有关。方程右边第一项代表激光脉冲的自相位调制，第二项代表互相位调制。公式（6.10）只有在忽略了光纤对泵浦光脉冲造成的展宽作用的假定条件下才能成立，忽略了损耗项后，可以得到在泵浦光振荡影响下的瞬时频率 $\delta\omega_{\text{cpm}}$ 的表达式

$$\delta\omega_{\text{cpm}}=-2r_g\frac{\partial|A_p|^2}{\partial t}z=-\frac{n_2\omega_g}{c}\frac{\partial I_p}{\partial t}z \tag{6.11}$$

其中，I_p 是泵浦光功率；n_2 代表非线性折射率。从公式（6.11）可以看出，泵浦光与激光在光纤内的相互作用直接造成了后者相速度的降低，且与泵浦光功率成正比，最终改变了激光的脉冲宽度和光谱的中心频率。

由于泵浦光的影响，式（6.11）在色散理论的一级近似条件下会得出其群速度变化，最终导致脉冲在腔内往返时间发生变化，引起的色散量可以表示为

$$\left.\frac{\partial U}{\partial\omega}\right|_{\omega=\omega_g}=-\frac{U^2}{I}\frac{\partial^2\Phi}{\partial\omega^2}>0 \tag{6.12}$$

式中，I 代表激光器的腔长，可以看出总色散量为负值。激光脉冲的群速度 U 的变化量为

$$\Delta U=-\frac{n_2\omega_g}{c}z\frac{\mathrm{d}I_p}{\mathrm{d}t}\left.\frac{\partial U}{\partial\omega}\right|_{\omega=\omega_g} \tag{6.13}$$

假设刚开始激光稍微落后于泵浦光，并与后者脉冲的下降沿重叠时，激光的光谱将会变窄，同时群速度增加。因此，激光脉冲下一次在谐振腔中传播时，在时域上与泵浦光之间的延时缩短。脉冲在谐振腔内多次往返的过程中，其与泵浦光得到充分的相互作用。经过腔内多次往返后，激光脉冲领先于泵浦光，这时其与泵浦光的上升沿重合，导致群速度减小，最终与泵浦光在时域上获得了相对稳定的延时。这时，两个脉冲在时域上的重合程度最大，激光脉冲载波中心频率将不再移动，重复频率被锁定，即实现了和泵浦源的完全同步。但是受到周围环境的扰动，光纤激光器的腔长会发生微小的改变，因此腔长存在一定的容忍量，只有在容忍量范围内，才可以实现自启动的锁模激光输出。同步泵浦产生锁模脉冲过程中，除了要考虑自相位调制作用以外，互相位调制作用更为重要。这是因为采用飞秒激光作为泵浦源时，泵浦光的峰值功率比较高。激光实现锁模来源于泵

浦光和锁模激光相互叠加引起的非线性耦合效应。泵浦光和激光的互相位调制作用引起的三阶非线性效应使二者在负色散区域条件下，在时域上“互相吸引”。

6.4.2　同步泵浦锁模光纤激光器

通过对泵浦光源半导体激光器的驱动电源进行正弦调制，实现了掺铒光纤激光器的同步泵浦锁模。相应于谐波锁模，在有理数谐波锁模条件下得到了稳定的脉冲输出。

一种典型结构如图 6.21 所示[15]，对重复频率 544.431kHz 的二次谐波锁模脉冲序列，脉冲宽度为 420.4ns，占空比为 1.0∶4.4，峰值功率为 3.34mW。谐振腔由 980∶1550nm 波分复用器、长 19m 的掺铒光纤、光环行器、光纤光栅、长约 680m 的普通单模光纤和 90∶10 的耦合器构成。与产生连续光的环形腔激光器不同，泵浦激光器采用正弦调制电流驱动，调制信号由数字信号发生器提供，输出正弦信号的频率、幅度连续可调。单模光纤用于匹配激光器腔长，改变单模光纤的长度，则对应的腔基频改变。当泵浦光驱动电流的调制频率与之严格匹配时，则可得到相应频率的锁模脉冲。泵浦光通过波分复用器进入掺铒光纤，光纤光栅通过环行器引入腔内用于稳频，中心波长为 1552nm，反射率为 97.49%，3dB 带宽为 0.16nm。环行器同时还可起到隔离器的作用，确保锁模光脉冲单向运转。

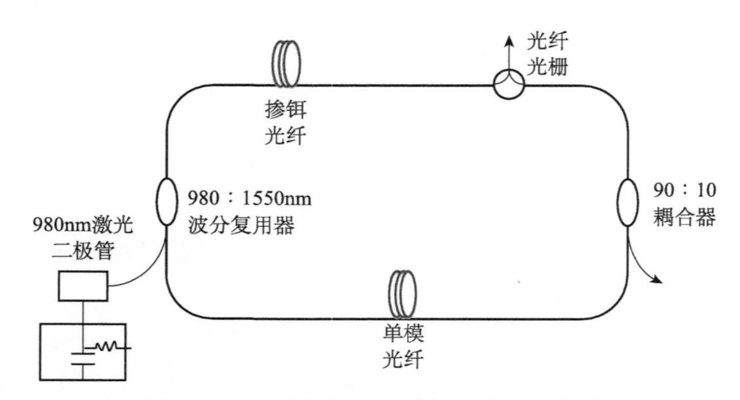

图 6.21　同步泵浦锁模掺铒光纤激光器结构

实验结果如图 6.22 所示，图 6.22（a）为光谱图，中心波长对应于光栅的反射中心波长位于 1552nm 附近，3dB 带宽约为 0.1nm，模抑制比大于 50dB；图 6.22（b）为对应的脉冲序列，重复速率为 272.558kHz，脉冲宽度由示波器 16 次平均后判读为 578.2ns（与此时泵浦光 1.602μs 的脉冲宽度相比明显变窄），锁模脉冲周期为 3.669μs，对应占空比为 1.00∶6.35，峰值功率为 1.86mW。调制信号频率为 544.431kHz，即等于 2 倍的腔基频时得到的锁模脉冲序列如图 6.23 所示。

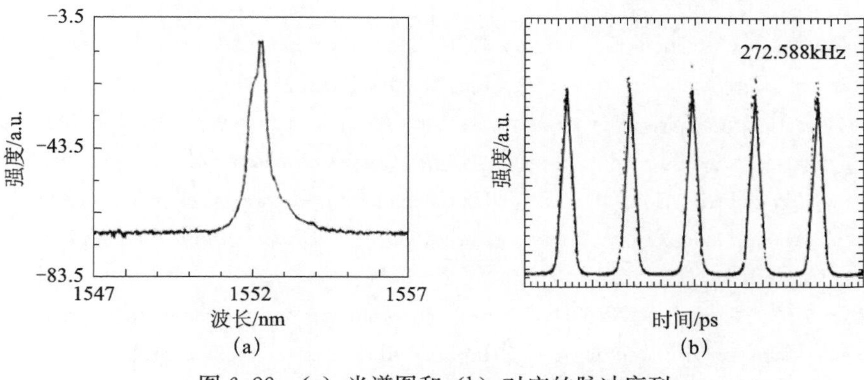

图 6.22　(a) 光谱图和 (b) 对应的脉冲序列

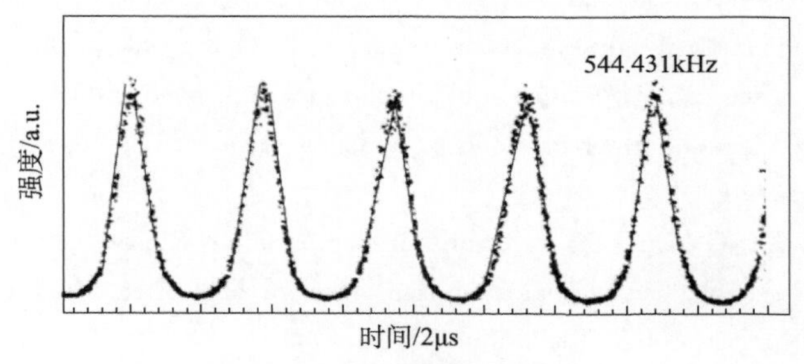

图 6.23　锁模脉冲序列

参 考 文 献

[1] Li Z, Lou C, Gao Y, et al. A dual-wavelength and dual-repetition-rate actively mode-locked fiber ring laser [J]. Opt. Commun., 2000, 185: 381 - 385.

[2] Schares L, Paschotta R, Occhi R L, et al. 40 GHz modelocked fiber-ring laser using a Mach-Zehnder interferometer with integrated SOAs [J]. J. Lightw. Technol., 2004, 22 (3): 859 - 873.

[3] Ma W Z, Wang T S, Zhao D S, et al. All-fiber wavelength tunable actively mode-locked Ho-doped fiber laser [C]. Asia Communications and Photonics Conference, 2018, 978 - 1 - 5386.

[4] Ma W Z, Wang T S, Wang F R, et al. 2.07-μm, 10-GHz repetition rate, multi-wavelength actively mode-locked fiber laser [J]. IEEE Photonics Technology Letters, 2018, 31 (3): 242 - 245.

[5] Quinlan F, Gee S, Ozharar S, et al. Ultralow-jitter and-amplitude-noise semiconductor-based actively mode-locked laser [J]. Opt. Lett., 2006, 31: 2870 - 2872.

[6] 马万卓，王天枢，王富任，等. 2μm 可调谐高重复频率主动锁模光纤激光器 [J]. 光电工

程，2018，45（10）：11 - 16.

[7] Nakazawa M，Yoshida E，Tamura K. 10GHz，2 psregeneratively and harmonically FM mode-locked erbium fibre ring laser [J]. Electron. Lett.，1996，32（14）：1285 - 1287.

[8] Vasseur J，Hanna M，Dudley J M. Stabilization of an actively modelocked fibre laser by multi-harmonic phase modulation [J]. Optics Communications，2005，256：394 - 399.

[9] Yang S，Ponomarev E A，Bao X. 40-GHz transform-limited pulse generation from FM oscillation fiber laser with external cavity chirp compensation [J]. IEEE Photon. Technol. Lett.，2004，16：1631 - 1633.

[10] Lin G R，Hsueh P S，Wu H H，et al. The detuning characteristics of rational harmonic mode-locked semiconductor optical amplifier fiber-ring laser using backward optical sinusoidal-wave injection modulation [J]. J. Lightwave Technol.，2005，23：1325 - 1329.

[11] Ozharar S，Gee S，Quinlan F，et al. Pulse-amplitude equalization by negative impulse modulation for rational harmonic mode locking [J]. Opt. Lett.，2006，31：2924 - 2926.

[12] Kiyan R，Deparis O，Pottiez O，et al. Stabilization of actively mode-locked Er-doped fiber lasers in the rational-harmonic frequency-doubling mode-locking regime [J]. Opt. Lett.，1999，24：1029 - 1031.

[13] Kim Y J，Lee C G，Chun Y Y，et al. Pulse-amplitude equalization in a rational harmonic mode-locked semiconductor fiber ring laser using a dual-drive Mach-Zehnder modulator [J]. Opt. Express，2004，12：907 - 915.

[14] Didenko N V，Konyashchenko A V，Konyashchenko D A，et al. Ti：sapphire laser synchronised with femtosecond Yb pump laser via nonlinear pulse coupling in Ti：sapphire active medium [J]. Quantum Electronics，2017，47：7.

[15] 冯新焕，范万德，袁树忠，等同步泵浦锁模掺铒光纤激光器 [J]. 光电子・激光，2004，15（3）：267 - 274.

第 7 章　超快光纤激光器应用

超快皮秒或飞秒光纤激光器，具有光束质量好、效率高、散热性好和结构紧凑等优点，被广泛应用于光纤通信、无线光通信、激光加工和生物光子学等领域。本章主要介绍使用超快光纤激光产生光学频率梳和超连续谱，以及在光通信中的应用。

7.1　光学频率梳

光学频率梳已经成为继超短脉冲激光问世之后激光技术领域又一重大突破。在该领域内，开展开创性工作的两位科学家 Hall[1] 和 Hänsch[2,3] 于 2005 年获得了诺贝尔物理学奖。光学频率梳在频域上表现为具有相等频率间隔的光学频率序列，在时域上表现为具有飞秒量级时间宽度的电磁场振荡包络，其光学频率序列的频谱宽度与电磁场振荡慢变包络的时间宽度满足傅里叶变换关系。超短脉冲的这种在时域和频域上的分布特性就好似梳子，形象化地称之光学波段的频率梳，简称“光梳”。光梳相当于一个光学频率综合发生器，是迄今为止最有效的进行绝对光学频率测量的工具，可将铯原子微波频标与光频标准确而简单地联系起来，为发展高分辨率、高精度、高准确性的频率标准提供了载体，也为精密光谱、天文物理、量子操控等科学研究方向提供了理想的研究工具，逐渐被运用于光学频率精密测量、原子离子跃迁能级的测量、远程信号时钟同步与卫星导航等领域。

锁模光纤激光器是光学频率梳产生的重要方式之一。对于激光的产生而言，在谐振腔内存在的稳定电磁场的分布要满足驻波条件，即激光腔的光学长度是半波长的整数倍：

$$L = q \cdot \frac{\lambda_q}{2} \tag{7.1}$$

其中，L 为激光谐振腔的光学长度；q 为正整数。则在腔内起振的纵模间隔与腔长直接相关：

$$\Delta v_q = v_{q+1} - v_q = \frac{c}{2L} \tag{7.2}$$

由于增益介质的增益谱线一般都比较宽，如果不进行特殊的设置选择单个纵模，激光腔内一般会有多个纵模同时振荡。当腔内成千上万个没有固定相位关系的纵模振荡时，纵模之间是非相干叠加，产生近似为常数的输出强度，激光的这种工作方式被称为连续波[4]。锁模激光器就是实现腔内振荡的各纵模初相位锁定，使输出激光的强度不再是随机性的变换或者近似为常数，而是由不同模式的激光相干叠加，产生周期性的脉冲激光输出。脉冲激光的时间间隔等于往返谐振腔所需的时间：

$$\tau=\frac{2L}{c}=\frac{1}{\Delta v_q}=\frac{1}{f_{\text{rep}}} \tag{7.3}$$

其中，f_{rep}称为锁模激光器的重复频率，它等于纵模间隔。如图 7.1 所示，锁模激光器等间隔的纵模，在频域上对应的是一系列等频率间隔的频率梳齿，相邻梳齿的间隔等于重复频率 f_{rep}。

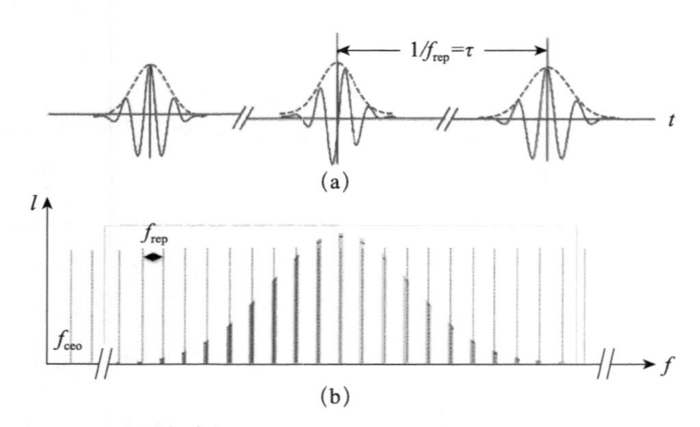

图 7.1　飞秒脉冲的（a）时域电场结构和（b）频域梳状结构

每个激光脉冲都是由载波和包络组成的，其中载波为快速振荡的电场，包络是将快速振荡的电场的峰值连接起来形成的包络线。由于激光腔内存在色散，脉冲包含不同频率成分的光的传播速度不等，脉冲的群速度（包络速度）和相速度（载波速度）也就不相等。因此脉冲在腔内往返一周后，包络峰值相对于载波会有一定的相位差 $\Delta\Phi_{\text{ce}}$。载波包络相位差 $\Delta\Phi_{\text{ce}}$经过傅里叶变换在频域内对应为载波包络相移频率 f_{ceo}，它代表了锁模激光器一系列梳齿的零点频率偏移。载波包络相移频率和重复频率的关系为

$$f_{\text{ceo}}=\frac{\Delta\varphi_{\text{ce}}}{2\pi}f_{\text{rep}} \tag{7.4}$$

因此，锁模激光器在频域上的频率梳齿可以表示为

$$f=nf_{\text{rep}}+f_{\text{ceo}} \tag{7.5}$$

公式（7.5）为光学频率梳的定义式。对于光学频率，n 的数量级为 10^6。重复频率 f_{rep}直接与谐振腔的光学长度相关，它会因外界扰动而抖动，造成频率梳齿的“呼吸”。载波包络相移频率 f_{ceo}会受到腔内色散的影响而抖动和漂移，它会造成频率梳齿的“漂移”。如果将重复频率 f_{rep}和载波包络相移频率 f_{ceo}进行精密

控制，那么锁模激光器在频域上的梳齿的“呼吸”和“漂移”就可以得到有效的抑制。这样稳定的激光系统就是光学频率梳，它可以作为频率标准，对光学频率进行精确的测量和定标。

重复频率 f_{rep} 信号一般处于射频微波频段，可以通过光电探测器直接探测。通过微波频率参考源将重复频率直接稳定，或者选择光学频率参考源，将光学频率梳梳齿锁定到窄线宽连续激光器上来实现重复频率的间接稳定。载波包络相移频率 f_{ceo} 一般要通过自参考拍频技术得到。常用的自参考技术有 0-f，f-2f 等，本书主要介绍 f-2f 技术的原理[5]。当光学频率梳的光谱范围可以覆盖一个倍频程时，光谱的低频梳齿的频率可以表示为

$$f_{2n}=nf_{\text{rep}}+f_{\text{ceo}} \tag{7.6}$$

经过倍频晶体倍频后的频率为

$$2f_{2n}=2nf_{\text{rep}}+2f_{\text{ceo}} \tag{7.7}$$

光频的高频梳齿中存在低频成分。低频成分的倍频和高频成分拍频，得到

$$2f_{2n}-f_{2n}=(2nf_{\text{rep}}+2f_{\text{ceo}})-(2nf_{\text{rep}}+f_{\text{ceo}})=f_{\text{ceo}} \tag{7.8}$$

再通过光电探测器将光信号转换成电信号，将其锁定到稳定的微波频率参考源上，就完成了光学频率梳的精密控制。

光学频率梳的出现实现了光学频率和微波频率的连接，解决了长期困扰科学家的光学频率精确测量的难题。巨大频率链被图 7.2 结构简单且精确性更高的光学频率梳所代替。光学频率标准的发展取得了突破性的进展。光学频率梳除了实现光学频率和微波频率的连接，同样能够实现不同光学频率的连接。使光学频率梳成为一个光学频率综合器，可以通过它来实现绝对光学频率的测量和产生。

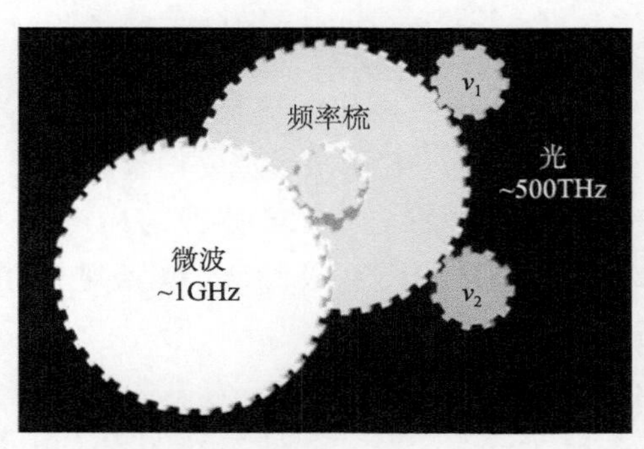

图 7.2　光学频率梳实现了光学频率和微波频率，以及不同光学频率之间的连接

Zhao 等展示了一种基于自由运行的双波长光纤环形激光器的双梳状光谱方案，该方案使用简单的恒定时钟采样和数据处理过程即可实现皮秒级光谱分辨率。由于其腔室长度相对较长，脉冲重复频率在几十兆赫兹的光纤激光器可能适合高分辨率光谱测量。可见，紧凑省电且具有成本效益的全光纤结构可以开发出

功能强大且价格合理的台式双梳状光谱仪。

基于掺铒光纤的双波长光纤环形激光器通过单臂碳纳米管（SWNT）锁模，如图 7.3 所示。锁模器是在 FC/APC 套圈上使用光学沉积的方法制造的，在 1550nm 处的插入损耗约为 4dB。当入射光功率密度为 $10mW/cm^2$ 时，其非线性调制深度约为 5%，并且像其他 SWNT 一样，其响应时间约为皮秒量级，激光腔由 0.43m 长掺铒光纤，0.3m 长 Hi1060 光纤和 3.17m 长单模光纤组成，掺铒光纤在 1530nm 处的峰值吸收为 110dB/m，在 1560nm 附近的群速度色散为 $0.012ps^2/m$，模场直径为 6.5μm，数值孔径为 0.2。除了独立于偏振的光隔离器和偏振控制器外，还将带有 0.25m 长的保偏光纤尾纤的偏振光分束器（PBS）放置在腔体中，混合 980∶1550nm 波分复用器/隔离器（WDM/ISO）可确保腔中脉冲的单向振荡。根据光纤长度，平均色散估计为 40.2fs/nm，因此激光器在孤子状态下工作。腔内双折射和偏振相关的损耗会导致光谱滤波和腔内损耗调整效应，这些效应可用于控制激光器的双激光波长。

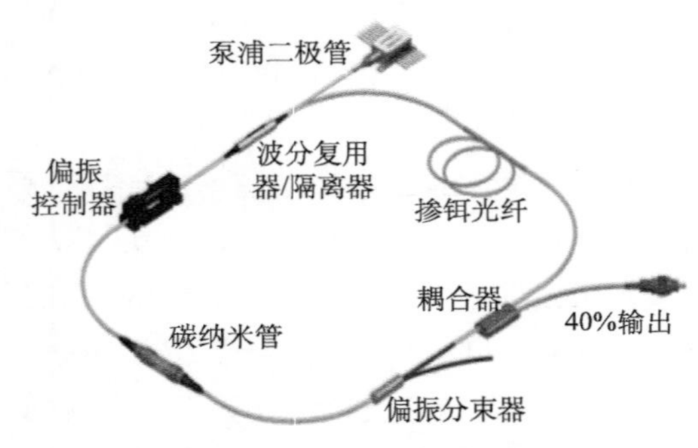

图 7.3　双波长锁模光纤激光器结构

在该实验中，将 SiN 微环设备用作测试样品，其半径为 100μm，横截面为 2μm，宽度为 500nm。具有相同高度和 1μm 宽度的直波导耦合到微环，它们之间的间隙为 700nm。采用透镜光纤耦合，TM 偏振的光纤插入损耗为 5dB。如图 7.4（a）所示，实验实现了中心波长为 1533nm 和 1544nm 的双波长输出，其光谱分别展宽了 33nm 和 22nm。如图 7.4（b）所示，对应的输出频率分别为 52.743118MHz 和 52.744368MHz，频率间隔为 250Hz。

在同一个激光腔中振荡的两个脉冲序列之间的相关性可以自然锁定其梳齿特性。与使用两个激光器的方法相比，两个锁模激光器彼此间的相关性较差，简单的双波长光纤激光器通过腔内群速度色散产生确定的 Δf，也显示出惊人的鲁棒性，可以保持两个脉冲序列之间的频率相关性。结果和分析明确表明，这种基于单光纤激光的双梳状光谱系统能够达到足以满足许多实际应用的光谱分辨率。

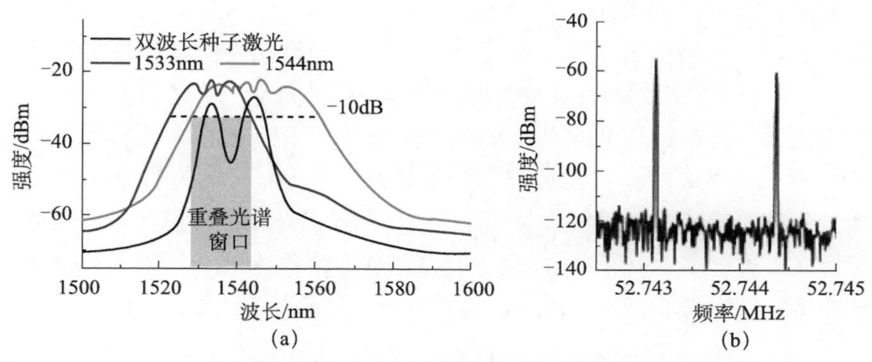

图 7.4　双波长激光器的（a）种子光谱与输出光谱以及（b）频谱

各种类型的光学频率梳已经发明，按照增益介质的不同，主要有钛宝石光梳、全固态光梳、光纤光梳等[6-9]；按照所覆盖的波段不同，可以分为可见光和近红外波段的光学频率梳、中红外光学频率梳、太赫兹光梳、紫外光梳等[10-12]；除此之外还有微腔光学频率梳和基于电光调制的光梳等[13-17]。它们分别在不同的应用中发挥作用，主要包括光学原子钟[18-21]、时间频率传递[22-24]、绝对距离精密测量[25-29]、天文光谱精密测量和寻找类地行星[30-32]、阿秒脉冲的产生[33]、双光梳光谱学和气体分子检测[34-36]、低噪声微波技术[37]等。

7.2　超连续谱产生

超连续谱（supercontinuum，SC）是指当一束窄带的入射光通过非线性介质时，由于自相位调制（self-phase modulation，SPM）、交叉相位调制（cross-phase modulation，XPM）、受激拉曼散射（stimulated Raman scattering，SRS）和四波混频（four-wave mixing，FWM）等非线性效应与光纤群速度色散的共同作用，出射光谱中产生许多新的频率成分，光谱宽度远大于入射光脉冲的谱宽，频谱范围从可见光一直连续扩展到紫外和红外区域，频谱宽度可达几百甚至上千纳米[38,39]。利用对超连续谱进行谱切片的方法，从中提取出任意线宽的多个中心波长短脉冲，是具有大均匀带宽、精确波长间隔、多波长特性的工具性光源，被广泛应用于光通信、光学相干层析（optical coherence tomography，OCT）、光计量学、激光光谱学[40-43]等领域。

超连续谱最早可追溯到 1970 年，Alfano 和 Shapiro 利用倍频锁模皮秒激光脉冲泵浦 BK7 光学玻璃，首次获得了 400～700nm 的超连续谱[44]，随后超连续谱现象在各种非线性介质中得以产生，包括固体、有机物无机液体等，此外在气体和各类型波导中的超连续谱产生也得到了验证。由于光纤的较大横截面，当光纤作为非线性介质来获得超连续谱光源时，对泵浦功率的要求比较低，所以光纤超连续谱光源的发展潜力更巨大。世界上第一个光纤超连续谱产生实验是利用中心波长位于可见光波段的高功率脉冲注入硅基标准光纤中（零色散波长位于1.3μm左右）实现的。Lin和Stolen利用染色体激光器发出的峰值功率千瓦级可见光波段皮秒脉冲泵浦在泵浦波长长波端，产生频程约为200THz的超连续谱[45]。实验中观察到的超连续谱展宽主要是由自相位调制和受激拉曼散射引起的。光纤中产生超连续谱多是通过高功率脉冲/连续激光器泵浦非线性光纤，如图7.5所示。这种结构成本低、结构简单、技术成熟，是目前超连续谱光源产生的主流方法。

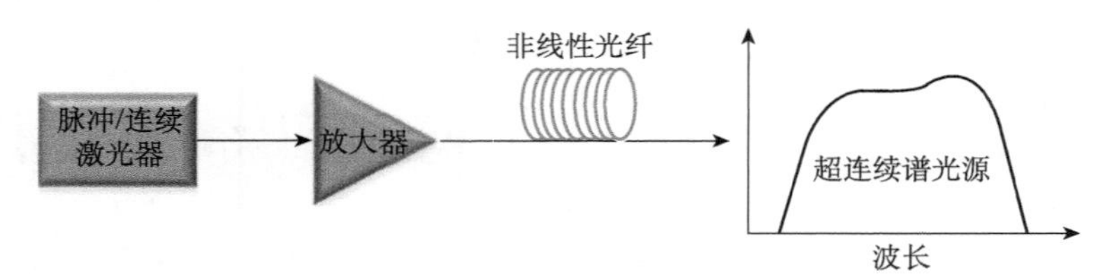

图7.5　光纤中超连续谱的产生结构

由图7.5，光纤中超连续谱产生结构中两个最重要的器件是激光器和非线性光纤。随着光纤制造技术的不断发展，具有不同特性的光纤也被应用在光纤超连续谱的产生上，如零色散波长为1550nm的色散位移光纤（dispersion-shifted fiber，DSF）[46]、二阶色散参量沿光脉冲传输方向逐渐减小的色散渐减光纤（dispersion decreasing fiber，DDF）[47]、色散平坦光纤（dispersion flatten fiber，DFF）[48]及高非线性光纤（highly nonlinear fiber，HNLF）[49]等。光子晶体光纤（photonic crystal fiber，PCF）结构设计多样性，导致其波导特性有非常奇异的变化，比如无截止单模特性、增强波导约束模场能力和自由的色散管理等，与块状玻璃、标准光纤相比，能允许在更大参数变化范围下观察超连续谱产生[50]。

相比于固态激光器，锁模光纤激光器可以产生高质量、高重复频率、波长可调谐的光脉冲，加之与传输光纤良好的兼容性，是比较理想的超短脉冲源。主动锁模光纤激光器是在光纤激光器内插入主动式光调制器，以短脉冲形式输出[51]，一般输出脉宽都在皮秒或亚皮秒量级。被动锁模光纤激光器技术是一种典型的全光纤非线性技术，不用声光和电光调制器之类的主动元件即可实现超短脉冲输出，该技术采用腔内插入半导体可饱和吸收体、非线性光纤环形镜以及非线性偏振旋转效应等[52]。

随着超快光纤激光器的发展，从皮秒、亚皮秒到飞秒级别的光纤激光器陆续出现，作为非线性光纤的泵浦源可获得具有不同相干特性、噪声特性、光谱特性的超连续谱光源，这主要是由于，不同脉宽及不同波长的泵浦光源，即不同色散区产生超连续谱的机理是不一样的。在正色散区，超连续谱的产生是由自相位调制主导的，受激拉曼散射也起一定作用；而在反常色散区，超连续谱的展宽与自相位调制、受激拉曼散射都有关系，而且调制不稳定（modulation instability，MI）及其启动的孤子分裂效应与负色散区光谱展宽密切相关[53,54]。

采用超快锁模光纤激光器泵浦非线性光纤产生超连续谱，泵浦源性能好、泵浦效率高、可以实现整个系统的全光纤化，已经成为超连续谱光源的发展趋势，并有很多产品应用，国内也报道了许多相应的成果。将光纤激光器作为超连续谱产生的泵浦源多采用掺镱和掺铒光纤激光器，且多以被动锁模为主。

1998 年，Kang 等通过在掺铒锁模光纤激光器谐振腔中增加一段色散位移光纤来获得超连续谱激光输出。长腔是为了降低脉冲重复频率以提升脉冲能量，并为非线性效应聚积提供作用长度。实验获得的超连续谱带宽超过 150nm，平均功率超过 60mW，所获得超连续谱由于非线性效应与谐振腔中的滤波效应，其展宽是不对称的[55]。

2004 年，天津大学李智勇等利用被动锁模掺铒光纤激光器输出的重复频率为 13.9MHz、中心波长为 1557.28nm 的光脉冲作为泵浦源，在 100m 色散位移光纤中产生总宽度达 488nm 的超连续谱，不平坦度小于±3.0dB，利用法布里-珀罗滤波器获得 163 路多波长脉冲，利用可调谐滤波器得到 C 波段内脉宽为 1.2～2ps 的近变换限超短光脉冲。法布里-珀罗滤波器的透射特性对于基于超连续谱的多波长光脉冲或全光时分复用（OTDM）短脉冲十分重要[56]。

同年，Nicholson 等搭建了平均功率 400mW，脉宽 34fs，重复频率 46MHz 的 1550nm 全光纤脉冲源。该脉冲是由被动锁模掺铒光纤激光器作为种子源，经 EDFA 放大、光谱滤波，并在单模光纤中进行脉宽压缩获得的，如图 7.6（a）所示。采用此脉冲在零色散区泵浦 HNLF，获得的超连续谱带宽超过 1.65μm，平均功率为 400mW，如图 7.6（b）所示，这是当时全光纤飞秒光纤激光器所能获得超连续谱的最高功率[57]。

随后又使用“8”字腔的保偏掺铒光纤激光器进行了超连续谱产生实验，激光器输出脉宽为 111fs，重复频率为 30MHz，平均功率为 10mW，中心波长为 1560nm。同样采用掺铒光纤放大器放大和单模光纤压缩的方法，所获得脉冲脉宽为 65fs，平均功率为 260mW。实验中使用的非线性光纤为一段 HNLF 和一段 PCF 熔融的混合光纤，HNLF 增强了非线性效应，并减少了单模光纤与 PCF 熔融的功率损耗。实验表明，不同长度的 HNLF 对于超连续谱短波方向的展宽作用不同，当高阶孤子压缩效应达到最大时，短波长方向展宽最剧烈。实验中，采用 1.9cm 长的 HNLF 和 1cm 长的 PCF 的组合，超连续谱短波方向延伸至 500nm；使用 2cm 的 HNLF 和 2cm 的 PCF 所获得的超连续谱带宽为 1.8μm，平均功率超过 200mW[58]。

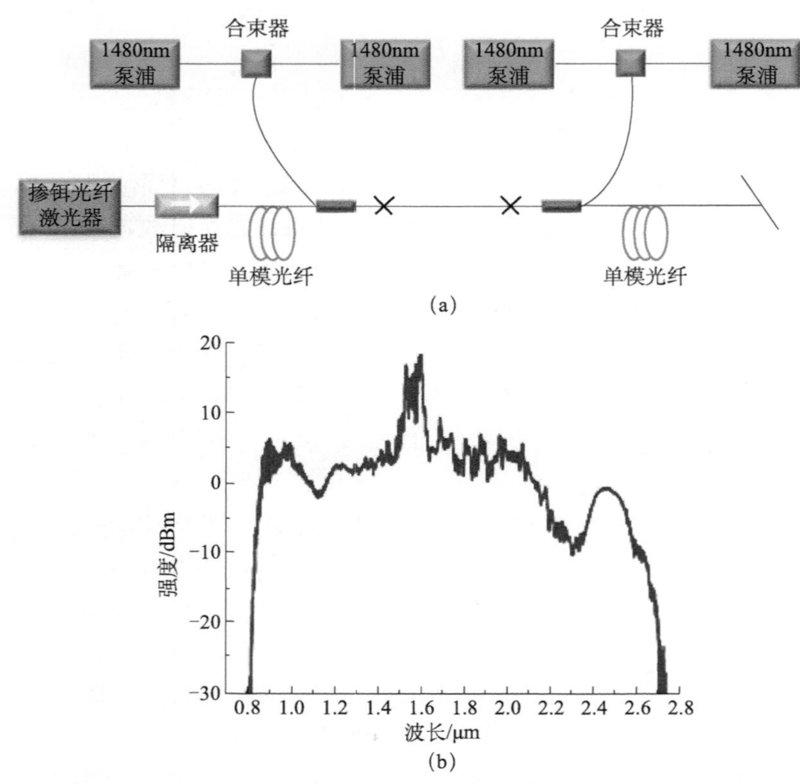

图 7.6　(a) 泵浦脉冲产生结构和 (b) 平均功率 400mW 的超连续谱光源

2008 年，Kivistö 等采用啁啾布拉格光栅（CFBG）对掺镱被动锁模光纤激光器进行腔内色散管理，激光器输出脉宽为 1.6ps，这是当时采用 CFBG 技术所能达到的最短脉宽，脉冲重复频率为 2.6MHz。经掺镱光纤放大器放大后，利用此脉冲泵浦 PCF，其结构如图 7.7（a）所示。获得的超连续谱带宽覆盖了可见光与近红外两个波段，光谱范围为 615～1700nm，如图 7.7（b）所示[59]。同年，河北师范大学李晓晴等搭建了基于 NPR 效应的被动锁模环形腔掺铒光纤激光器，输出脉冲中心波长为 1556nm，脉宽为 462fs。将此脉冲放大到 90mW 时，正色散区泵浦芯径 2.1μm 的 PCF 所获得超连续谱的 20dB 带宽达到 140nm。同时基于相同的实验条件对超连续谱的产生进行了数值模拟，结果表明低功率泵浦时频谱展宽主要由自相位调制引起，且三阶色散和脉冲内拉曼散射（ISRS）导致频谱不对称；随着泵浦能量增加，高阶孤子形成，由于孤子能量的量子化，高阶孤子分裂成红移的基础孤子和蓝移的非孤子辐射，形成的基础孤子有不同的中心波长，因此展宽了频谱；随着泵浦能量的进一步增加，更高阶的孤子形成，可分裂成更多红移的基础孤子和蓝移的非孤子辐射，使频谱展得更宽；当输入 PCF 的功率增加到 90mW 时，由于参量四波混频、脉冲内拉曼散射和高阶色散（TOD）共同作用，所以超连续谱变得稳定、平坦[60]。

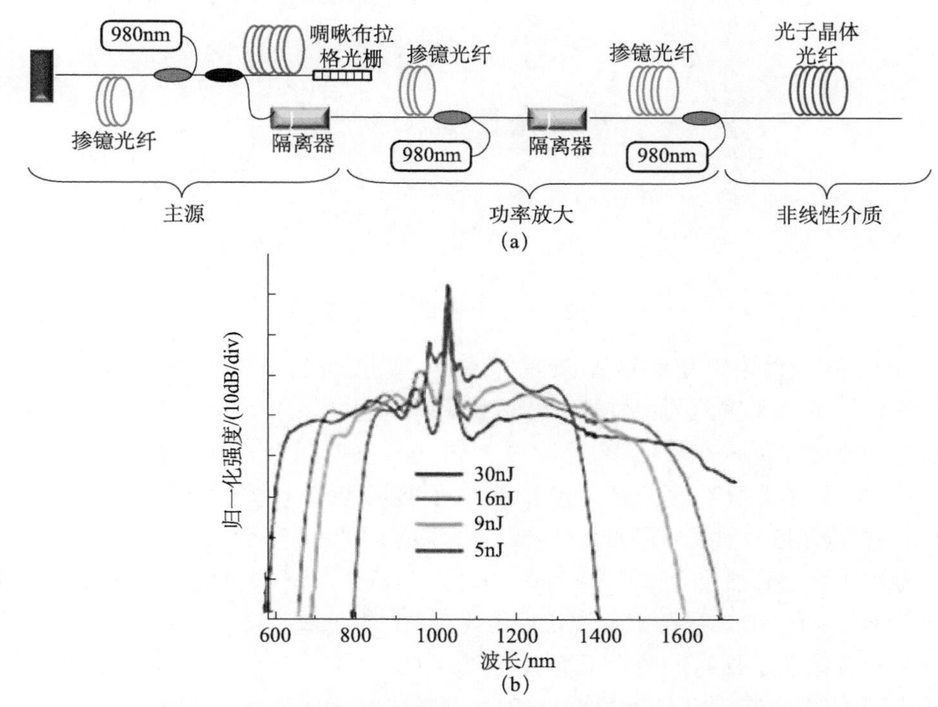

图 7.7　(a) 产生超连续谱的实验结构和 (b) 所获得超连续谱的光谱图

2010 年，国防科技大学陈胜平等搭建了一台脉宽 20ps 掺镱光纤激光器，重频为 59.8MHz，平均输出功率达到 30W，光束质量因子 $M^2<1.5$，光-光转换效率为 48%。将该高功率脉冲激光耦合到芯径 7μm 的国产 PCF 中，实现了近 3W 的超连续谱输出，10dB 谱宽超过 1100nm[61]。同年，Gu 等搭建了脉宽 70fs 的锁模掺铒光纤激光器，重复频率为 37.8MHz，平均输出功率为 42.9mW，谱宽为 50nm，中心波长为 1570nm。在未使用放大器的情况下，激光峰值功率为 16kW，将该脉冲耦合到色散位移光纤中，获得的超连续谱带宽超过 300nm。实验现象表明，负色散区飞秒脉冲在非线性光纤中的展宽主要是由孤子分裂过程引起的，其中拉曼致孤子自频移（RIFS）引起长波方向上的展宽，而色散波产生在短波长展宽光谱[62]。孤子分裂致光谱展宽原理由 Herrmann 等于 2002 年首次在实验中观察到[63]，其基本原理如图 7.8 所示。随后，孤子分裂过程成为超快脉冲泵浦产生超连续谱的主要机制。

2014 年，Kim 搭建了基于非线性偏振旋转（NPE）和真实可饱和吸收体（SA）混合锁模的掺铒光纤激光器，输出脉冲脉宽为 146fs，重复频率为 50MHz，平均功

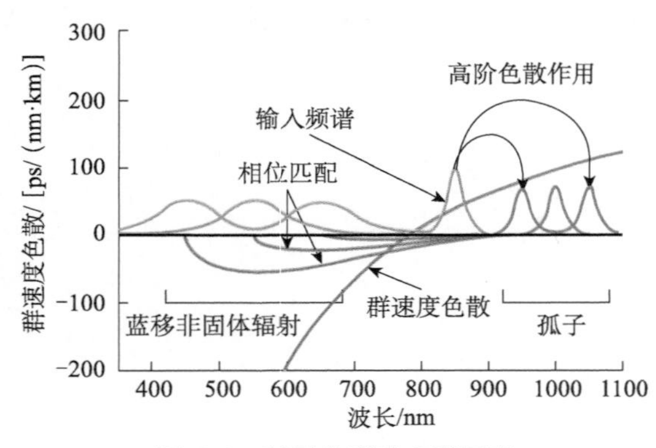

图 7.8　孤子分裂致光谱展宽

率为 130mW。直接采用此脉冲泵浦 HNLF，所获得的超连续谱覆盖了 1100～1750nm，且在其带宽内的相位相干性达到了 93%[64]。2015 年，Salem 等采用 2μm 波段的飞秒脉冲泵浦 InF_3 光纤进行了中红外超连续谱产生实验。该泵浦源是通过 1560nm 掺铒光纤激光种子源，经拉曼孤子频移至 1.96μm，经色散补偿光纤（DCF）进行色散补偿而后进入掺铥光纤放大器（TDFA）得到的，如图 7.9（a）所示。最终该泵浦源参数为脉宽 97.5fs（双曲正割拟合），平均功率 570mW，重复频率 50MHz。所使用的 InF_3 截止波长远至 5.5μm，零色散波长（ZDW）为 1.9μm 且该光纤在其截止波长内的色散系数小于 7ps/(nm·km)。所获得超连续谱带宽从 1.25μm 延伸至 4.6μm，且其带宽内的相干光谱分量占大多数[65]，如图 7.9（b）所示。

随着大容量光通信的不断发展，超连续谱开始作为一种理想的波分复用光源应用在通信系统中。简单来说，就是光可调谐滤波器（OTF）或阵列波导光栅（AWG）对宽带的超连续谱光源进行切片，来获得特性相当的不同波长的多信道光源。这样，相对于传统波分复用系统需要与信道数相当的激光器来说，采用超连续谱作光源仅需一个，对于系统的集成化、小型化意义很大。但是基于被动锁模光纤激光器泵浦的超连续谱脉冲重复频率一般在兆赫兹量级，已无法满足 Gbit/s 量级的高速调制。针对此问题，国内外报道了采用高重复频率被动锁模光纤激光器结合主动锁模光纤激光器泵浦非线性光纤获得高重复频率超连续谱光源的相关研究。

2000 年，Yu 等基于偏振附加脉冲模式调制（P-APM）搭建了重复频率 1GHz、脉宽 480fs 的被动锁模掺铒光纤激光器。输出脉冲经色散补偿光纤（DCF）色散补偿、EYDFA 放大和色散渐减光纤压缩后，脉宽为 304fs，平均功率为 370mW。使用此脉冲泵浦正色散光纤产生超连续谱，正色散使超连续谱继承了泵浦源较好的脉冲相干性并提升光谱平坦度，超连续谱光源带宽为 1350～1700nm，整个带宽的光谱平坦度达到了 16.5dB[66]。

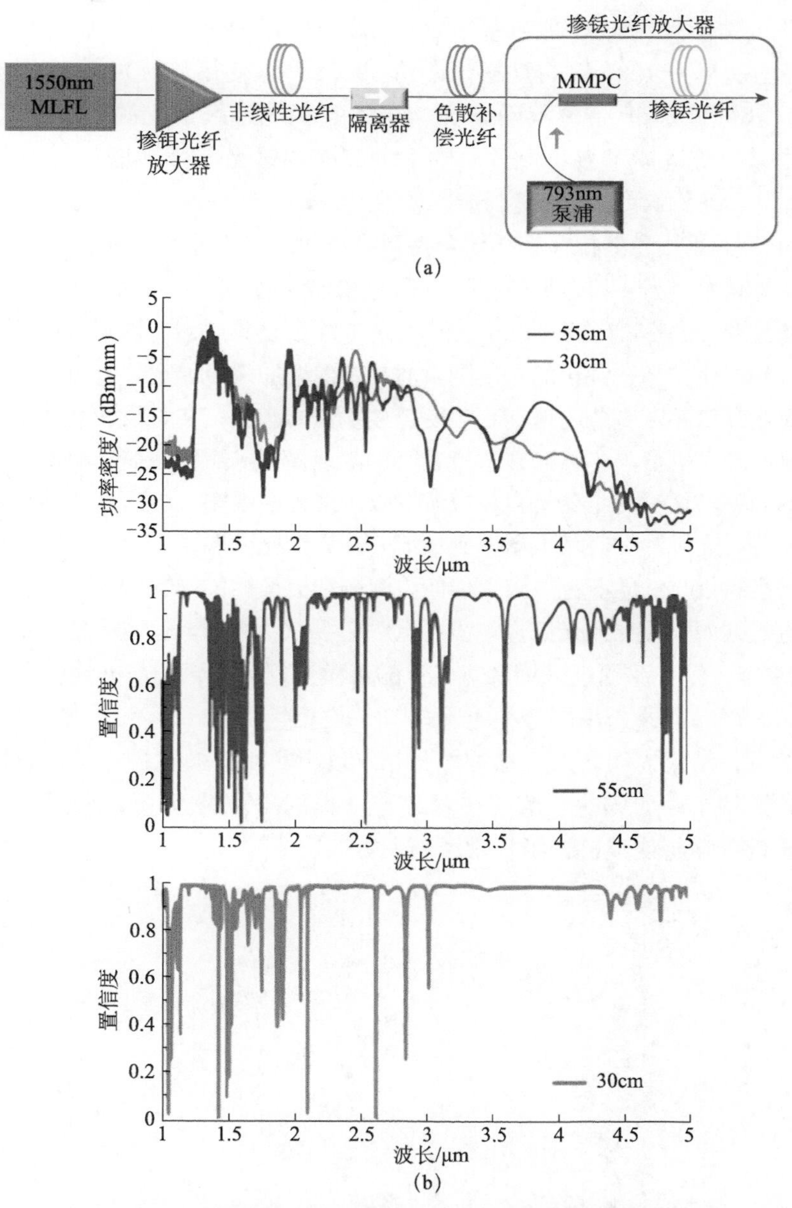

图 7.9　(a) 超连续谱产生结构和 (b) 超连续谱的带宽与相干性

2012 年，Farrell 等采用腔内成像弯曲镜对掺镱光纤激光器谐振腔进行了优化设计，获得了脉宽 750fs，重复频率 386MHz，平均功率 605mW 的激光输出，连续运转光-光转换效率超过 50%，锁模状态下转换效率为 45%。采用 Gires-Tournois 干涉镜（GTI）对该脉冲进行压缩后，脉冲宽度为 110fs，峰值功率达到 13.7kW。用此脉冲泵浦芯径 3.7μm 的 PCF，获得超连续谱带宽为 696～1392nm[67]。

清华大学王爱民等搭建了基于NPR效应的掺镱光纤激光器，输出脉宽为62fs，平均功率为150mW，重复频率为528MHz。使用该脉冲泵浦芯径1.5μm的PCF，获得了30dB带宽范围500～1600nm的超连续谱光源[68]。2000年，清华大学娄采云等搭建了波长可调谐的主动锁模掺铒光纤激光器（AML-EDFL），重复频率为10GHz，输出波长调谐范围在1525～1564nm，输出光脉冲的平均功率为1.7mW。采用色散位移光纤结合掺铒光纤放大器对输出光脉冲进行压缩以提升峰值功率，泵浦另一段色散位移光纤产生超连续谱，20dB带宽50nm，对超连续谱进行滤波获得的1528～1574nm范围的光脉冲重复频率皆为10GHz，脉宽在2ps左右。最初产生的超连续谱的宽度随泵浦功率的增加缓慢加宽，但当泵浦超过某一值时，超连续谱的宽度急剧增加，表明超连续谱的产生存在着泵浦光功率阈值。经计算，泵浦功率阈值与光脉冲在这段光纤中实现最佳压缩所需的功率对应。当泵浦光脉冲的功率较低时，主要是自相位调制效应使光谱展宽，当达到最佳高阶孤子压缩光功率时，光脉冲在时域上压缩到最窄，其光谱充分展宽。此时由自相位调制展宽的光谱会越过光纤的零色散点，使四波混频和交叉相位调制开始起作用。几种非线性效应的共同作用导致光谱进一步展宽，随泵浦功率的增长而迅速加宽[69]。

2019年，作者课题组采用脉宽3ps的锁模光纤激光泵浦高非线性色散位移光纤（HNL-DSF），并采用部分相干脉冲（平均相干度0.16）和非相干的ASE光源作为触发，结果表明，采用这种部分相干以至非相干触发的方式，可以在不影响超连续谱相干性的同时，改善皮秒超连续谱的噪声特性[70]，如图7.10所示，这为高质量皮秒超连续谱光源提供了新的方向。

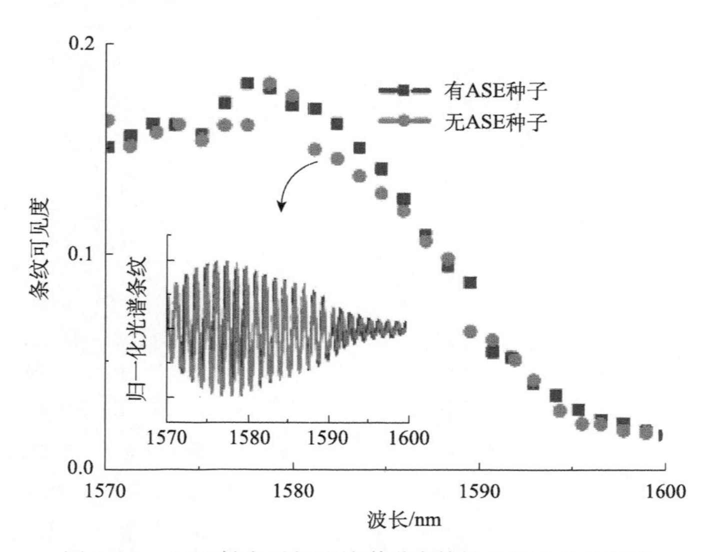

图7.10　ASE触发对超连续谱噪声特性及相干性的影响

因此，采用不同脉宽的泵浦可获得不同特性的超连续谱光源。飞秒超连续谱受孤子相关动态影响而展宽，其相干性好，但由于飞秒脉冲的不稳定性引入了较大的输入噪声。皮秒超连续谱的相干性受到较大破坏，但由于其脉冲较为稳定，应用场合更加广泛，通过外加触发等方式能够改善皮秒超连续谱的质量。随着超快光纤激光器的发展，根据目标超连续谱要求选择合适的飞秒、皮秒激光器，这极大地促进了超连续谱光源的多样化。

7.3　大容量光通信

随着大数据、云计算、人工智能、物联网及 5G 等新一代移动通信的发展，大容量光纤通信系统的单信道速率已经开始从 100～400Gbit/s 向 1Tbit/s 提高，各类电子器件的带宽瓶颈问题变得越来越严峻，为了实现更高的单信道数据通信速率，提出一种光域并行的超信道系统方案。在超信道系统中，多个子信道在频谱上无缝地排列到一起，作为一个整体在光纤中进行传输。其中，一种典型方案就是在系统发射端采用奈奎斯特（Nyquist）激光并以加载高阶调制信号的方式来提高频谱利用率，实现大容量通信，高重复频率的超快光纤激光器是最合适产生奈奎斯特光信号的技术之一。

日本东北大学电气通信研究所的 Nakazawa 最早发明了一种近红外奈奎斯特光纤激光器[71]，采用谐波锁模原理，产生重复频率为 40GHz，脉冲宽度为 3ps，波长为 1550nm 的奈奎斯特脉冲，实验结构如图 7.11 所示。激光器的总腔长为 17m，主要包括 5m 长的保偏掺铒光纤、30%的耦合器、标准具铌酸锂马赫-曾德尔强度调制器、LCoS 滤波器和波分复用器。环形腔中所有的光纤均为保偏光纤，能够防止偏振态发生变化。泵浦源是一个 1480nm 的 InGaAsP 激光二极管。LCoS 滤波器可以在 C 波段上以 1GHz 的频率分辨率调谐频谱，且可以在 35dB 的范围内以 0.1dB 的精度控制强度，通过改变滤波器的光谱曲率可以改变奈奎斯特脉冲的形状，该曲率取决于介于 0 和 1 之间的滚降因子 α。通过调制器将连续激光调制成脉冲激光。法布里-珀罗滤波器的插入损耗为 3dB，自由光谱范围为 40GHz，精细度为 200。整个腔内损耗为 15dB，采用掺铒光纤放大器进行功率补偿。

奈奎斯特光纤激光器的输出功率和泵浦功率呈函数关系，如图 7.12（a）所示。泵浦阈值为 30mW，斜率为 8.1%，当泵浦功率为 220mW 时，输出功率为 15mW。输出脉冲的频谱如图 7.12（b）所示，在 39.813GHz 处能够观察到频谱，信噪比达 80dB。

当 α 为 0 时，奈奎斯特脉冲输出波形特点如图 7.13（a）所示。当 LCoS 滤波器产生的光谱轮廓为图 7.13（b）中给出的光谱时，获得了矩形光谱轮廓，因

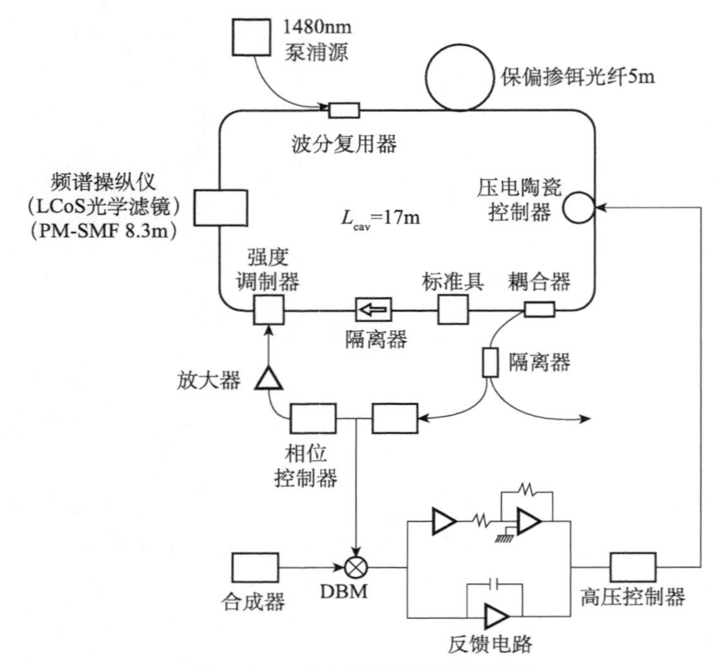

图 7.11　奈奎斯特脉冲实验结构

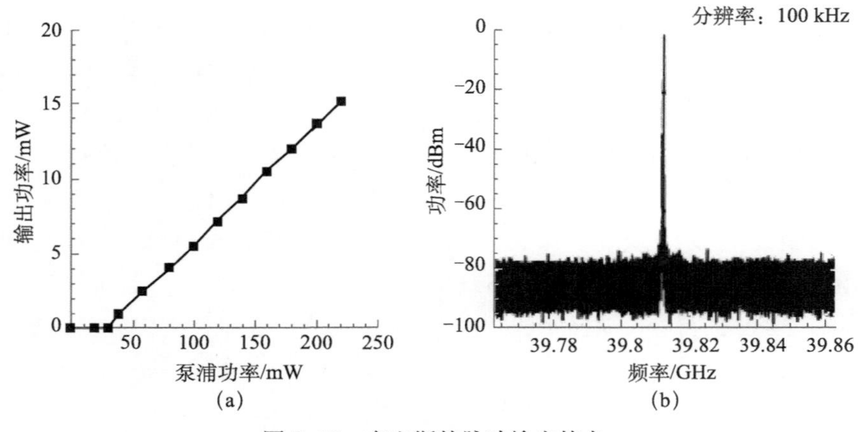

图 7.12　奈奎斯特脉冲输出特点

(a) 功率和泵浦功率的关系；(b) 脉冲频谱

此将滤波器两个边缘上的透过率提高了约 5.3dB。输出的正弦状奈奎斯特脉冲如图 7.13（c）所示，脉冲半高全宽为 3ps。

实验还给出了 α 为 0.2、0.5、0.8 和 1 时的奈奎斯特波形特点，得出了 LCoS 滤波器在奈奎斯特脉冲输出特性上起重要作用的结论，通过改变 α 可以获得不同类型的奈奎斯特脉冲。奈奎斯特光纤激光器与传统奈奎斯特脉冲生成方案

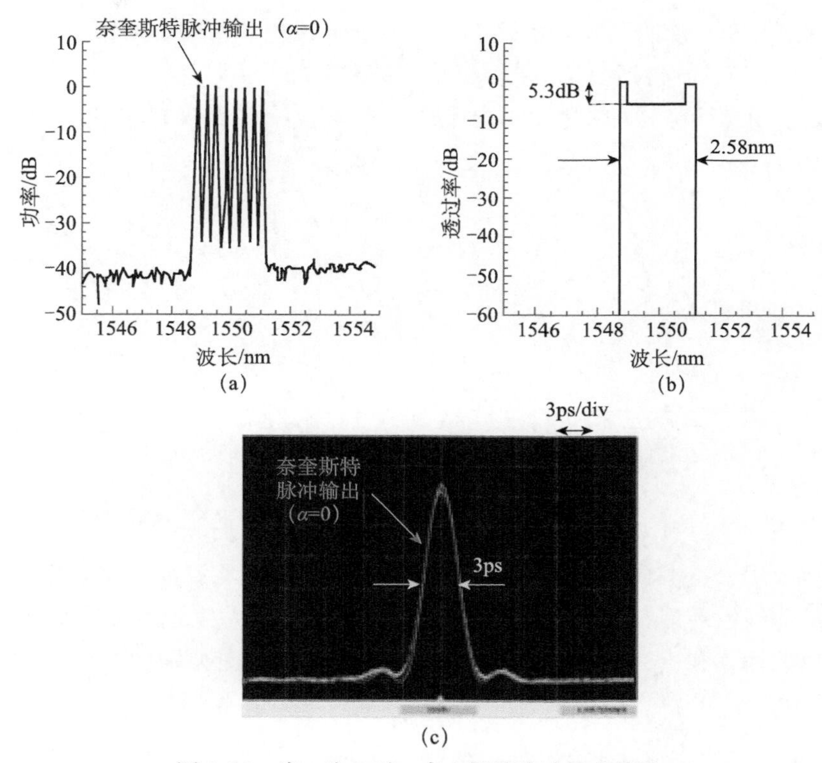

图 7.13　当 α 为 0 时，奈奎斯特脉冲输出特性

（a）光谱；（b）经过 LCoS 滤波器的输出光谱；（c）类正弦奈奎斯特脉冲

相比，具有更高的信噪比，有望与高阶调制结合形成一种超高速发射端，实现单通道比特率超过 1Tbit/s。

奈奎斯特光纤激光器可用于大容量光纤通信系统，2012 年，日本东北大学电气通信研究所的 Hirooka 利用奈奎斯特光纤激光脉冲开展了大容量光纤通信应用的探索[72,73]。利用产生的类似于 sinc 函数的光学奈奎斯特脉冲与光时分复用技术结合，采用 QAM 调制技术，在 525km 的距离上实现了 160Gbaud① 的传输，传输效果良好。奈奎斯特脉冲的频带利用率较高，信号所需带宽较小，因此其具有很小的码间干扰。载波波长为 1545nm、重复频率为 40GHz、脉宽为 1.8ps 的锁模高斯脉冲经过脉冲整形装置产生重复频率为 40GHz 的奈奎斯特光脉冲，脉冲整形装置在文献［74］中进行了详细的介绍。奈奎斯特脉冲波形图如图 7.14（a）所示，采用 DPSK 方式调制速率为 40Gbit/s 的 2^{15}-1PRBS 码，再通过采用光延时线进行 160Gbaud 光时分复用。奈奎斯特光时分复用信号的眼图如图 7.14（b）所示，

① Gbaud 为 G 倍（10^9）的 baud，baud 指通信信号每秒钟变化的次数，如果编码的每个信号元素为 1 位，则 baud 就是 bit/s。

蓝色点间隔分明，说明码间干扰较小。在 525km 长色散管理链路传输，链路分为七段，其中每 75km 包括 50km 单模通信光纤和 25km 反常色散光纤，反常色散光纤可补偿单模光纤色散，采用掺铒光纤放大器中继，每段的发射功率为 6dBm。

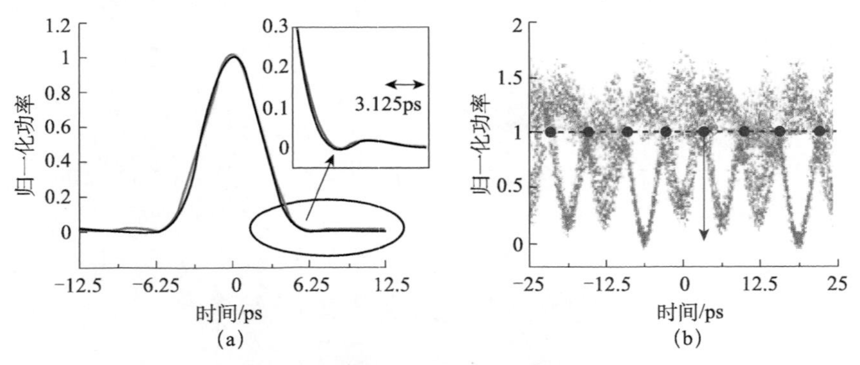

图 7.14 (a) 脉冲波形图和 (b) 160Gbaud 的光时分复用眼图

在接收端，奈奎斯特脉冲从 160Gbaud 解复用到 40Gbaud，解复用的方式为采用光纤非线性环形镜。图 7.15 (a1) 和 (b1) 分别为信号经过 525km 传输后在残余色散为 0 和 +3ps/nm 的眼图，解复用后的波形图分别如图 7.15 (a2) 和 (b2) 所示。

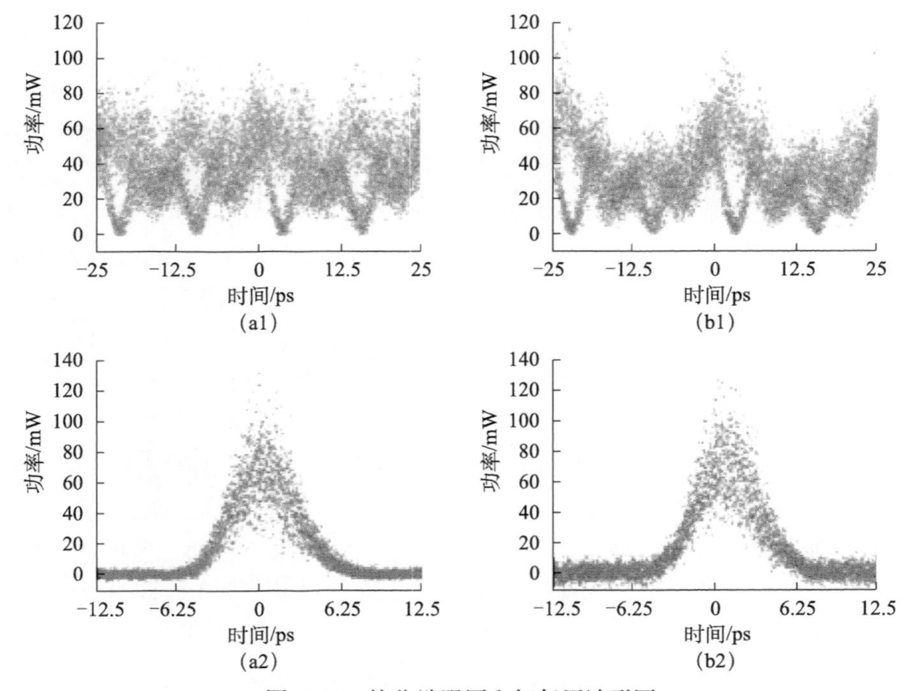

图 7.15 接收端眼图和解复用波形图

为了证明奈奎斯特脉冲码间干扰小的优点，采用 1.8ps 的高斯脉冲进行了相同的实验进行对比，实验结果如图 7.16 所示。从图中可以看出，由于色散引起的脉冲重叠，高斯脉冲有较强的码间干扰。

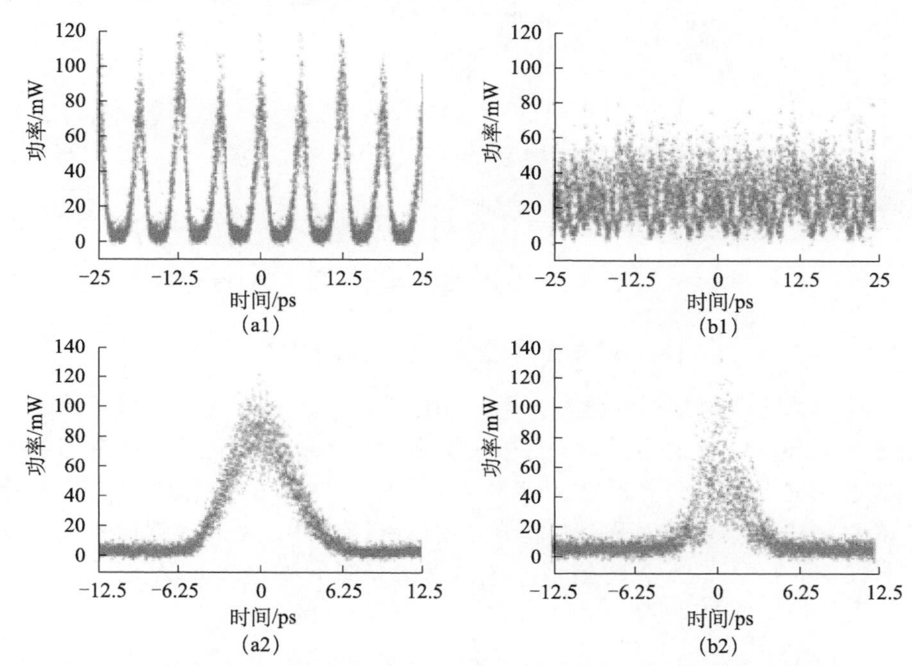

图 7.16　经过 525km 传输后色散分别为 0(a1) 和+3ps/nm(b1) 的波形图，以及相关解复用波形图 (a2) 和 (b2)

通过与图 7.16 (b1) 和 (b2) 对比发现，色散并不会导致奈奎斯特脉冲产生明显的失真，说明其对残留色散具有更大的弹性，码间干扰更小。

7.4　无线激光通信

超快光纤激光器应用广泛，不仅可用于大容量光纤通信，在对超快光纤激光器部分相干化处理后，其在抑制大气湍流干扰方面也取得了不错的效果。

2018 年，作者课题组首先提出了采用高重复频率锁模光纤激光激发超连续谱的部分相干光自由空间通信的方法，能够显著减小大气湍流对空间光的影响[75]。实验结构如图 7.17 所示，通过主动锁模超快光纤激光器泵浦色散位移光纤生成超连续谱光源，从而获得超连续谱部分相干光，经过数值分析和实验研究，选出适合大气传输的宽谱部分相干光源，与相干光源比较，相干度明显降低，但保持了较高的重复频率，能够进行高速率数字调制。

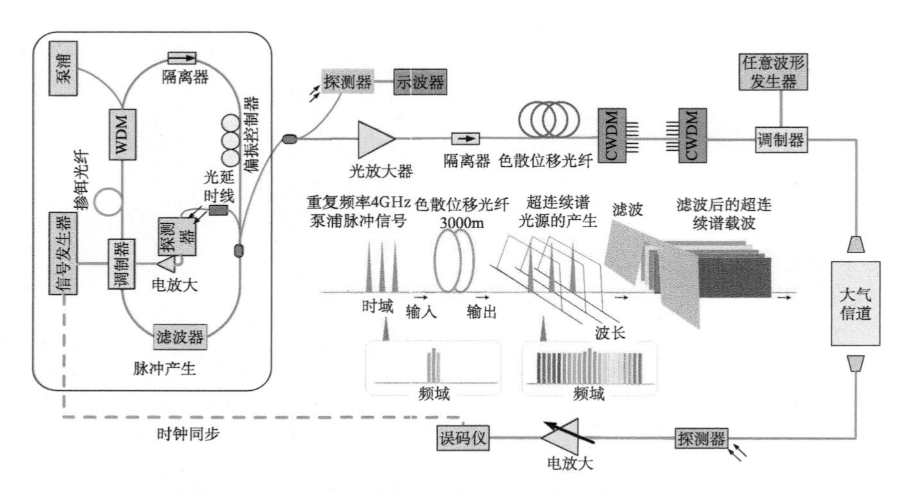

图 7.17 基于部分相干光高速无线信息传输实验结构

实验结构主要包括超快脉冲产生、超连续谱部分相干光源生成、调制、大气信道传输和接收解调分析四个部分。脉宽约为 20ps，重复频率可调谐的主动锁模光纤激光器被掺铒光纤放大器放大至 1W 后注入 3km 的色散位移光纤泵浦，获得超连续谱光源。采用粗波分复用器（CWDM）将超连续谱滤波，获得 20nm(1560～1580nm) 载波信号，超连续谱光源的光谱和时域波形如图 7.18 所示。

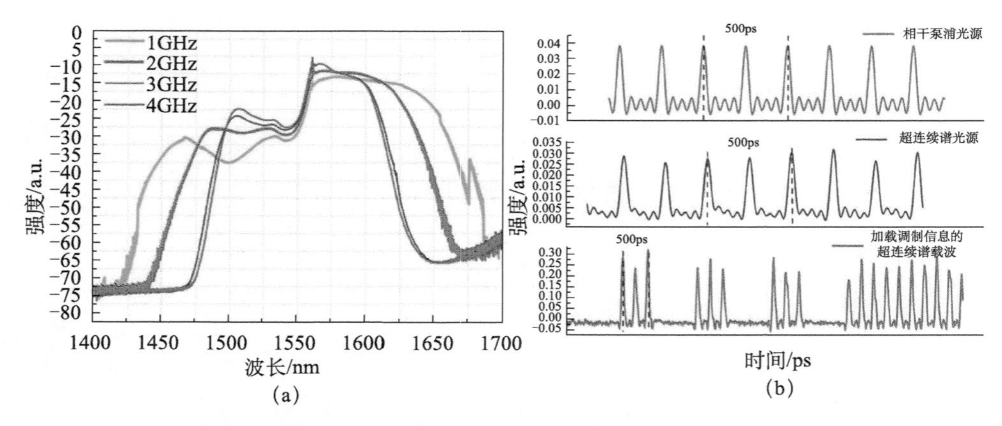

图 7.18 (a) 不同重频的超连续谱光谱；(b) 部分相干光时域信号及 OOK 调制信号

对超连续谱的部分相干特性研究结果如图 7.19 所示，可以发现，在 1550nm 处由于泵浦光源良好的相干性，生成的超连续谱光源在此波长处相干度较高，因此采用了 1560～1580nm 波段作为载波源。

对载波信号进行 4Gbit/s 数字调制，数字调制与主动锁模光纤激光器频率调制采用同步时钟，能获得很好的调制效果。湍流等大气信道干扰因素主要对载波

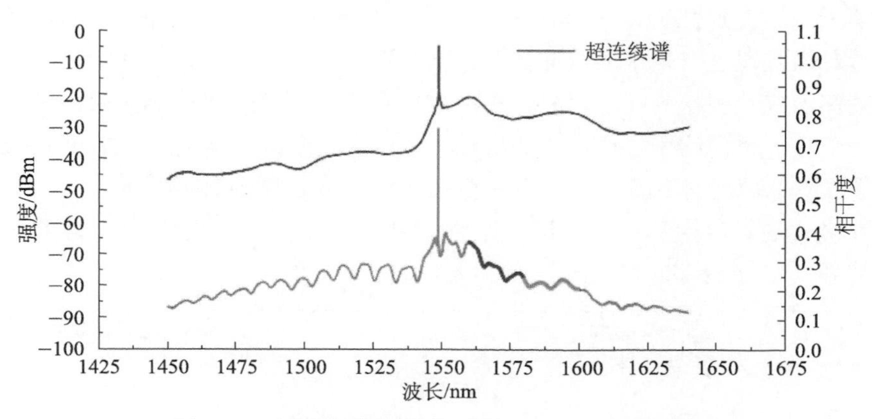

图 7.19　超连续谱光源在 1450～1640nm 的相干度

光信号的相干性产生严重干扰，而对部分相干脉冲光的干扰大大减弱。

用来研究激光大气传输的大气湍流模拟装置基于平行板间热对流湍流理论研究设计而成，该装置设计了独特的双密闭温室、通透式光学传输窗口结构，采用了多温区均匀加热系统、水冷式双循环恒定制冷系统、快速精确温度控制系统以及散热调节系统，可以模拟 1km 距离的中弱湍流强度的大气湍流环境。如图 7.20 所示，大气湍流模拟装置主要包括池体、加热系统、冷却系统、自动控制系统。池底平板为加热面板，池顶平板为水冷箱，池体两端为直径为 20cm 的通光孔。

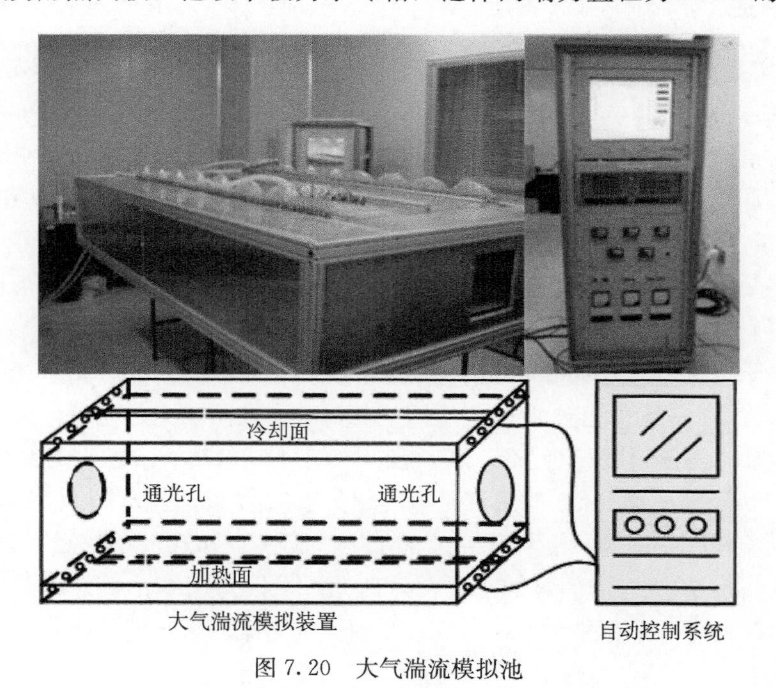

图 7.20　大气湍流模拟池

加热面通电后使加热面温度均匀分布，并有足够高的温度，以产生足够强的湍流。冷却面是通过自来水的双向流动使冷却面温度均匀分布并保持稳定恒定。池体由耐高温隔热板作为保温材料，可以减少系统侧面与外界的热交换。通光窗口采用光学玻璃平面透镜，厚度为 10mm，直径为 210mm。通过自动控制系统控制加热电功率来操控加热面和冷却面的温度差，从而控制湍流强度。

在接收端，对相干光和不同相干性的部分相干光的闪烁因子进行了测量对比，如图 7.21 所示。

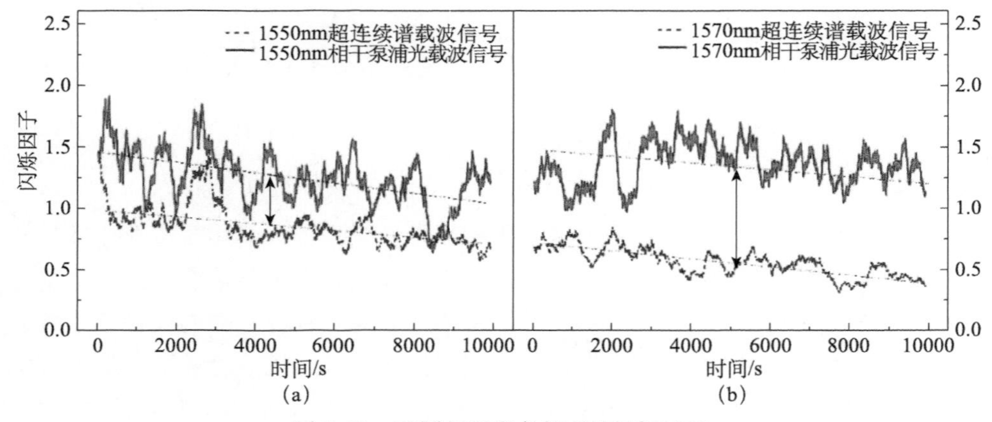

图 7.21　不同相干度条件下的闪烁因子

(a) 中心波长为 1550nm 的部分相干光和相干光对比；(b) 中心波长为 1570nm 的部分相干光和相干光对比

实验证明了闪烁因子与光源的相干度相关。光源的相干度与闪烁因子成正比，光源的相干度越低，得到的闪烁因子越小。实验中，控制光源以外的变量一致，观察光源的相干特性对信道闪烁的影响。通过将中心波长分别为 1550nm 和 1570nm，谱宽为 0.15nm 的窄带脉冲光源和中心波长分别为 1550nm 和 1570nm 的 20nm 宽谱部分相干光源进行对比，由图 7.21 中红蓝两线的幅值可以明显观察出，相干光源在大气信道传输的闪烁因子要高于部分相干光源的闪烁因子，具有部分相干特性的超连续谱的载波可以更有效地抵抗大气湍流带来的影响。在控制部分相干光源光谱宽度相同的情况下，对比相干度不同的部分相干光源受到湍流影响的差异，来分析相干度与闪烁因子的关系。按照前文超连续谱的相干特性的结论，泵浦光源的波长为 1550nm，所得的 1540～1560nm 宽谱光源的相干度约为 0.55，1560～1580nm 的宽谱光源的相干度约为 0.30。由图 7.21 (a)，(b) 两图中蓝线对比可看出，相干度为 0.30，中心波长为 1570nm 光源的闪烁因子要比相干度 0.55 的光源的闪烁因子要低。由此，可以得出结论，光源的相干度对链路传输有影响，光源的相干度越低，受到大气湍流的影响就越小，得到的光强闪烁就越小。

虽然证明了对大气湍流干扰的抑制效果，但信噪比较低导致调制速率不高。针对这一问题，可采取优化泵浦功率、滤除 ASE 噪声和触发式超连续谱这几种方式来提升信噪比。

采用优化泵浦功率、滤除 ASE 噪声的方法提升信噪比的实验结构如图 7.22 所示[76]。1550nm 的窄线宽连续激光经马赫-曾德尔强度调制器成为重复频率为 4GHz 的脉冲激光，脉宽为 40ps。为了获得超连续光谱，经拉曼增益孤子压缩脉宽至 3.5ps。为获得最优泵浦效率，需保证用于泵浦高非线性光纤的掺铒光纤放大器的功率可调。在掺铒光纤放大器前加入一个法布里-珀罗滤波器用来滤除 ASE 噪声。将获得的超连续谱滤出 20nm(1560～1580nm) 后，同步调制 4Gbit/s 的伪随机数字信号。最后，通过模拟大气湍流信道的传输，来比较调制和传输效果。

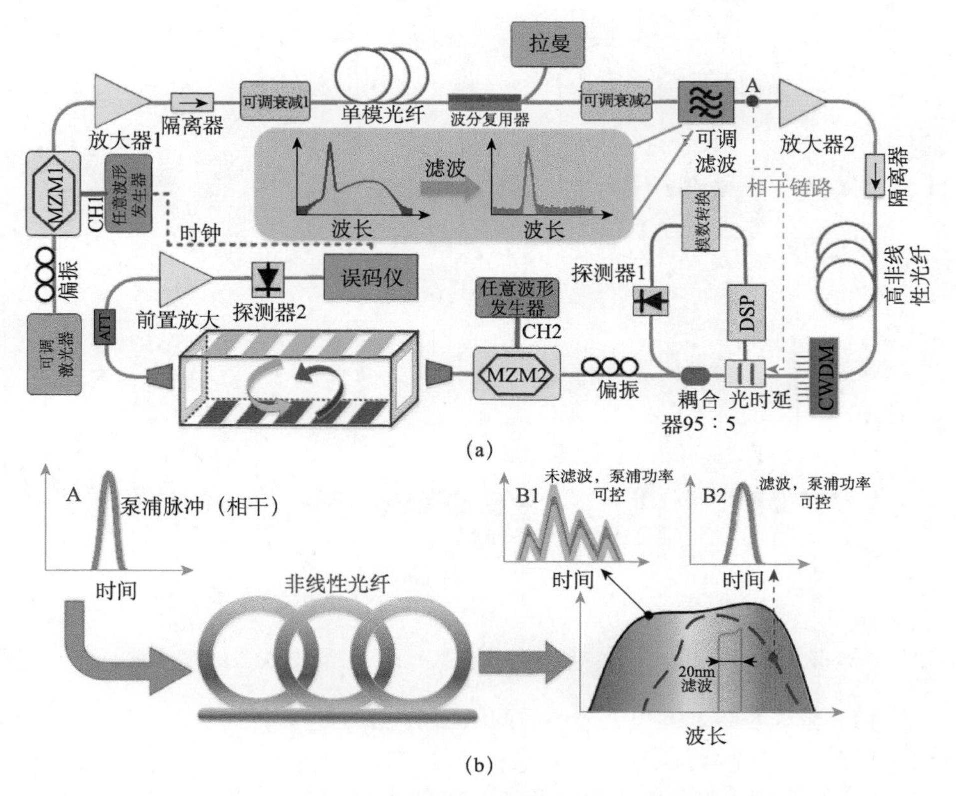

图 7.22　滤除 ASE 噪声的部分相干光通信系统

(a) 滤除 ASE 噪声的部分相干光通信实验系统；(b) 原理图

压缩结构引入了时间漂移，因此实验中还加入了时间漂移补偿模块。在接收端，对光信号接收解调，测量了眼图和误码率对光信号。图 7.23 为不同泵浦功率获得的超连续谱及是否使用法布里-珀罗滤波器的时域脉冲对比。通过比较可以发现，当泵浦功率为 500mW 并使用法布里-珀罗滤波器滤除 ASE 噪声时，脉冲波形质量最高。

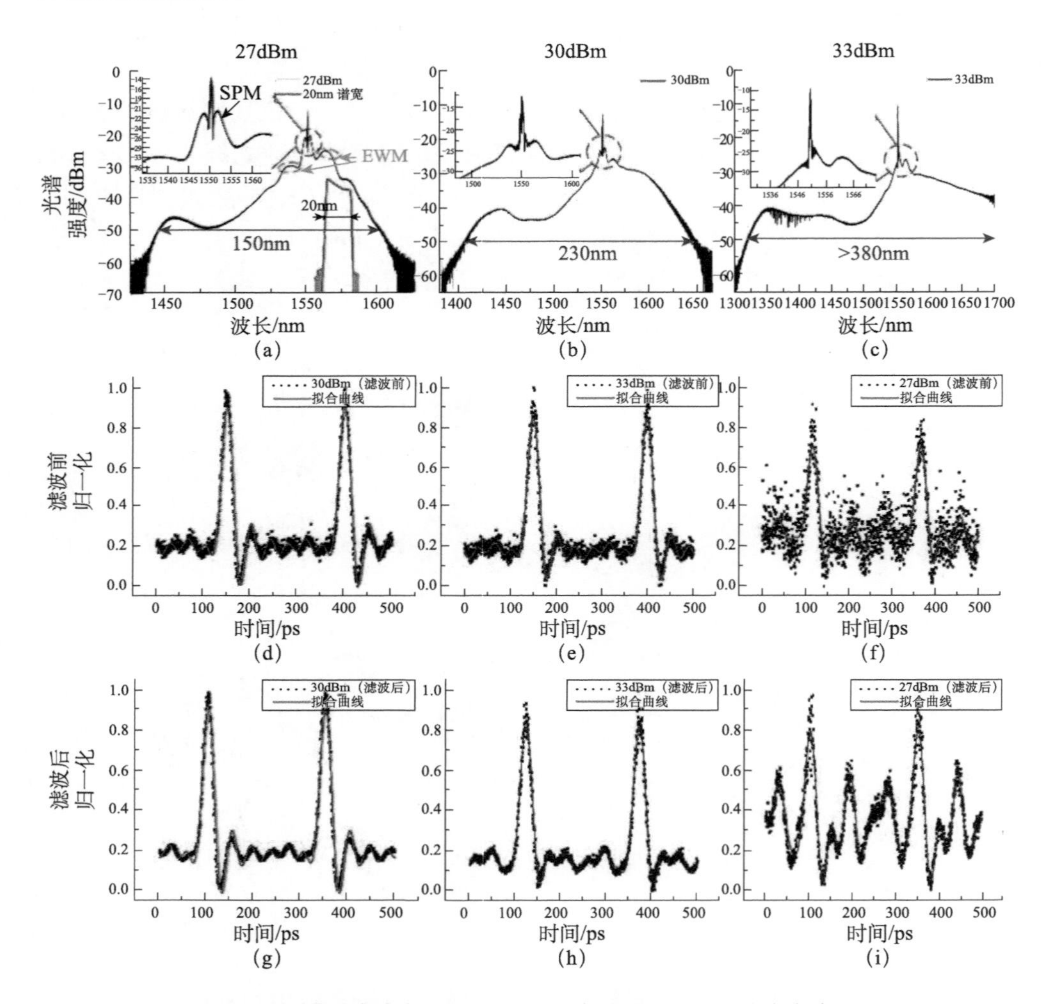

图 7.23　不同泵浦功率获得的超连续谱及是否滤波的时域脉冲对比

实验中测量的经过大气传输前后的眼图信号如图 7.24 所示，通过对比分析，将优化后的超连续谱部分相干光源称为 PCB2，其信噪比显著提升，提升了 10.05dB，对大气湍流干扰的抑制效果也较好。

图 7.25 为两种部分相干光源和相干光源的误码率分析，对比发现，经过优化后的高信噪比部分相干光源 PCB2 在大气信道传输后的灵敏度显著高于相干光和未优化的部分相干光源。

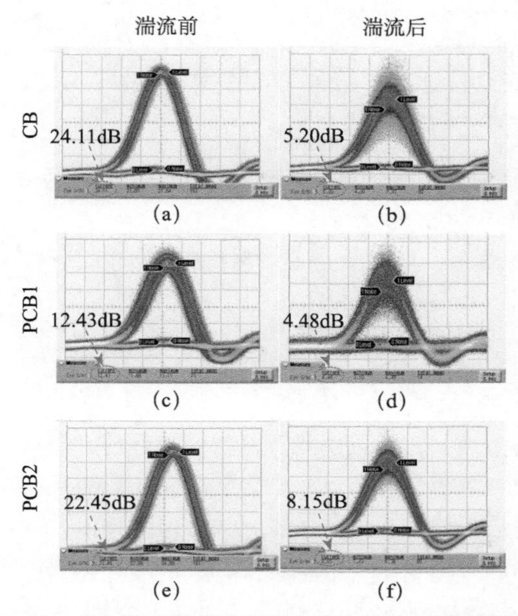

图 7.24　优化前后的部分相干光大气湍流传输眼图对比

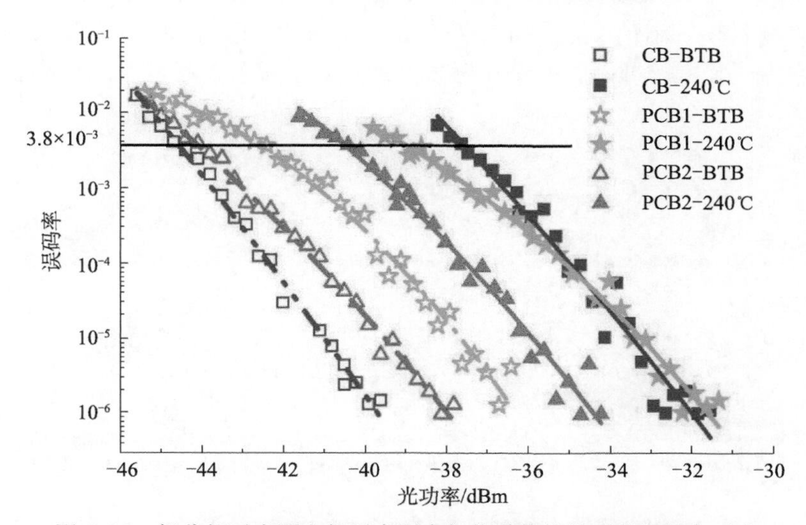

图 7.25　部分相干光源和相干光源大气信道传输前后的误码率对比

通过实验研究，证明了使用泵浦功率优化和滤除 ASE 噪声结合的方法可以有效地提升部分相干光源的信噪比，提升通信系统的性能。

为了进一步提升超连续谱载波的信噪比，在超连续谱泵浦结构中引入触发种子源，用来控制超连续谱产生过程中的调制不稳定性，进而改善超连续谱的噪声特性，如图 7.26 所示[77]。

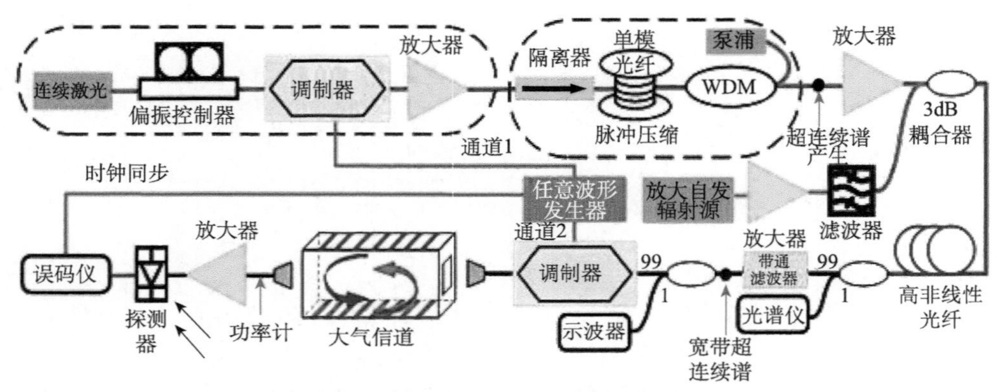

图 7.26　基于触发式超连续谱的无线激光通信实验

该触发种子是通过放大自发辐射光源经掺铒光纤放大器放大而后由光滤波器滤波产生的，该种子源与泵浦脉冲通过一耦合器后共同泵浦高非线性光纤获得超连续谱。而后对超连续谱进行滤波、加载信号、大气信道传输后分析其传输特性。在大气传输前，采用窄谱、超连续谱和触发式超连续谱光源加载信号的眼图信噪比分别为 23.89dB、14.93dB、21.7dB。超连续谱产生过程对信噪比有一定的衰减，采用触发的方式将信噪比提升了 6.77dB。传输后三种光源的信噪比分别为 4.51dB、6.53dB、8.7dB，如图 7.27 所示，数据表明，采用宽谱光源的传输链路对大气湍流表现出了一定的抑制，而采用触发式超连续谱提升了接收端的信噪比。

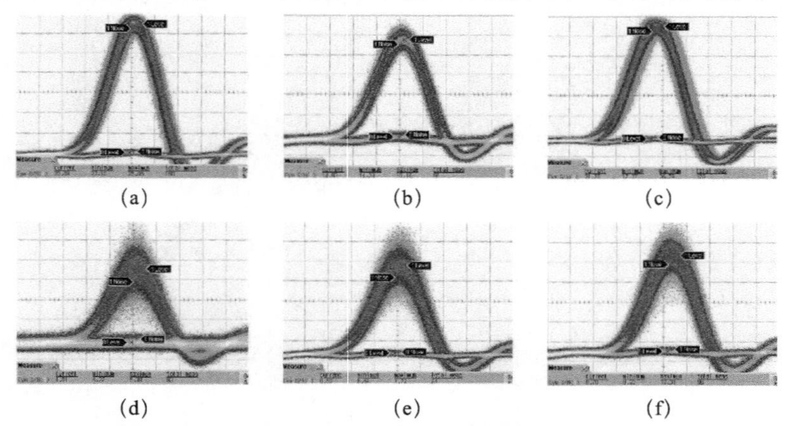

图 7.27　窄谱光源、超连续谱光源和触发式超连续谱光源传输前后眼图比较
传输前眼图：(a) 窄谱；(b) 超连续谱；(c) 触发超连续谱
传输后眼图：(d) 窄谱；(e) 超连续谱；(f) 触发超连续谱

也可以从采用三种光源的链路的误码率看出传输效果，如图 7.28 所示。图中 NSC、NWSC、LNWSC 分别代表了窄谱、超连续谱和触发式超连续谱三种链路，由于窄谱链路的高信噪比，可以看出在没有湍流时的误码率特性比较好。随着信道湍流强度的增加，宽谱链路表现出明显的湍流抑制效果，而且由于触发式

超连续谱的高信噪比，其链路灵敏度一直高于超连续谱链路。当湍流强度达到最大(即模拟池温差 230℃）时，三种链路的接收灵敏度分别为－28dBm、－29.4dBm、－30.8dBm。所以，这种采用触发方式的超连续谱光源可以在不影响宽谱抑制湍流影响的基础上，大大提升宽谱光源的信噪比，进而提升整个链路的传输质量。

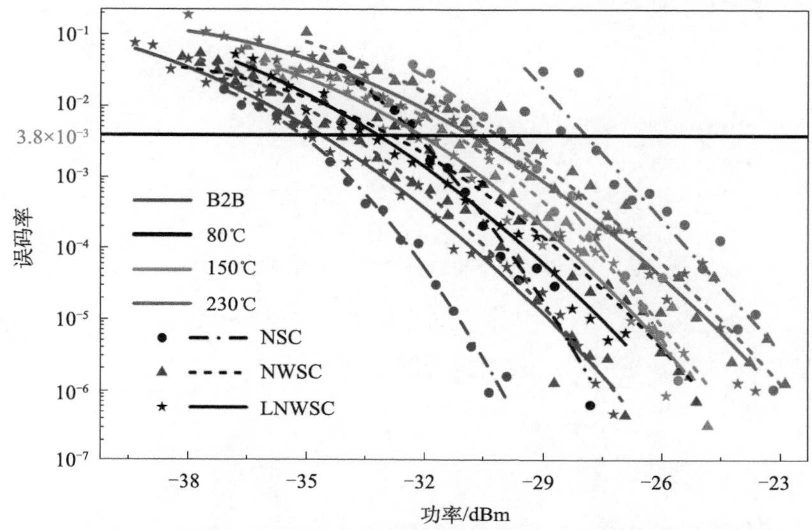

图 7.28　采用窄谱光源、超连续谱光源和触发式超连续谱光源的各链路误码率

采用 4 路复用的光时分复用技术将部分相干光的自由空间光传输的调制速率从 4Gbit/s 提升至 16Gbit/s[78]，实验结构如图 7.29 所示。在产生部分相干光的基础上增加一个 4 路光时分复用模块增加通信速率。对相干光和部分相干光的闪烁因子进行了测量，如图 7.30 所示，部分相干光的闪烁因子为 0.0103，显著低于相干光的 0.0146。

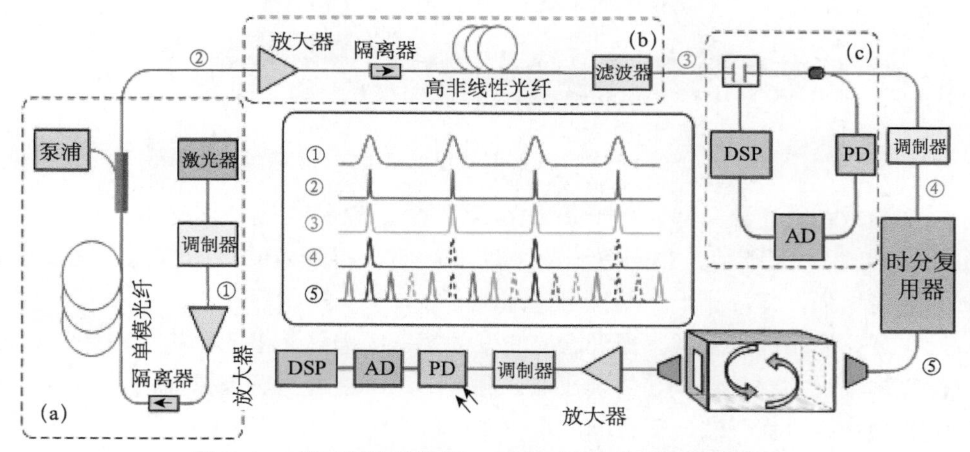

图 7.29　基于超连续谱的 16Gbit/s 的无线激光通信系统

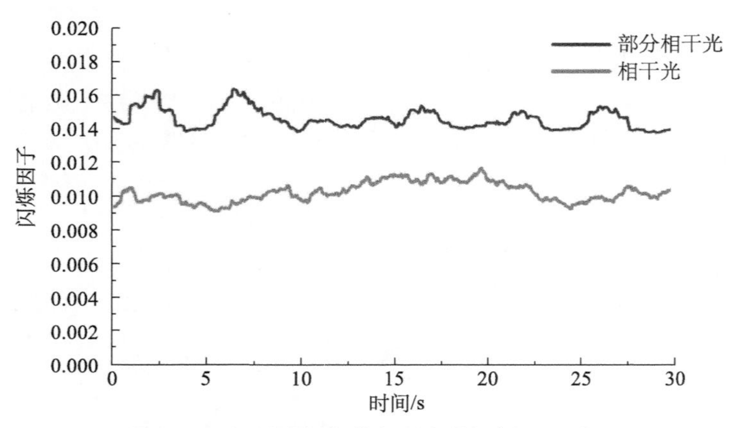

图 7.30 相干光和部分相干光的闪烁因子对比

图 7.31 为 16Gbit/s 的相干光和部分相干光在大气传输前后的眼图对比，经过大气信道后，部分相干光的眼图显著好于相干光。

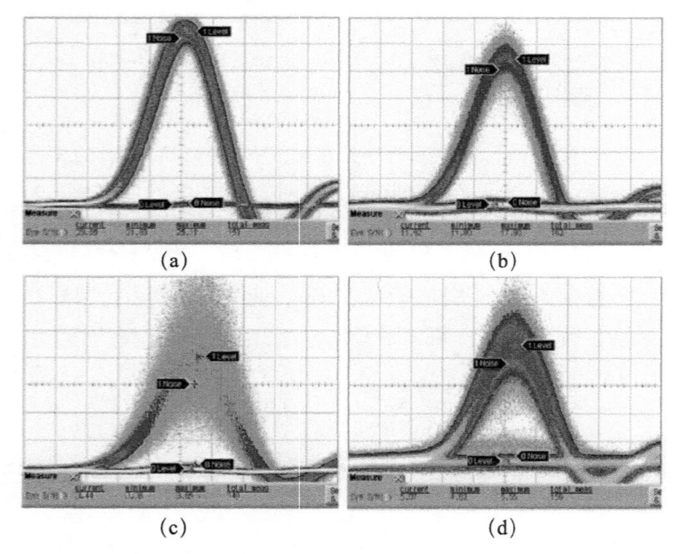

图 7.31 16Gbit/s 的相干光和部分相干光在大气传输前后的眼图

实验对相干光源和部分相干光源在不同大气湍流强度下的误码率进行了对比分析，如图 7.32 所示。在同等湍流强度下，部分相干光的灵敏度高于相干光。随着湍流增强，部分相干光的优势越来越明显。

可见，采用高重复频率光纤激光激发的超连续谱部分相干光具有较好的对大气湍流的干扰抑制效果。其信噪比和调制速率均可以得到显著提升，为高速率无线激光通信解决大气湍流干扰问题提供了一些参考。

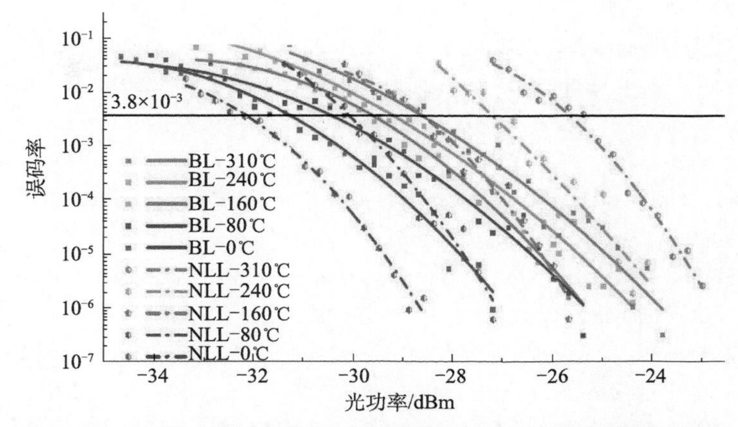

图7.32　相干光源和部分相干光源在不同大气湍流强度下的误码率

参考文献

[1] Drever R W P, Hall J L, Kowalski F V, et al. Laser phase and frequency stabilization using an optical resonator [J]. Applied Physics B, 1983, 31 (2): 97-105.

[2] Jones D J, Diddams S A, Ranka J K, et al. Carrier-envelope phase control of femtosecond mode-locked lasers and direct optical frequency synthesis [J]. Science, 2000, 288 (5466): 635-639.

[3] Udem T, Holzwarth R, Hänsch T W. Optical frequency metrology [J]. Nature, 2002, 416 (6877): 233-237.

[4] 余彦武．秒激光加工中电子状态的观测与调控 [D]. 北京：北京理工大学，2016.

[5] Jones D J, Diddams S A, Ranka J K, et al. Carrier-envelope phase control of femtosecond mode-locked lasers and direct optical frequency synthesis [J]. Science, 2000, 288: 635-639.

[6] Fuji T, Rauschenberger J, Apolonski A, et al. Monolithic carrier-envelope phase-stabilization scheme [J]. Opt. Lett, 2005, 30: 332-334.

[7] Pang L H, Han H N, Zhao Z B, et al. Ultra-stability Yb-doped fiber optical frequency comb with 2×10^{-18}/s stability in-loop [J]. Opt. Express, 2016, 24: 28994-29001.

[8] Yu Z J, Han H N, Xie Y, et al. CEO stabilized frequency comb from a 1-μm Kerr-lens mode-locked bulk Yb: CYA laser [J]. Opt. Express, 2016, 24: 3103-3111.

[9] Sinclair L C, Coddington I, Swann W C, et al. Operation of an optically coherent frequency comb outside the metrology lab [J]. Opt. Express, 2014, 22: 6996-7006.

[10] Ycas G, Giorgetta F R, Baumann E, et al. High-coherence mid-infrared dual-comb spectroscopy spanning 2.6 to 5.2μm [J]. Nat. Photonics, 2018, 12: 202-208.

[11] Cossel K C, Waxman E M, Finneran I A, et al. Gas-phase broadband spectroscopy using active sources: progress, status, and applications [J]. J. Opt. Soc. Am. B-Opt. Phys.,

2017，34：104－129.

[12] Hsieh Y D，Iyonaga Y，Sakaguchi Y，et al. Spectrally interleaved，comb-mode-resolved spectroscopy using swept dual terahertz combs [J]. Sci. Rep.，2014，4：7.

[13] Faist J，Villares G，Scalari G，et al. Quantum cascade laser frequency combs [J]. Nanophotonics，2016，5：272－291.

[14] Xiao S J，Hollberg L，Newbury N R，et al. Toward a low-jitter 10GHz pulsed source with an optical frequency comb generator [J]. Opt. Express，2008，16：8498－8508.

[15] Carlson D R，Hickstein D D，Zhang W，et al. Ultrafast electro-optic light with subcycle control [J]. Science，2018，361：1358－1362.

[16] Torres-Company V，Weiner A M. Optical frequency comb technology for ultra-broadband radio-frequency photonics [J]. Laser Photon. Rev.，2014，8：368－393.

[17] Del'Haye P，Schliesser A，Arcizet O，et al. Optical frequency comb generation from a monolithic microresonator [J]. Nature，2007，450：1214－1217.

[18] Rosenband T，Hume D B，Schmidt P O，et al. Frequency ratio of Al^+ and Hg^+ single-ion optical clocks；Metrology at the 17th decimal place [J]. Science，2008，319：1808－1812.

[19] Takamoto M，Hong F L，Higashi R，et al. An optical lattice clock [J]. Nature，2005，435：321－324.

[20] Boyd M M，Ludlow A D，Blatt S，et al. Sr-87 lattice clock with inaccuracy below 10～15 [J]. Phys. Rev. Lett.，2007，98：4.

[21] Hinkley N，Sherman J A，Phillips N B，et al. An atomic clock with 10^{-18} instability [J]. Science，2013，341：1215－1218.

[22] Giorgetta F R，Swann W C，Sinclair L C，et al. Optical two-way time and frequency transfer over free space [J]. Nat. Photonics，2013，7：435－439.

[23] Sinclair L C，Swann W C，Bergeron H，et al. Synchronization of clocks through 12km of strongly turbulent air over a city [J]. Appl. Phys. Lett.，2016，109：4.

[24] Swann W C，Sinclair L C，Khader I，et al. Low-loss reciprocal optical terminals for two-way time-frequency transfer [J]. Appl. Optics，2017，56：9406－9413.

[25] Joo K N，Kim S W. Absolute distance measurement by dispersive interferometry using a femtosecond pulse laser [J]. Opt. Express，2006，14：5954－5960.

[26] Lee J，Kim Y J，Lee K，et al. Time-of-flight measurement with femtosecond light pulses [J]. Nat. Photonics，2010，4：716－720.

[27] Minoshima K，Matsumoto H. High-accuracy measurement of 240-m distance in an optical tunnel by use of a compact femtosecond laser [J]. Appl. Optics，2000，39：5512－5517.

[28] Lee J，Han S，Lee K，et al. Absolute distance measurement by dual-comb interferometry with adjustable synthetic wavelength [J]. Meas. Sci. Technol.，2013，24：8.

[29] Chun B J，Kim Y J，Kim S W. Inter-comb synchronization by mode-to-mode locking [J]. Laser Phys. Lett.，2016，13：5.

[30] Steinmetz T，Wilken T，Araujo-Hauck C，et al. Laser frequency combs for astronomical

observations [J]. Science, 2008, 321: 1335-1337.

[31] Benedick A J, Chang G Q, Birge J R, et al. Visible wavelength astro-comb [J]. Opt. Express, 2010, 18: 19175-19184.

[32] Benedict G F, Mc Arthur B E, Forveille T, et al. A mass for the extrasolar planet Gliese 876b determined from Hubble Space Telescope fine guidance sensor 3 astrometry and high-precision radial velocities [J]. Astrophys. J., 2002, 581: L115-L118.

[33] Brabec T, Krausz F. Intense few-cycle laser fields: frontiers of nonlinear optics [J]. Rev. Mod. Phys., 2000, 72: 545-591.

[34] Coddington I, Swann W C, Newbury N R. Coherent dual-comb spectroscopy at high signal-to-noise ratio [J]. Phys. Rev. A, 2010, 82: 13.

[35] Coddington I, Newbury N, Swann W. Dual-comb spectroscopy. Optica, 2016, 3: 414-426.

[36] Bernhardt B, Ozawa A, Jacquet P, et al. Cavity-enhanced dual-comb spectroscopy [J]. Nat. Photonics, 2010, 4: 55-57.

[37] Jiang Z, Huang C B, Leaird D E, et al. Optical arbitrary waveform processing of more than 100 spectral comb lines [J]. Nat. Photonics, 2007, 1: 463-467.

[38] 王永强. 皮秒-亚皮秒锁模光纤激光器和超连续谱产生的研究 [D]. 天津: 天津大学, 2004.

[39] 谌鸿伟. 高功率全光纤窄线宽激光器和超连续谱光源研究 [D]. 长沙: 国防科技大学, 2010.

[40] Morioka T, Mori K, Saruwatari M. More than 100-wavelength-channel picosecond optical pulse generation from single laser source using supercontinuum in optical fibres [J]. Electronics Letters, 1993, 29 (10): 862-864.

[41] Nishizawa N, Kawagoe H, Yamanaka M. Wavelength dependence of ultrahigh-resolution optical coherence tomography using supercontinuum for biomedical imaging [J]. IEEE Journal of Selected Topics in Quantum Electronics, 2019, 25 (1): 1-15.

[42] Lamb E S, Carlson D R, Hickstein D D. Optical-frequency measurements with a Kerr Microcomb and photonic-chip supercontinuum [J]. Physicsal Review Applied, 2018, 9 (2): 1-6.

[43] Hult J, Watt R S, Kaminski C F. High bandwidth absorption spectroscopy with a dispersed supercontinuum source [J]. Optics Express, 2007, 15 (18): 11385-11395.

[44] Alfano R R, Shapiro S L. Emission in the region 4000 to 7000Å via four-photon coupling in glass [J]. Physics Review Letters, 1970, 24: 584-587.

[45] Lin C, Stolen R H. New nanosecond continuum for excited-state spectroscopy [J]. Applied Physics Letters, 1976, 28 (4), 216-218.

[46] Mussot A, Sylvestre T, Provino L. Generation of a broadband single-mode supercontinuum in a conventional dispersion-shifted fiber by use of a subnanosecond microchiplaser [J]. Optics Letters, 2003, 28 (19): 1820-1822.

[47] Xu Y Z, Ye H, Li H T. Design of optimum supercontinuum spectrum generation in a dis-

persion decreasing fiber [J]. Optoelectronics Letters，2015，11 (3)：217 - 221.

[48] Taccheo S，Vavassori P. Dispersion-flattened fiber for efficient supercontinuum generation [C]. Optical Fiber Communication Conference and Exhibit，IEEE OFC 2002：565 - 567.

[49] Nicholson J W，Abeeluck A K，Headley C，et al. Pulsed and continuous-wave supercontinuum generation in highly nonlinear，dispersion-shifted fibers [J]. Applied Physics B，2003，77 (2 - 3)：211 - 218.

[50] Hilligsøe K M，Mølmer K，Keiding S. Supercontinuum generation in a photonic crystal fiber with two zero dispersion wavelengths [J]. Optics Express，2004，12 (6)：1045 - 1054.

[51] 王瑞鑫．新型主动锁模光纤激光器的研究与应用 [D]. 北京：北京邮电大学，2015.

[52] 翟波．3μm 波段被动锁模光纤激光器及宽带超连续谱产生的研究 [D]. 成都：电子科技大学，2017.

[53] Dudley J M，Taylor J R. Supercontinuum Generation in Optical Fibers [M]. Cambridge：Cambridge University Press，2010.

[54] 雷宇．皮秒脉冲泵浦超连续谱产生研究 [D]. 长沙：国防科技大学，2012.

[55] Kang J U，Posey R . Demonstration of supercontinuum generation in long-cavity fiber-ring laser [J]. Optics Letters，1998，23 (17)：1375 - 1377.

[56] 李智勇，王肇颖，王永强，等．基于 100m 色散位移光纤的超连续谱实验研究 [J]. 光子学报，2004，9：1064 - 1067.

[57] Nicholson J，Yablon A D，Westbrook P S，et al. High power，single mode，all-fiber source of femtosecond pulses at 1550nm and its use in supercontinuum generation [J]. Optics Express，2004，12 (13)：3025 - 3034.

[58] Nicholson J W，Bise R，Alonzo J，et al. Visible continuum generation using a femtosecond erbium-doped fiber laser and a silica nonlinear fiber [J]. Optics Letters，2008，33：28 - 30.

[59] Kivistö S，Herda R，Okhotnikov O G . All-fiber supercontinuum source based on a mode-locked ytterbium laser with dispersion compensation by linearly chirped Bragg grating [J]. Optics Express，2008，16 (1)：265 - 270.

[60] 李晓青，张书敏，李丹．光子晶体光纤中超连续谱产生的理论与实验研究 [J]. 光子学报，2008，9：99 - 103.

[61] 陈胜平，谌鸿伟，侯静，等．30W 皮秒脉冲光纤激光器及高功率超连续谱的产生 [J]. 中国激光，2010，8：25 - 31.

[62] Gu Y，Zhan L，Deng D D，et al. Supercontinuum generation in short dispersion-shifted fiber by a femtosecond fiber laser [J]. Laser Physics，2010，20 (6)：1459 - 1462.

[63] Herrmann J，Griebner U，Zhavoronkov N，et al. Experimental evidence for supercontinuum generation by fission of higher-order solitons in photonic fibers [J]. Physical Review Letters，2002，88 (17)：173901.

[64] Kim S，Park J，Han S，et al. Coherent supercontinuum generation using Er-doped fiber laser of hybrid mode-locking [J]. Optics Letters，2014，39 (10)：2986 - 2989.

[65] Salem R，Jiang Z，Liu D，et al. Mid-infrared supercontinuum generation spanning 18 oc-

taves using step-index indium fluoride fiber pumped by a femtosecond fiber laser near 2μm [J]. Optics Express，2015，23 (24)：30592 - 30602.

[66] Yu C X，Haus H A，Ippen E P，et al. Gigahertz-repetition-rate mode-locked fiber laser for continuum generation [J]. Optics Letters，2000，25 (19)：1418 - 1420.

[67] Farrell C，Serrels K A，Lundquist T R，et al. Octave-spanning super-continuum from a silica photonic crystal fiber pumped by a 386MHz Yb：fiber laser [J]. Optics Letters，2012，37 (10)：1778 - 1780.

[68] Jiang T，Wang G，Zhang W，et al. Octave-spanning spectrum generation in tapered silica photonic crystal fiber by Yb：fiber ring laser above 500MHz [J]. Optics Letters，2013，38 (4)：443 - 445.

[69] 娄采云，李玉华，伍剑，等．利用10GHz主动锁模光纤激光器在DSF中产生超连续谱 [J]. 中国激光，2000，9：53 - 57.

[70] Jiang Z，Wang T，Sun Z. Partially coherent seeding of supercontinuum generation in picosecond regime [J]. Opt. Laser Technol.，2019，120：105752.

[71] Nakazawa M，Yoshida M，Hirooka T. The Nyquist laser [J]. Optica，2014，1 (1)：15.

[72] Hirooka T，Ruan P，Guan Pr. Highly dispersion-tolerant 160Gbaud optical Nyquist pulse TDM transmission over 525km [J]. Optics Express，20 (14)：15001.

[73] Nakazawa M，Hirooka T，Ruan P. Ultrahigh-speed "orthogonal" TDM transmission with an optical Nyquist pulse train [J]. Optics Express，20 (2)：1129.

[74] Baxter G，Frisken S，Abakoumov D. Highly programmable wavelength selective switch based on liquid crystal on silicon switching elements [C]. Optical Fiber Communication Conference，2006 and the 2006 National Fiber Optic Engineers Conference. OFC，2006.

[75] Zhang X，Wang T，Chen J，et al. Scintillation index reducing based on widespectral mode-locking fiber laser carriers in a simulated atmospheric turbulent channel [J]. Opt. Lett.，2018，43：3421.

[76] Sun Z，Wang T，Jiang Z，et al. A high SNR partially coherent beam source based on supercontinuum for free space data transmission [J]. Optics Communications，2019，450：335 - 340.

[77] Jiang Z，Wang T，Sun Z，et al. Transmission of low-noise supercontinuum based wide-spectral carriers in a simulated atmosphere channel with tunable turbulence [J]. Optics Communications，2019，458：124830.

[78] Chen J，Wang T，Zhang X，et al. Free-space transmission system in a tunable simulated atmospheric turbulence channel using a high-repetition-rate broadband fiber laser [J]. Applied Optics，2019，58 (10)：2635 - 2640.